**최상위 초등수학 2-2**

**펴낸날** [초판 1쇄] 2024년 3월 27일 [초판 2쇄] 2024년 8월 13일
**펴낸이** 이기열
**펴낸곳** (주)디딤돌 교육
**주소** (03972) 서울특별시 마포구 월드컵북로 122 청원선와이즈타워
**대표전화** 02-3142-9000
**구입문의** 02-322-8451
**내용문의** 02-323-9166
**팩시밀리** 02-338-3231
**홈페이지** www.didimdol.co.kr
**등록번호** 제10-718호

# 최상위 수학 2·2 학습 스케줄표

짧은 기간에 집중력 있게 한 학기 과정을 학습할 수 있도록 설계하였습니다.
방학 때 미리 공부하고 싶다면 8주 완성 과정을 이용하세요.

공부한 날짜를 쓰고 하루 분량 학습을 마친 후, 부모님께 확인 check☑를 받으세요.

| | 월 일 | 월 일 | 월 일 | 월 일 | 월 일 |
|---|---|---|---|---|---|
| **1주** | **1. 네 자리 수** | | | | |
| | 10~13쪽 ☐ | 14~15쪽 ☐ | 16~18쪽 ☐ | 19~21쪽 ☐ | 22~23쪽 ☐ |

| | 월 일 | 월 일 | 월 일 | 월 일 | 월 일 |
|---|---|---|---|---|---|
| **2주** | **1. 네 자리 수** | | **2. 곱셈구구** | | |
| | 24~26쪽 ☐ | 27~28쪽 ☐ | 32~35쪽 ☐ | 36~39쪽 ☐ | 40~42쪽 ☐ |

| | 월 일 | 월 일 | 월 일 | 월 일 | 월 일 |
|---|---|---|---|---|---|
| **3주** | **2. 곱셈구구** | | | | **3. 길이 재기** |
| | 43~45쪽 ☐ | 46~47쪽 ☐ | 48~50쪽 ☐ | 51~52쪽 ☐ | 56~59쪽 ☐ |

| | 월 일 | 월 일 | 월 일 | 월 일 | 월 일 |
|---|---|---|---|---|---|
| **4주** | **3. 길이 재기** | | | | |
| | 60~61쪽 ☐ | 62~64쪽 ☐ | 65~66쪽 ☐ | 67~68쪽 ☐ | 69~71쪽 ☐ |

## 공부를 잘 하는 학생들의 좋은 습관 8가지

매일매일 규칙적인 학습 시간 계획을 세워요.

과제에 대한 시간 관리를 잘 해요.

책상 정리정돈을 잘 해요.

열심히 공부한 다음 적당한 휴식을 가져요.

# 12주 완성

| **7**주 | 월 일 | 월 일 | 월 일 | 월 일 | 월 일 |
|---|---|---|---|---|---|
| | **3. 길이 재기** | **4. 시각과 시간** | | | |
| | 73쪽 | 78~79쪽 | 80~81쪽 | 82~83쪽 | 84~85쪽 |
| | ☐ | ☐ | ☐ | ☐ | ☐ |

| **8**주 | 월 일 | 월 일 | 월 일 | 월 일 | 월 일 |
|---|---|---|---|---|---|
| | **4. 시각과 시간** | | | | |
| | 86~87쪽 | 88~89쪽 | 90~91쪽 | 92~93쪽 | 94~95쪽 |
| | ☐ | ☐ | ☐ | ☐ | ☐ |

| **9**주 | 월 일 | 월 일 | 월 일 | 월 일 | 월 일 |
|---|---|---|---|---|---|
| | **4. 시각과 시간** | | **5. 표와 그래프** | | |
| | 96~97쪽 | 98쪽 | 102~103쪽 | 104~105쪽 | 106~107쪽 |
| | ☐ | ☐ | ☐ | ☐ | ☐ |

| **10**주 | 월 일 | 월 일 | 월 일 | 월 일 | 월 일 |
|---|---|---|---|---|---|
| | **5. 표와 그래프** | | | | |
| | 108~109쪽 | 110~111쪽 | 112~113쪽 | 114~115쪽 | 116~117쪽 |
| | ☐ | ☐ | ☐ | ☐ | ☐ |

| **11**주 | 월 일 | 월 일 | 월 일 | 월 일 | 월 일 |
|---|---|---|---|---|---|
| | **5. 표와 그래프** | **6. 규칙 찾기** | | | |
| | 118~119쪽 | 124~125쪽 | 126~127쪽 | 128~129쪽 | 130~131쪽 |
| | ☐ | ☐ | ☐ | ☐ | ☐ |

| **12**주 | 월 일 | 월 일 | 월 일 | 월 일 | 월 일 |
|---|---|---|---|---|---|
| | **6. 규칙 찾기** | | | | |
| | 132~133쪽 | 134~135쪽 | 136~137쪽 | 138~139쪽 | 140~141 쪽 |
| | ☐ | ☐ | ☐ | ☐ | ☐ |

# 최상위 수학 2·2 학습 스케줄표

부담되지 않는 학습량으로 공부 습관을 기를 수 있도록 설계하였습니다.
학기 중 교과서와 함께 공부하고 싶다면 12주 완성 과정을 이용하세요.

공부한 날짜를 쓰고 하루 분량 학습을 마친 후, 부모님께 확인 check ☑를 받으세요.

## 1주

| 월 일 | 월 일 | 월 일 | 월 일 | 월 일 |
|---|---|---|---|---|
| **1. 네 자리 수** | | | | |
| 10~11쪽 | 12~13쪽 | 14~15쪽 | 16~17쪽 | 18~19쪽 |
| ☐ | ☐ | ☐ | ☐ | ☐ |

## 2주

| 월 일 | 월 일 | 월 일 | 월 일 | 월 일 |
|---|---|---|---|---|
| **1. 네 자리 수** | | | | |
| 20~21쪽 | 22~23쪽 | 24~25쪽 | 26~27쪽 | 28쪽 |
| ☐ | ☐ | ☐ | ☐ | ☐ |

## 3주

| 월 일 | 월 일 | 월 일 | 월 일 | 월 일 |
|---|---|---|---|---|
| **2. 곱셈구구** | | | | |
| 32~33쪽 | 34~35쪽 | 36~37쪽 | 38~39쪽 | 40~41쪽 |
| ☐ | ☐ | ☐ | ☐ | ☐ |

## 4주

| 월 일 | 월 일 | 월 일 | 월 일 | 월 일 |
|---|---|---|---|---|
| **2. 곱셈구구** | | | | |
| 42~43쪽 | 44~45쪽 | 46~47쪽 | 48~49쪽 | 50~51쪽 |
| ☐ | ☐ | ☐ | ☐ | ☐ |

## 5주

| 월 일 | 월 일 | 월 일 | 월 일 | 월 일 |
|---|---|---|---|---|
| **2. 곱셈구구** | **3. 길이 재기** | | | |
| 52쪽 | 56~57쪽 | 58~59쪽 | 60~61쪽 | 62~63쪽 |
| ☐ | ☐ | ☐ | ☐ | ☐ |

## 6주

| 월 일 | 월 일 | 월 일 | 월 일 | 월 일 |
|---|---|---|---|---|
| **3. 길이 재기** | | | | |
| 64~65쪽 | 66~67쪽 | 68쪽 | 69~70쪽 | 71~72쪽 |
| ☐ | ☐ | ☐ | ☐ | ☐ |

| | 월 일 | 월 일 | 월 일 | 월 일 | 월 일 |
|---|---|---|---|---|---|
| **5주** | **3. 길이 재기** | **4. 시각과 시간** | | | |
| | 72~73쪽 ☐ | 78~81쪽 ☐ | 82~85쪽 ☐ | 86~88쪽 ☐ | 89~91쪽 ☐ |

| | 월 일 | 월 일 | 월 일 | 월 일 | 월 일 |
|---|---|---|---|---|---|
| **6주** | **4. 시각과 시간** | | | **5. 표와 그래프** | |
| | 92~93쪽 ☐ | 94~96쪽 ☐ | 97~98쪽 ☐ | 102~105쪽 ☐ | 106~107쪽 ☐ |

| | 월 일 | 월 일 | 월 일 | 월 일 | 월 일 |
|---|---|---|---|---|---|
| **7주** | **5. 표와 그래프** | | | | **6. 규칙 찾기** |
| | 108~110쪽 ☐ | 111~113쪽 ☐ | 114~116쪽 ☐ | 117~119쪽 ☐ | 124~127쪽 ☐ |

| | 월 일 | 월 일 | 월 일 | 월 일 | 월 일 |
|---|---|---|---|---|---|
| **8주** | **6. 규칙 찾기** | | | | |
| | 128~129쪽 ☐ | 130~132쪽 ☐ | 133~135쪽 ☐ | 136~138쪽 ☐ | 139~141쪽 ☐ |

등, 하교 때 자신이 한 공부를 다시 기억하며 상기해 봐요.

모르는 부분에 대한 질문을 잘 해요.

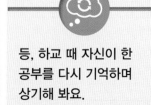

수학 문제를 푼 다음 틀린 문제는 반드시 오답 노트를 만들어요.

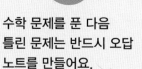

자신만의 노트 필기법이 있어요.

상위권의 기준

# 최상위 수학

수학 좀 한다면

# 구성과 특징

## MATH TOPIC

엄선된 대표 심화 유형들을 집중 학습함으로써 문제 해결력과 사고력을 향상시키는 단계입니다.

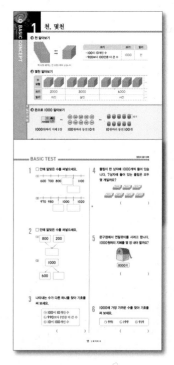

## BASIC CONCEPT

개념 설명과 함께 구성되어 있습니다.
교과서 개념 이외의 실전 개념, 연결 개념, 주의 개념, 사고력 개념을 함께 정리하여 심화 학습의 기본기를 갖출 수 있게 하였습니다.

## BASIC TEST

본격적인 심화 학습에 들어가기 전 단계로 개념을 적용해 보며 기본 실력을 확인합니다.

# HIGH LEVEL

교외 경시 대회에서 출제되는 수준 높은 문제들을
풀어 봄으로써 상위 3% 최상위권에 도전하는 단계
입니다.

윗 단계로 올라가는 데 어려움이
없도록 BRIDGE 문제들을
각 코너별로 배치하였습니다.

# LEVEL UP TEST

대표 심화 유형 외의 다양한 심화 문제들을 풀어
봄으로써 해결 전략과 방법을 학습하고 상위권으로
한 걸음 나아가는 단계입니다.

# 차례 ———————————————————————

**1** 네 자리 수 ···································· 7

**심화유형** **1** 1000의 크기 알아보기

**2** 여러 가지 방법으로 몇천 만들기

**3** 네 자리 수의 응용

**4** 수 카드로 가장 작은 수 만들기

**5** 크기를 비교하여 □ 안에 들어갈 수 구하기

**6** 수직선에서 뛰어 세기

**7** 몇 개까지 살 수 있는지 구하기

**8** 네 자리 수를 활용한 교과통합유형


**2** 곱셈구구 ···································· 29

**심화유형** **1** 곱셈식 만들기

**2** 여러 가지 방법으로 곱셈하기

**3** 수 카드를 사용하여 곱셈식 만들기

**4** 모두 얼마인지 구하기

**5** 점수 구하기

**6** 다르게 배열하기

**7** 곱셈표의 빈칸 채우기

**8** 곱셈구구를 활용한 교과통합유형


**3** 길이 재기 ···································· 53

**심화유형** **1** 길이 비교하여 □ 안에 들어갈 수 구하기

**2** 길이의 합과 차에서 모르는 수 구하기

**3** 리본의 길이 구하기

**4** 거리 구하기

**5** 겹치게 이어 붙인 색 테이프의 전체 길이 구하기

**6** 몸의 부분을 이용하여 길이 어림하기

**7** 길이 재기를 활용한 교과통합유형

## 4 시각과 시간 ···························· 75

**심화유형** 1 거울에 비친 시계의 시각 알아보기

2 시작 시각 구하기

3 오전과 오후에 걸쳐 걸린 시간 구하기

4 시계의 바늘이 ■바퀴 돈 후의 시각 구하기

5 며칠 동안인지 구하기

6 찢어진 달력에서 요일 알아보기

7 고장난 시계가 가리키는 시각 구하기

8 시각과 시간을 활용한 교과통합유형

## 5 표와 그래프 ···························· 99

**심화유형** 1 세로 또는 가로의 칸 수 구하기

2 합계를 이용하여 그래프 완성하기

3 빈칸이 두 개 있는 표 완성하기

4 항목별 수가 가장 큰 것과 가장 작은 것의 차 구하기

5 두 개의 표, 그래프 알아보기

6 그래프를 활용한 교과통합유형

## 6 규칙 찾기 ···························· 121

**심화유형** 1 같은 규칙으로 늘어놓기

2 모양이 있는 수의 배열 알아보기

3 개수가 늘어나는 수의 배열 알아보기

4 쌓기나무를 쌓은 규칙 찾기

5 곱셈표에서 특별한 규칙 찾기

6 규칙 찾기를 활용한 교과통합유형

# 네 자리 수

**대표심화유형**

**1** 1000의 크기 알아보기
**2** 여러 가지 방법으로 몇천 만들기
**3** 네 자리 수의 응용
**4** 수 카드로 가장 작은 수 만들기
**5** 크기를 비교하여 ☐ 안에 들어갈 수 구하기
**6** 수직선에서 뛰어 세기
**7** 몇 개까지 살 수 있는지 구하기
**8** 네 자리 수를 활용한 교과통합유형

# 자릿값으로 알아보는 네 자리 수

## 900보다 100만큼 더 큰 수, 1000

우리는 0부터 9까지 단 10개의 숫자로 10보다 훨씬 많은 수를 나타낼 수 있습니다. 십진법 덕분이지요. 9보다 1만큼 더 큰 수를 '십 1개'로 생각하여 두 자리 수 10으로 쓰고, 90보다 10만큼 더 큰 수를 '백 1개'로 생각하여 세 자리 수 100으로 쓰는 것이 십진법의 원리입니다.

900보다 100만큼 더 큰 수는 어떨까요? 100이 9개인 수는 세 자리 수 900으로 나타낼 수 있어요. 하지만 100이 10개인 수는 더 이상 세 자리 수로 나타낼 수 없습니다. 바로 이때 네 자리 수가 등장합니다. 900보다 100만큼 더 큰 수, 즉 '백 10개'를 '천 1개'로 생각하여 네 자리 수 1000으로 쓰는 것이지요.

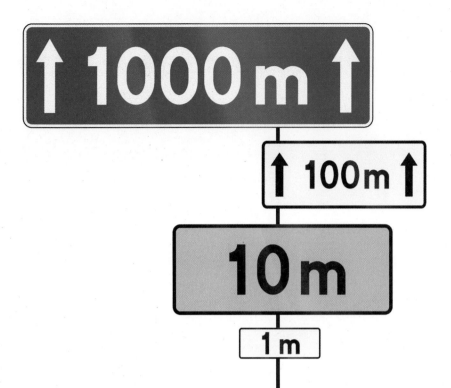

## 999보다 1만큼 더 큰 수, 1000

900보다 100만큼 더 큰 수는 999보다 1만큼 더 큰 수로 나타낼 수도 있습니다. 그럼, 999 다음 수가 왜 1000이 되는지 알아볼까요?

$$999 + 1 = 1000$$

$$990 + 10 = 1000$$

$$900 + 100 = 1000$$

999의 일의 자리에서 9보다 1만큼 더 큰 수는 10이 되어 십의 자리로 한 자리 올라갑니다. 십의 자리에서 90보다 10만큼 더 큰 수는 100이 되어 백의 자리로 한 자리 올라가고, 또 백의 자리에서 900보다 100만큼 더 큰 수는 1000이 되어 천의 자리에 숫자 1이 생겨납니다. 어떤가요? 999보다 1만큼 더 큰 수가 1000인 건 너무나 자연스러운 일이지요?

## 가장 큰 네 자리 수, 9999

네 자리 수 중 가장 큰 수는 무엇일까요? 가장 작은 네 자리 수인 1000에서부터 1씩 더 큰 수를 차례로 세어 볼게요. 1001, 1002, 1003, ..., 순으로 세다 보면 ..., 1999, 2000, ..., 2999, 3000, ..., 3999, 4000, ..., 4999, 5000, ..., 5999, 6000, ..., 6999, 7000, ..., 7999, 8000, ..., 8999, 9000, ..., 9999까지 셀 수 있습니다. 9999 다음 수는 더 이상 네 자리 수로 나타낼 수 없기 때문에 다섯 자리 수인 10000(만)으로 나타내요. 즉 가장 큰 네 자리 수는 9999입니다.

9999는 천, 백, 십, 일의 자리 숫자가 모두 9예요. 하지만 각각의 9가 나타내는 수, 즉 자릿값은 모두 다릅니다. 천의 자리 숫자 9는 9000, 백의 자리 숫자 9는 900, 십의 자리 숫자 9는 90, 일의 자리 숫자 9는 9를 나타내거든요. 자릿값을 이해하면 9999를 다음과 같은 덧셈식으로 나타낼 수도 있답니다.

$$9999 = 9000 + 900 + 90 + 9$$

# 1 천, 몇천

## ① 천 알아보기

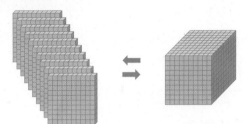

백 모형 10개는 천 모형 1개와 같습니다.

| | 크기 | 쓰기 | 읽기 |
|---|---|---|---|
| | · 100이 10개인 수<br>· 900보다 100만큼 더 큰 수 | 1000 | 천 |

## ② 몇천 알아보기

| 수<br>모형 | | | ··· |
|---|---|---|---|
| 쓰기 | 2000 | 3000 | 4000 | ··· |
| 읽기 | 이천 | 삼천 | 사천 | ··· |

## ① 돈으로 1000 알아보기

1000원짜리 지폐 1장    100원짜리 동전 10개    10원짜리 동전 100개

## ② 1000을 나타내는 여러 가지 방법

• 일정한 간격으로 눈금을 표시하여 수를 나타낸 직선

| 표현 | 수직선 | 덧셈식 |
|---|---|---|
| 10이<br>100개인 수 | 0  10  20  ···  980  990  1000 | 10+10+10+ ··· +10=1000<br>100번 |
| 100이<br>10개인 수 | 0  100  200  ···  800  900  1000 | 100+100+ ··· +100=1000<br>10번 |
| 999보다<br>1만큼 더 큰 수 | 998  999  1000  1001  1002 | 999+1=1000 |
| 990보다<br>10만큼 더 큰 수 | 980  990  1000  1010  1020 | 990+10=1000 |
| 900보다<br>100만큼 더 큰 수 | 800  900  1000  1100  1200 | 900+100=1000 |

**1** □ 안에 알맞은 수를 써넣으세요.

(1)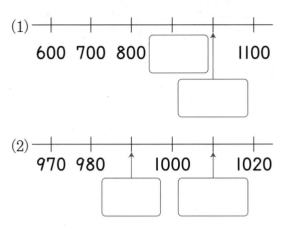

(2)

**2** □ 안에 알맞은 수를 써넣으세요.

(1)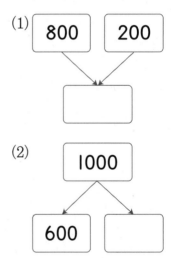

(2)

**3** 나타내는 수가 다른 하나를 찾아 기호를 써 보세요.

> ㉠ 100이 10개인 수
> ㉡ 990보다 1만큼 더 큰 수
> ㉢ 10이 100개인 수

(                    )

**4** 클립이 한 상자에 1000개씩 들어 있습니다. 7상자에 들어 있는 클립은 모두 몇 개일까요?

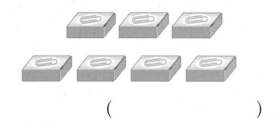

(                    )

**5** 문구점에서 연필깎이를 사려고 합니다. 1000원짜리 지폐를 몇 장 내야 할까요?

8000원

(                    )

**6** 1000에 가장 가까운 수를 찾아 기호를 써 보세요.

> ㉠ 991    ㉡ 199    ㉢ 919

(                    )

# 2 네 자리 수, 자릿값

## ❶ 네 자리 수의 자릿값 알아보기

•네 개의 자리가 있는 수를 네 자리 수라고 합니다.

| 천 모형 | 백 모형 | 십 모형 | 일 모형 |
|---|---|---|---|
| | | | |
| 1000이 3개 | 100이 3개 | 10이 5개 | 1이 7개 |
| 3000 | 300 | 50 | 7 |

1000이 3개,
100이 3개,
10이 5개,
1이 7개인 수

➡ 3357
삼천삼백오십칠

| 3 | 0 | 0 | 0 |
|---|---|---|---|
| | 3 | 0 | 0 |
| | | 5 | 0 |
| | | | 7 |

3은 천의 자리 숫자 ➡ 3000
3은 백의 자리 숫자 ➡ 300
5는 십의 자리 숫자 ➡ 50
7은 일의 자리 숫자 ➡ 7

•같은 숫자라도 자리에 따라 나타내는 수가 다릅니다.

➡ 3357＝3000＋300＋50＋7 •자릿값을 이용하여 수를 덧셈식으로 나타낼 수 있습니다.

## 실전개념

### ❶ 4915를 여러 가지 방법으로 나타내기

1000이 4개 ➡ 4000
100이 9개 ➡ 900
10이 1개 ➡ 10
1이 5개 ➡ 5
———————
4915
＝4000＋900＋10＋5

•100이 10개 ➡ 1000,
100이 9개 ➡ 900

1000이 3개 ➡ 3000
100이 19개 ➡ 1900
10이 1개 ➡ 10
1이 5개 ➡ 5
———————
4915
＝3000＋1900＋10＋5

•10이 10개 ➡ 100,
10이 1개 ➡ 10

1000이 4개 ➡ 4000
100이 8개 ➡ 800
10이 11개 ➡ 110
1이 5개 ➡ 5
———————
4915
＝4000＋800＋110＋5

### ❷ 수 카드로 조건에 맞는 수 만들기

5  0  9  4  1  ➡ 9＞5＞4＞1＞0

| 가장 큰 네 자리 수 | 둘째로 큰 네 자리 수 | 가장 작은 네 자리 수 | 둘째로 작은 네 자리 수 |
|---|---|---|---|
| 가장 큰 수부터 천, 백, 십, 일의 자리에 차례로 놓습니다. | 일의 자리에 다섯째로 큰 수를 놓습니다. | 가장 작은 수부터 천, 백, 십, 일의 자리에 차례로 놓습니다. | 일의 자리에 다섯째로 작은 수를 놓습니다. |
| 9 5 4 1 | 9 5 4 0 | 1 0 4 5 | 1 0 4 9 |

•높은 자리일수록 나타내는 수가 크기 때문입니다.

•천의 자리에 0이 올 수 없으므로 둘째로 작은 수 1을 천의 자리에 놓고 0은 백의 자리에 놓습니다.

**1**  □ 안에 알맞은 수를 써넣으세요.

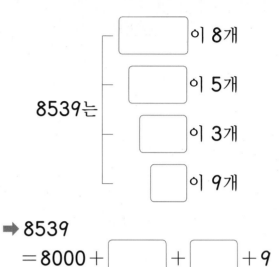

8539는  □ 이 8개
        □ 이 5개
        □ 이 3개
        □ 이 9개

➡ 8539
  = 8000 + □ + □ + 9

**2**  □ 안에 알맞은 수를 써넣으세요.

(1) □ = 5000 + 40 + 9

(2) □ = 7000 + 7

(3) □ = 3000 + 600 + 8

**3**  9가 나타내는 수가 가장 큰 수를 찾아 기호를 써 보세요.

ㄱ 4679
ㄴ 9340
ㄷ 5963

(            )

**4**  다음 금액이 나타내는 수는 4000과 5000 중 어느 수에 더 가까울까요?

(            )

**5**  100이 27개인 수를 구하려고 합니다. □ 안에 알맞은 수를 써넣으세요.

┌ 100이 20개 ➡ □
└ 100이 7개 ➡ □
          ─────
              □

**6**  수직선에 5580을 화살표로 표시해 보세요.

5500        5600        5700

# 3 뛰어 세기, 수의 크기 비교하기

## ❶ 뛰어 세기

- 1000씩 뛰어 세기 | 2605 — 3605 — 4605 — 5605 — 6605 — 7605 |

  1000만큼 더 작은 수    1000만큼 더 큰 수

- 100씩 뛰어 세기 | 2605 — 2705 — 2805 — 2905 — 3005 — 3105 |

  100만큼 더 작은 수    100만큼 더 큰 수

  900보다 100만큼 더 큰 수는 1000이므로 천의 자리 수가 1만큼 더 커지고 백의 자리 수는 0이 됩니다.

- 10씩 뛰어 세기 | 2605 — 2615 — 2625 — 2635 — 2645 — 2655 |

  10만큼 더 작은 수    10만큼 더 큰 수

- 1씩 뛰어 세기 | 2605 — 2606 — 2607 — 2608 — 2609 — 2610 |

  1만큼 더 작은 수    1만큼 더 큰 수

## ❷ 수의 크기 비교하기

- 천, 백, 십, 일의 자리 순서로 각 자리 수를 비교합니다.

  예) $5731 > 5379$  • 높은 자리일수록 나타내는 수가 크기 때문입니다.

  천의 자리 수가 같으므로 백의 자리 수를 비교합니다. $7 > 3$
  십의 자리, 일의 자리 수는 비교할 필요가 없습니다.

---

## ❶ 수직선에서 수의 크기 비교하기

- 9120, 9550, 9830

  9000보다 1000만큼 더 큰 수는 10000(만)입니다.

  | 9120 |        | 9550 |        | 9830 |        |

  9000  9100  9200  9300  9400  9500  9600  9700  9800  9900  10000

  ➡ $9120 < 9550 < 9830$

## ❷ 크기를 비교하여 모르는 수 구하기

- 5□84 < 5364

① 천의 자리 수가 같으므로 백의 자리 수를 비교합니다.

  5□84 < 5364 ➡ □ < 3  ➡ □안에 3보다 작은 수가 들어갈 수 있습니다.

② 백의 자리 수가 같은 경우도 알아봅니다. →•□안에 3을 넣어 비교해 봅니다.

  5384 > 5364  ➡ □안에 3은 들어갈 수 없으므로

  □안에 들어갈 수 있는 수는 0, 1, 2입니다.

**1** 뛰어 세는 규칙을 찾아 □ 안에 알맞은 수를 써넣으세요.

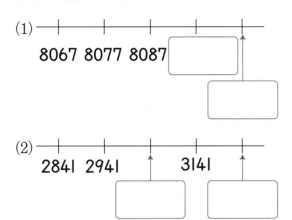

(1)
8067 8077 8087 [ ]

[ ]

(2)
2841 2941    3141

[ ]    [ ]

**2** 빈칸에 알맞은 수를 써넣으세요.

| | 100만큼<br>더 큰 수 | 1000만큼<br>더 큰 수 |
|---|---|---|
| 4963 | | |

**3** 두 수의 크기를 비교하여 ○ 안에 >, =, <를 알맞게 써넣으세요.

(1) 872 ◯ 1003

(2) 7683 ◯ 7109

(3) 4763 ◯ 4763

**4** 큰 수부터 차례로 기호를 써 보세요.

⊙ 3505  ⓒ 5030  ⓒ 3530

( )

**5** 수직선을 보고 3998보다 크고 4004보다 작은 수는 모두 몇 개인지 구해 보세요.

4000        4005

( )

**6** 현서는 오늘까지 종이학을 1370마리 접었습니다. 내일부터 5일 동안 하루에 10마리씩 접는다면 종이학은 모두 몇 마리가 될까요?

( )

**7** □ 안에 알맞은 수를 써넣으세요.

(1) $8901 = 8000 + 900 +$ [ ]

(2) $8901 > 8000 + 900 +$ [ ]

# 1000의 크기 알아보기

소영이는 100원짜리 동전을 7개 가지고 있습니다. 1000원짜리 지폐 한 장과 바꾸려면 100원짜리 동전이 몇 개 더 필요할까요?

● 생각하기    1000 ➡ 100이 10개인 수

● 해결하기    **1단계** 1000원은 100원짜리 몇 개와 같은지 알아보기

1000은 100이 10개이므로 1000원은 100원짜리 10개와 같습니다.

**2단계** 더 필요한 100원짜리 동전 수 구하기

소영이는 100원짜리 동전을 7개 가지고 있으므로 1000원이 되려면 100원짜리 동전이 10－7＝3(개) 더 필요합니다.

답 **3개**

**1-1**    민정이는 종이학 1000마리를 유리병 한 개에 100마리씩 모두 담으려고 합니다. 유리병이 4개 있다면 유리병은 몇 개 더 필요할까요?

(                    )

**1-2**    수혁이는 사탕 1000개를 한 봉지에 10개씩 모두 담으려고 합니다. 지금까지 50봉지 담았다면 앞으로 몇 봉지를 더 담아야 할까요?

(                    )

**1-3**    진영이와 진우는 어머니께서 주신 500원짜리 동전 2개를 모두 100원짜리 동전으로 바꾸어 진영이가 2개를 가지고 나머지는 진우가 가졌습니다. 진우가 가진 100원짜리 동전은 몇 개일까요?

(                    )

# MATH TOPIC 2

심화유형

## 여러 가지 방법으로 몇천 만들기

어느 분식집의 메뉴입니다. 5000원을 모두 사용하여 두 가지 메뉴를 주문하려고 합니다. 주문할 수 있는 방법을 모두 써 보세요.
(단, 각 메뉴는 1개씩만 주문합니다.)

| | |
|---|---|
| 떡볶이 3000원 | 주먹밥 1000원 |
| 어묵 2000원 | 튀김 1000원 |
| 만두 4000원 | 순대 2000원 |

● 생각하기  ■000 ➡ 1000이 ■개인 수

● 해결하기  **1단계** 각각 1000이 몇 개인 수인지 알아보기

5000, 4000, 3000, 2000, 1000은 각각 1000이 5개, 4개, 3개, 2개, 1개인 수입니다.

**2단계** 5000원어치 주문하는 방법 알아보기

5000원으로 두 가지 메뉴를 주문해야 하므로 두 수의 합이 5가 되는 경우를 알아봅니다. ➡ 4+1=5, 3+2=5

• 4+1=5이므로 <u>4000</u>원짜리와 <u>1000</u>원짜리의 합은 5000원이 됩니다.
　　　　　　　만두　　　　　　주먹밥, 튀김

• 3+2=5이므로 <u>3000</u>원짜리와 <u>2000</u>원짜리의 합은 5000원이 됩니다.
　　　　　　　떡볶이　　　　　어묵, 순대

**답** 만두와 주먹밥, 만두와 튀김, 떡볶이와 어묵, 떡볶이와 순대

**2-1** 어느 카페의 메뉴입니다. 6000원을 모두 사용하여 서로 다른 두 가지 음료수를 주문할 수 있는 방법을 모두 써 보세요.
　　　　(단, 각 메뉴는 1개씩만 주문합니다.)

| | |
|---|---|
| 커피 3000원 | 콜라 2000원 |
| 아이스티 3000원 | 주스 4000원 |
| 코코아 2000원 | 우유 1000원 |

(　　　　　　　　　　　　　　　　)

**2-2** 가격이 다음과 같은 향초 중에서 4000원을 모두 사용하여 두 개의 향초를 사는 방법은 모두 몇 가지일까요? (단, 같은 향초는 여러 개씩 있습니다.)

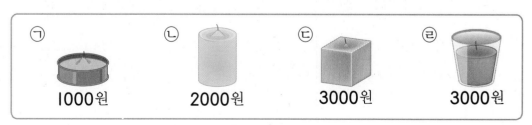

| ㉠ | ㉡ | ㉢ | ㉣ |
|---|---|---|---|
| 1000원 | 2000원 | 3000원 | 3000원 |

(　　　　　　　　　　　　　　　　)

# MATH TOPIC 3

심화유형 3

## 네 자리 수의 응용

1000이 3개, 100이 12개, 10이 9개, 1이 8개인 수를 구해 보세요.

● 생각하기   100이 ■▲개인 수는 1000이 ■개, 100이 ▲개인 수와 같습니다.

● 해결하기   1단계 100이 12개인 수 알아보기

100이 12개인 수 ⎡ 100이 10개 ➡ 1000이 1개
　　　　　　　 ⎣ 100이  2개

2단계 1000이 3개, 100이 12개, 10이 9개, 1이 8개인 수 구하기

1000이 3개, 100이 12개, 10이 9개, 1이 8개인 수는

1000이 3+1=4(개), 100이 2개, 10이 9개, 1이 8개인 수와 같습니다.

➡ 4298

답 4298

---

**3-1**  1000이 5개, 100이 45개, 10이 4개, 1이 3개인 수를 구해 보세요.

(　　　　　　　　)

---

**3-2**  문구점에 있는 도화지를 세어 보니 다음과 같았습니다. 문구점에 있는 도화지는 모두 몇 장일까요?

> 1000장씩 2상자, 100장씩 13묶음, 10장씩 36묶음

(　　　　　　　　)

---

**3-3**  채희의 저금통에 있는 동전의 금액은 5400원입니다. 저금통에서 동전을 모두 꺼내 세어 보니 다음과 같았다면 10원짜리 동전은 몇 개일까요?

> 100원짜리 동전 51개, 10원짜리 동전 ■개

(　　　　　　　　)

# 수 카드로 가장 작은 수 만들기

수 카드 5장 중에서 4장을 골라 한 번씩 사용하여 네 자리 수를 만들려고 합니다. 만들 수 있는 수 중에서 가장 작은 수를 써 보세요.

● 생각하기   가장 작은 수부터 천, 백, 십, 일의 자리에 차례로 놓으면 가장 작은 네 자리 수가 됩니다.
└─•높은 자리 숫자일수록 나타내는 수가 크기 때문입니다.

● 해결하기   **1단계** 카드의 수의 크기 비교하기

**2단계** 가장 작은 네 자리 수 만들기 ┌─•0이 천의 자리에 오면 네 자리 수를 만들 수 없습니다.
0은 천의 자리에 올 수 없으므로 둘째로 작은 수 1을 천의 자리에 놓고, 가장 작은 수 0을 백의 자리에, 셋째로 작은 수 4를 십의 자리에, 넷째로 작은 수 5를 일의 자리에 놓습니다.
따라서 만들 수 있는 가장 작은 네 자리 수는 1045입니다.

답 1045

**4-1** 수 카드 5장 중에서 4장을 골라 한 번씩 사용하여 네 자리 수를 만들려고 합니다. 만들 수 있는 수 중에서 가장 작은 수를 써 보세요.

| 3 | 7 | 6 | 4 | 0 |

(                    )

**4-2** 수 카드 5장 중에서 4장을 골라 한 번씩 사용하여 네 자리 수를 만들려고 합니다. 만들 수 있는 수 중에서 둘째로 작은 수를 써 보세요.

| 9 | 2 | 3 | 5 | 8 |

(                    )

# 크기를 비교하여 □ 안에 들어갈 수 구하기

1부터 9까지의 수 중에서 □ 안에 들어갈 수 있는 수를 모두 구해 보세요.

$$3152 > \square023$$

● 생각하기   높은 자리 수부터 비교합니다.

● 해결하기   **1단계** 천의 자리 수를 비교하여 □의 범위 알아보기

천의 자리 수를 비교하여 3152 > □023이 되려면 3 > □이어야 합니다. ➡ 1, 2

**2단계** 천의 자리 수가 같은 경우 확인하기 ─────→ • 만약 천의 자리 수가 같다면
백의 자리 수를 비교해 보아야 합니다.

□ 안에 3도 들어갈 수 있는지 확인합니다.

□ 안에 3을 넣으면 3152 > 3023이므로 □ 안에 3도 들어갈 수 있습니다.

따라서 □ 안에 들어갈 수 있는 수를 모두 구하면 1, 2, 3입니다.

**답** 1, 2, 3

**5-1**   1부터 9까지의 수 중에서 □ 안에 들어갈 수 있는 수를 모두 구해 보세요.

$$5284 > \square379$$

(                                    )

**5-2**   0부터 9까지의 수 중에서 □ 안에 들어갈 수 있는 수는 모두 몇 개일까요?

$$6455 < 6\square75$$

(                                    )

# MATH TOPIC 6

심화유형

## 수직선에서 뛰어 세기

몇씩 뛰어 센 수를 수직선에 나타냈습니다. ㉠과 ㉡이 나타내는 수를 각각 써 보세요.

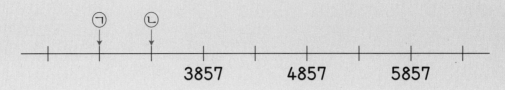

● 생각하기
• 수직선에서 오른쪽에 있을수록 큰 수입니다.
• 눈금 한 칸의 크기는 모두 같습니다.

● 해결하기
**1단계** 눈금 한 칸의 크기 구하기

3857에서 눈금 두 칸만큼 뛰어 세면 4857이므로 눈금 두 칸은 1000을 나타냅니다. 1000은 500이 2개인 수이므로 눈금 한 칸의 크기는 500입니다.

**2단계** ㉠과 ㉡이 나타내는 수 구하기

㉠은 3857에서 500씩 두 번 거꾸로 뛰어 센 수이므로 3857보다 1000만큼 더 작은 수인 2857입니다.

㉡은 ㉠보다 500만큼 더 큰 수이므로 2857보다 500만큼 더 큰 수인 3357입니다.

2857, 2957, 3057, 3157, 3257, 3357

답 ㉠: **2857**, ㉡: **3357**

**6-1** 몇씩 뛰어 센 수를 수직선에 나타냈습니다. ㉠과 ㉡이 나타내는 수를 각각 써 보세요.

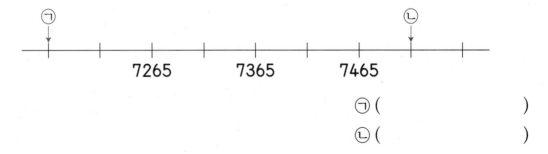

㉠ (                    )

㉡ (                    )

**6-2** 몇씩 뛰어 센 수를 수직선에 나타냈습니다. ㉠과 ㉡이 나타내는 수를 각각 써 보세요.

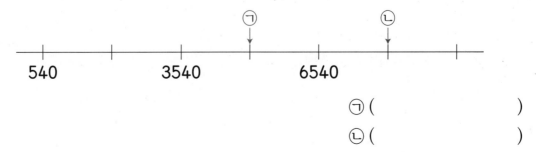

㉠ (                    )

㉡ (                    )

# 몇 개까지 살 수 있는지 구하기

한 봉지에 1800원 하는 과자가 있습니다. 7000원으로 이 과자를 몇 봉지까지 살 수 있을까요?

● 생각하기   7000이 넘지 않을 때까지 1800씩 뛰어 센 횟수를 알아봅니다.

● 해결하기   **1단계** 7000이 넘을 때까지 1800씩 뛰어 세기

1800, 3600, 5400, 7200

**2단계** 과자를 몇 봉지까지 살 수 있는지 구하기

<u>1800</u>, <u>3600</u>, <u>5400</u>이므로 과자를 3봉지까지 살 수 있습니다.
1봉지   2봉지   3봉지

4봉지를 사면
7000원이 넘습니다.

답 **3**봉지

**7-1** 한 봉지에 1200원 하는 사탕이 있습니다. 5000원으로 이 사탕을 몇 봉지까지 살 수 있을까요?

(                    )

**7-2** 배가 한 개에 1500원입니다. 배를 6개 사려는데 8000원밖에 없다면 얼마가 부족할까요?

(                    )

**7-3** 태호는 8000원을 가지고 있습니다. 돈을 남기지 않고 한 송이에 1400원짜리 장미를 여러 송이 사려면 적어도 얼마의 돈이 더 필요할까요?

(                    )

# MATH TOPIC 8

심화유형

**S T E A M 형**
■■ ● ▲

## 네 자리 수를 활용한 교과통합유형

수학+과학

지구의 표면은 내부의 열이나 바깥의 기후에 의해 오랜 시간 동안 조금씩 변합니다. 그 결과 높이 솟아오른 봉우리는 산이 되고 깊이 파인 골짜기는 호수가 됩니다. 다음은 세계에서 가장 높은 산 세 곳의 높이를 나타낸 것입니다. 높은 산부터 차례로 써 보세요.

| 산 | 높이 |
|---|---|
| 칸첸중가 | 85■6 m |
| 에베레스트 | 8849 m |
| K2 | 8611 m |

•거리, 높이를 나타내는 단위로 미터라고 읽습니다.

● **생각하기**  천, 백, 십, 일의 자리 순서로 비교합니다.

● **해결하기**  **1단계** 세 수의 크기 비교하기

세 수의 천의 자리 수가 모두 같으므로 백의 자리 수를 비교하면

**8849**가 가장 크고 **85■6**이 가장 작습니다. → 백의 자리 수가 서로 다르므로 십의 자리 수를 몰라도 크기를 비교할 수 있습니다.

**2단계** 높은 산부터 차례로 쓰기

[　　] > [　　] > 85■6이므로 높은 산부터 차례로 쓰면

[　　] , [　　] , 칸첸중가입니다.

**답** [　　] , [　　] , 칸첸중가

---

수학+과학

**8-1**  다음은 세계에서 가장 깊은 호수 세 곳의 깊이를 나타낸 것입니다. 얕은 호수부터 차례로 써 보세요.

| 호수 | 깊이 |
|---|---|
| 바이칼 호수 | 1642 m |
| 탕가니카 호수 | 14■0 m |
| 카스피해 | 1025 m |

(　　　　　　　　　　)

**1** 김이 10장씩 100묶음 있습니다. 김을 50장씩 묶으면 모두 몇 묶음이 될까요?

(             )

**서술형 2** 다음이 나타내는 수를 구하려고 합니다. 풀이 과정을 쓰고 답을 구해 보세요.

> 1000이 3개, 100이 47개, 10이 14개인 수

**풀이** ....................................................................................................

....................................................................................................

....................................................................................................

**답** ....................................................

**3** 수직선 위에 ㉠과 ㉡의 위치를 각각 화살표로 표시해 보세요.

> ㉠ 7000＋600＋90
> ㉡ 8000에서 10씩 5번 뛰어 센 수

```
├┼┼┼┼┼┼┼┼┼┼┼┼┼┼┼┼┼┼┼┼┼┼┼┼┼┼┼┼┼┼┼┼┼┼┼┤
7500    7600    7700    7800    7900    8000    8100    8200
```

수학+체육

**STEAM형 4**

동계올림픽은 스키, 피겨스케이팅, 아이스하키 등 겨울 스포츠를 겨루는 국제 경기로 4년에 한 번씩 개최됩니다. 제 23회 동계올림픽은 2018년에 대한민국 평창에서 개최되었고, 제 24회 동계올림픽은 2022년에 중국 베이징에서 개최되었습니다. 2040년 이후 처음으로 동계올림픽이 개최되는 해는 몇 년일까요?

(         )

**5**

수 카드 4장을 한 번씩 사용하여 4000보다 크고 5000보다 작은 네 자리 수를 만들려고 합니다. 만들 수 있는 네 자리 수 중에서 가장 큰 수를 구해 보세요.

(         )

**6**

서우의 저금통 안에 500원짜리 동전이 4개, 100원짜리 동전이 17개, 10원짜리 동전이 30개 들어 있습니다. 저금통 안에 들어 있는 동전을 모두 1000원짜리 지폐로 바꾸면 지폐는 몇 장이 될까요?

(         )

**7** 4837과 4919 사이의 네 자리 수 중에서 일의 자리 숫자가 8인 수는 모두 몇 개일까요?

(            )

서술형 **8** 어떤 수에서 큰 수로 30씩 4번 뛰어 세어야 하는데 잘못하여 큰 수로 300씩 4번 뛰어 세었더니 9275가 되었습니다. 바르게 뛰어 센 수는 얼마인지 풀이 과정을 쓰고 답을 구해 보세요.

풀이

답

**9** 몇씩 뛰어 센 수를 수직선에 나타낸 것입니다. ⓛ이 나타내는 수는 ⓐ이 나타내는 수보다 몇만큼 더 클까요?

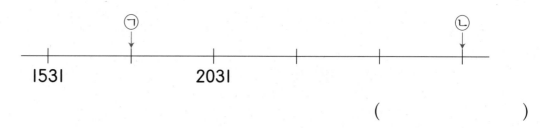

(            )

**10** 인터넷 쇼핑몰에서 한 병의 가격이 다음과 같은 생수 10병과 콜라 몇 병을 주문하려고 합니다. 생수와 콜라 가격의 합이 10000원을 넘지 않으려면 콜라는 최대 몇 병까지 주문할 수 있을까요?

• 9999보다 1만큼 더 큰 수로 '만'이라고 읽습니다.

생수: 440원    콜라: 900원

(                              )

**11** ▲에 같은 수가 들어갈 때 0부터 9까지의 수 중에서 ▲에 들어갈 수 있는 수는 모두 몇 개일까요?

$$8▲95 > 85▲7$$

(                              )

**12** 다음과 같이 뛰어 셀 때 뛰어 센 수 중에서 7000에 가장 가까운 수를 구해 보세요.

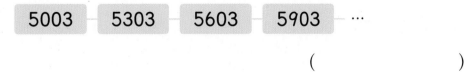

5003    5303    5603    5903    …

(                              )

**1** 9860보다 크고 9910보다 작은 네 자리 수 중에서 숫자 0이 들어 있는 수는 모두 몇 개일까요?

(             )

**2** 네 자리 수의 크기를 비교한 것입니다. 0부터 9까지의 수 중에서 ■와 ▲에 들어갈 두 수의 짝을 (■, ▲)로 나타내면 (■, ▲)는 모두 몇 가지인지 구해 보세요.

> ■229 > 8▲37

(             )

# 곱셈구구

**대표심화유형**

1 곱셈식 만들기

2 여러 가지 방법으로 곱셈하기

3 수 카드를 사용하여 곱셈식 만들기

4 모두 얼마인지 구하기

5 점수 구하기

6 다르게 배열하기

7 곱셈표의 빈칸 채우기

8 곱셈구구를 활용한 교과통합유형

# 곱셈구구와 친해지는 방법

## 나만 알고 싶은 공식, 곱셈구구

2를 아홉 번 더하면 얼마일까요? 덧셈만 아는 동생은 2를 계속 열심히 더할 테지만, 곱셈을 아는 누나는 2단 곱셈구구를 떠올려 1초만에 곱을 구했어요.

$$2+2+2+2+2+2+2+2+2 \rightarrow 2 \times 9$$

같은 수를 여러 번 더하는 계산을 단 하나의 곱셈식으로 줄여주는 곱셈구구. 그 기원을 알아볼까요?

곱셈구구는 1부터 9까지의 수를 두 수끼리 서로 곱한 값을 나타낸 것으로, 구구단이라고 부르기도 해요. 이때 '구구'는 $9 \times 9 = 81$에서 유래된 것이에요. 곱셈구구에는 2단부터 9단까지 여러 경우가 있는데 왜 하필 구구단이라고 했을까요? 곱셈구구는 중국에서 만들어져 우리나라에 들어왔는데, 그 당시 중국이나 우리나라에서는 지체 높은 귀족들만 곱셈구구를 접하고 이용했다고 해요. 이들은 혹시 백성들이 곱셈구구를 따라 외울까봐 9단의 가장 끝에 있는 $9 \times 9 = 81$부터 거꾸로 외웠다고 해요. 그래서 자연스럽게 '구구단'이라는 이름이 붙었지요. 곱셈구구의 편리함을 자기들끼리만 누리려는 욕심이 엿보이지요?

## 곱셈구구를 쉽게 기억하는 방법

곱셈구구를 무작정 외우는 건 지루하고 어려워요. 외우기 전에 각 단의 대표적인 규칙부터 알아두면 곱셈구구를 훨씬 쉽게 기억할 수 있답니다.

| 2 | 3 | 4 | 5 | 6 | 7 | 8 | 9 |
|---|---|---|---|---|---|---|---|
| 2×1=2 | 3×1=3 | 4×1=4 | 5×1=5 | 6×1=6 | 7×1=7 | 8×1=8 | 9×1=9 |
| 2×2=4 | 3×2=6 | 4×2=8 | 5×2=10 | 6×2=12 | 7×2=14 | 8×2=16 | 9×2=18 |
| 2×3=6 | 3×3=9 | 4×3=12 | 5×3=15 | 6×3=18 | 7×3=21 | 8×3=24 | 9×3=27 |
| 2×4=8 | 3×4=12 | 4×4=16 | 5×4=20 | 6×4=24 | 7×4=28 | 8×4=32 | 9×4=36 |
| 2×5=10 | 3×5=15 | 4×5=20 | 5×5=25 | 6×5=30 | 7×5=35 | 8×5=40 | 9×5=45 |
| 2×6=12 | 3×6=18 | 4×6=24 | 5×6=30 | 6×6=36 | 7×6=42 | 8×6=48 | 9×6=54 |
| 2×7=14 | 3×7=21 | 4×7=28 | 5×7=35 | 6×7=42 | 7×7=49 | 8×7=56 | 9×7=63 |
| 2×8=16 | 3×8=24 | 4×8=32 | 5×8=40 | 6×8=48 | 7×8=56 | 8×8=64 | 9×8=72 |
| 2×9=18 | 3×9=27 | 4×9=36 | 5×9=45 | 6×9=54 | 7×9=63 | 8×9=72 | 9×9=81 |

먼저 각 단의 곱의 일의 자리 숫자를 살펴볼게요. 5단 곱셈구구는 곱의 일의 자리 숫자에 5와 0이 반복됩니다. 5단 곱셈구구의 곱은 5씩 커지기 때문이에요.

2단 곱셈구구는 2씩 커지기 때문에 곱의 일의 자리 숫자에 2, 4, 6, 8, 0이 반복되고, 4단 곱셈구구는 4씩 커지기 때문에 곱의 일의 자리 숫자에 4, 8, 2, 6, 0이 반복됩니다. 6단과 8단에서도 이와 같은 규칙을 찾을 수 있고요. 쉽게 말하면 짝수 단 곱셈구구에서 곱의 일의 자리 숫자는 2, 4, 6, 8, 0이 순서만 달리해서 반복돼요.

홀수 단인 3단, 7단, 9단에도 규칙이 있습니다. 3단 곱셈구구에서 곱의 일의 자리 숫자를 순서대로 쓰면 3, 6, 9, 2, 5, 8, 1, 4, 7이고, 7단 곱셈구구에서 곱의 일의 자리 숫자는 7, 4, 1, 8, 5, 2, 9, 6, 3이에요. 즉 1부터 9까지의 숫자가 모두 한 번씩 나옵니다.

정말 신기한 규칙은 9단에 있어요. 9×1=9에서 9×9=81까지 9단 곱셈구구를 떠올리면서 곱의 일의 자리 숫자를 순서대로 써 볼게요. 9, 8, 7, 6, 5, 4, 3, 2, 1. 규칙을 찾았나요? 곱의 일의 자리 숫자가 9부터 1씩 작아지는 것이 보이지요?

9단 곱셈구구에는 곱의 십의 자리 숫자와 일의 자리 숫자의 합이 각각 9가 되는 규칙도 있답니다. 모두 ■단 곱셈구구의 곱이 ■씩 커지기 때문에 생긴 규칙이에요.

# 1 2단, 5단, 3단, 6단 곱셈구구

## ❶ 2단 곱셈구구

| × | 1 | 2 | 3 | 4 | 5 | 6 | 7 | 8 | 9 |
|---|---|---|---|---|---|---|---|---|---|
| 2 | 2 | 4 | 6 | 8 | 10 | 12 | 14 | 16 | 18 |

+2 +2 +2 +2 +2 +2 +2 +2

곱하는 수가 1씩 커지면 곱은 2씩 커집니다.

## ❷ 5단 곱셈구구 → 5단 곱셈구구의 곱은 일의 자리 숫자가 5 또는 0입니다.

| × | 1 | 2 | 3 | 4 | 5 | 6 | 7 | 8 | 9 |
|---|---|---|---|---|---|---|---|---|---|
| 5 | 5 | 10 | 15 | 20 | 25 | 30 | 35 | 40 | 45 |

+5 +5 +5 +5 +5 +5 +5 +5

곱하는 수가 1씩 커지면 곱은 5씩 커집니다.

## ❸ 3단, 6단 곱셈구구

| × | 1 | 2 | 3 | 4 | 5 | 6 | 7 | 8 | 9 |
|---|---|---|---|---|---|---|---|---|---|
| 3 | 3 | 6 | 9 | 12 | 15 | 18 | 21 | 24 | 27 |
| 6 | 6 | 12 | 18 | 24 | 30 | 36 | 42 | 48 | 54 |

곱하는 수가 1씩 커지면 곱은 3씩 커집니다.

곱하는 수가 1씩 커지면 곱은 6씩 커집니다.

└→ 6이 3의 2배이므로 6단 곱셈구구의 곱은 3단 곱셈구구의 곱의 2배입니다.

실전 개념

## ❶ 곱셈구구의 곱을 수직선에 나타내기

■씩 뛰어 센 수들은 ■단 곱셈구구의 곱과 같습니다.

3단, 6단 곱셈구구

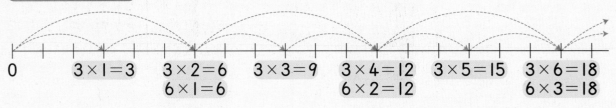

| $3 \times 1 = 3$ | $3 \times 2 = 6$ | $3 \times 3 = 9$ | $3 \times 4 = 12$ | $3 \times 5 = 15$ | $3 \times 6 = 18$ |
| $6 \times 1 = 6$ | | | $6 \times 2 = 12$ | | $6 \times 3 = 18$ |

0

## ❷ ■×3과 ■×2의 합과 차

• 2×3과 2×2의 합 구하기

$2 \times 3$
$2 \times 2$
→ 합 $2 \times 5$

➡ $\boxed{2 \times 3}$ + $\boxed{2 \times 2}$ = $\boxed{2 \times 5}$

• 2×3과 2×2의 차 구하기

$2 \times 3$
$2 \times 2$
→ 차
➡ ●●● ←$2 \times 1$

➡ $\boxed{2 \times 3}$ − $\boxed{2 \times 2}$ = $\boxed{2 \times 1}$

**1** 단추 7개에 있는 구멍은 모두 몇 개인지 곱셈식으로 나타내 보세요.

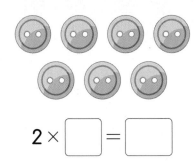

$2 \times \boxed{\phantom{0}} = \boxed{\phantom{0}}$

**2** 구슬을 색깔별로 묶어 보고 구슬이 모두 몇 개인지 곱셈식으로 나타내 보세요.

$5 \times \boxed{\phantom{0}} = \boxed{\phantom{0}}$

**3** 딸기는 모두 몇 개인지 곱셈식으로 나타내 보세요.

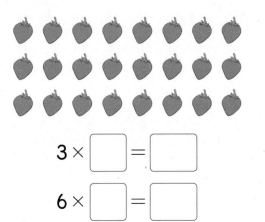

$3 \times \boxed{\phantom{0}} = \boxed{\phantom{0}}$

$6 \times \boxed{\phantom{0}} = \boxed{\phantom{0}}$

**4** 5단 곱셈구구의 곱을 모두 찾아 ○표 하세요.

| 5 | 12 | 15 | 25 |
|---|----|----|----|
| 34 | 40 | 41 | 45 |

**5** $3 \times 7$은 $3 \times 5$보다 얼마나 더 큰지 ○를 그려서 나타내고, ☐ 안에 알맞은 수를 써넣으세요.

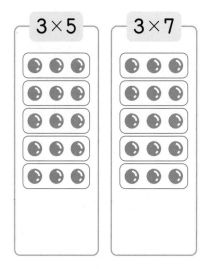

$3 \times 5 = \boxed{\phantom{0}}$ 입니다.

$3 \times 7$은 $3 \times 5$보다 $\boxed{\phantom{0}}$씩 $\boxed{\phantom{0}}$ 묶음

이 더 많으므로 $\boxed{\phantom{0}}$ 만큼 더 큽니다.

**6** ☐ 안에 알맞은 수를 써넣으세요.

(1) $15 = \boxed{\phantom{0}} \times \boxed{\phantom{0}}$

(2) $18 = \boxed{\phantom{0}} \times \boxed{\phantom{0}}$

# **2** 4단, 8단, 7단, 9단 곱셈구구

## ❶ 4단, 8단 곱셈구구

| × | 1 | 2 | 3 | 4 | 5 | 6 | 7 | 8 | 9 | |
|---|---|---|---|---|---|---|---|---|---|---|
| 4 | 4 | 8 | 12 | 16 | 20 | 24 | 28 | 32 | 36 | 곱하는 수가 1씩 커지면 곱은 4씩 커집니다. |
| 8 | 8 | 16 | 24 | 32 | 40 | 48 | 56 | 64 | 72 | 곱하는 수가 1씩 커지면 곱은 8씩 커집니다. |

• 8이 4의 2배이므로 8단 곱셈구구의 곱은 4단 곱셈구구의 곱의 2배입니다.

## ❷ 7단 곱셈구구

| × | 1 | 2 | 3 | 4 | 5 | 6 | 7 | 8 | 9 | |
|---|---|---|---|---|---|---|---|---|---|---|
| 7 | 7 | 14 | 21 | 28 | 35 | 42 | 49 | 56 | 63 | 곱하는 수가 1씩 커지면 곱은 7씩 커집니다. |

+7 +7 +7 +7 +7 +7 +7 +7

## ❸ 9단 곱셈구구

| × | 1 | 2 | 3 | 4 | 5 | 6 | 7 | 8 | 9 | |
|---|---|---|---|---|---|---|---|---|---|---|
| 9 | 9 | 18 | 27 | 36 | 45 | 54 | 63 | 72 | 81 | 곱하는 수가 1씩 커지면 곱은 9씩 커집니다. |

+9 +9 +9 +9 +9 +9 +9 +9

---

**실전 개념**

## ❶ 곱셈구구의 곱을 수직선에 나타내기

■씩 뛰어 센 수들은 ■단 곱셈구구의 곱과 같습니다.

> 4단, 8단 곱셈구구

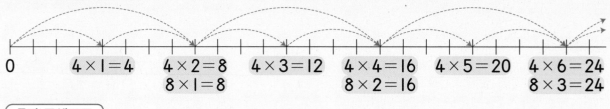

0    4×1=4    4×2=8    4×3=12    4×4=16    4×5=20    4×6=24
       8×1=8              8×2=16              8×3=24

> 7단 곱셈구구

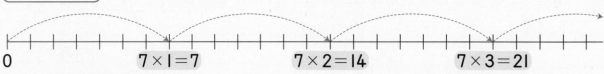

0         7×1=7         7×2=14         7×3=21

## ❷ 두 수를 바꾸어 곱하기

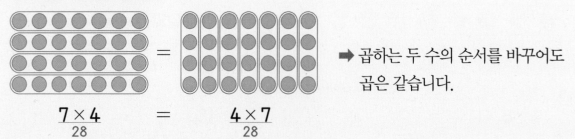

$$\underset{28}{7 \times 4} \quad = \quad \underset{28}{4 \times 7}$$

➡ 곱하는 두 수의 순서를 바꾸어도 곱은 같습니다.

7×4를 구할 때 7단 곱셈구구를 떠올리기 어렵다면 4×7로 구해도 됩니다.

# BASIC TEST

**1** □ 안에 알맞은 수를 써넣으세요.

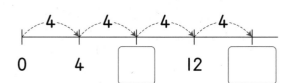

**2** 문어 한 마리의 다리는 8개입니다. 문어 5마리의 다리는 모두 몇 개인지 곱셈식으로 나타내 보세요.

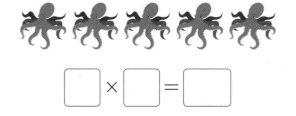

$$\boxed{\phantom{0}} \times \boxed{\phantom{0}} = \boxed{\phantom{0}}$$

**3** □ 안에 알맞은 수를 써넣으세요.

(1) $4 \times 3 = 3 \times \boxed{\phantom{0}}$

(2) $7 \times 6 = 6 \times \boxed{\phantom{0}}$

(3) $9 \times 5 = 5 \times \boxed{\phantom{0}}$

**4** 별의 수를 알아보려고 합니다. □ 안에 알맞은 수를 써넣으세요.

(파란색 별의 수) $= 7 \times \boxed{\phantom{0}}$

(노란색 별의 수) $= 7 \times \boxed{\phantom{0}}$

(별의 수의 합) $= 7 \times \boxed{\phantom{0}}$

**5** 한라봉이 한 상자에 9개씩 들어 있습니다. 7상자에 들어 있는 한라봉은 모두 몇 개일까요?

(              )

**6** 하나의 수를 다른 2개의 곱으로 나타내 보세요.

(1) $36 = \boxed{\phantom{0}} \times \boxed{\phantom{0}}$

$\phantom{(1)} 36 = \boxed{\phantom{0}} \times \boxed{\phantom{0}}$

(2) $24 = \boxed{\phantom{0}} \times \boxed{\phantom{0}}$

$\phantom{(2)} 24 = \boxed{\phantom{0}} \times \boxed{\phantom{0}}$

# 3 |단 곱셈구구, 0의 곱

## ❶ |단 곱셈구구

| × | 1 | 2 | 3 | 4 | 5 | 6 | 7 | 8 | 9 |
|---|---|---|---|---|---|---|---|---|---|
| 1 | 1 | 2 | 3 | 4 | 5 | 6 | 7 | 8 | 9 |

|과 어떤 수의 곱은 항상 어떤 수 자신이 됩니다.

$$1 \times (어떤 수) = (어떤 수)$$

$$(어떤 수) \times 1 = (어떤 수)$$

## ❷ 0의 곱 알아보기

| × | 1 | 2 | 3 | 4 | 5 | 6 | 7 | 8 | 9 |
|---|---|---|---|---|---|---|---|---|---|
| 0 | 0 | 0 | 0 | 0 | 0 | 0 | 0 | 0 | 0 |

0과 어떤 수의 곱은 항상 0입니다.

$$0 \times (어떤 수) = 0$$

$$(어떤 수) \times 0 = 0$$

---

**사고력 개념**

### ❶ 1 × (어떤 수) = (어떤 수)인 이유

➡ 더한 횟수가 곱이 되기 때문입니다.

예 $1 \times 3 = \underset{3번}{1 + 1 + 1} = 3$

예 $1 \times 4 = \underset{4번}{1 + 1 + 1 + 1} = 4$

### ❷ 0 × (어떤 수) = 0인 이유

➡ 0은 아무리 여러 번 더해도 0이기 때문입니다.

예 $0 \times 3 = \underset{3번}{0 + 0 + 0} = 0$

예 $0 \times 4 = \underset{4번}{0 + 0 + 0 + 0} = 0$

### ❸ 수직선에서 0과의 곱, |과의 곱 알아보기

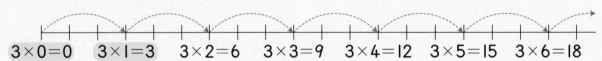

$3 \times 0 = 0$  $3 \times 1 = 3$  $3 \times 2 = 6$  $3 \times 3 = 9$  $3 \times 4 = 12$  $3 \times 5 = 15$  $3 \times 6 = 18$

---

**실전 개념**

### ❶ 과녁의 점수 구하기

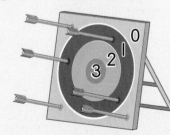

• 빨간색 화살의 총점: 1점에 3개 ➡ $1 \times 3 = 3$(점)

• 파란색 화살의 총점: 0점에 3개 ➡ $0 \times 3 = 0$(점)
　0점을 여러 번 맞춰도 점수의 합은 0점입니다.

**1** 접시 4개에 담은 사과는 모두 몇 개인지 곱셈식으로 나타내 보세요.

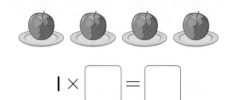

$$1 \times \boxed{\phantom{0}} = \boxed{\phantom{0}}$$

**2** 어항에 들어 있는 물고기는 모두 몇 마리인지 곱셈식으로 나타내 보세요.

$$\boxed{\phantom{0}} \times 5 = \boxed{\phantom{0}}$$

**3** ☐ 안에 알맞은 수를 써넣으세요.

(1) $1+1+1+1 = 1 \times \boxed{\phantom{0}} = \boxed{\phantom{0}}$

(2) $0+0+0 = 0 \times \boxed{\phantom{0}} = \boxed{\phantom{0}}$

**4** 계산 결과가 다른 하나를 찾아 기호를 써 보세요.

| ㉠ $8 \times 0$ | ㉡ $0 \times 1$ | ㉢ $6+0$ |

(        )

**5** $0 \times 6 = 0$입니다. 그 까닭을 덧셈식을 이용하여 써 보세요.

까닭 ......................................................

......................................................

......................................................

**6** ☐ 안에 알맞은 수를 써넣으세요.

(1) $\boxed{\phantom{0}} \times 7 = 7$

(2) $9 \times \boxed{\phantom{0}} = 0$

**7** 원판을 돌려 멈췄을 때 📍가 가리키는 수만큼 점수를 얻는 놀이를 했습니다. 지우가 원판을 10번 돌려서 얻은 점수는 몇 점인지 구해 보세요.

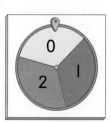

| 원판에 적힌 수 | 0 | 1 | 2 |
|---|---|---|---|
| 멈춘 횟수(번) | 2 | 3 | 5 |

(        )

# 4 곱셈표

## ❶ 곱셈표 만들기

세로줄(↓)과 가로줄(→)의 수가 만나는 칸에 두 수의 곱을 써서 만듭니다.

| × | 0 | 1 | 2 | 3 | 4 | 5 | 6 | 7 | 8 | 9 |
|---|---|---|---|---|---|---|---|---|---|---|
| 0 | 0 | 0 | 0 | 0 | 0 | 0 | 0 | 0 | 0 | 0 |
| 1 | 0 | 1 | 2 | 3 | 4 | 5 | 6 | 7 | 8 | 9 |
| 2 | 0 | 2 | 4 | 6 | 8 | 10 | 12 | 14 | 16 | 18 |
| 3 | 0 | 3 | 6 | 9 | 12 | 15 | 18 | 21 | 24 | 27 |
| 4 | 0 | 4 | 8 | 12 | 16 | 20 | 24 | 28 | 32 | 36 |
| 5 | 0 | 5 | 10 | 15 | 20 | 25 | 30 | 35 | 40 | 45 |
| 6 | 0 | 6 | 12 | 18 | 24 | 30 | 36 | 42 | 48 | 54 |
| 7 | 0 | 7 | 14 | 21 | 28 | 35 | 42 | 49 | 56 | 63 |
| 8 | 0 | 8 | 16 | 24 | 32 | 40 | 48 | 56 | 64 | 72 |
| 9 | 0 | 9 | 18 | 27 | 36 | 45 | 54 | 63 | 72 | 81 |

- ■단 곱셈구구는 곱이 ■씩 커집니다.

- 점선을 따라 접었을 때 만나는 곱셈구구의 곱이 같습니다.

- 곱하는 두 수의 순서를 바꾸어도 곱은 같습니다.

  예 $3 \times 7 = 21,\ 7 \times 3 = 21$　　　예 $4 \times 8 = 32,\ 8 \times 4 = 32$

- 점선 위에 있는 수들은 같은 수끼리의 곱입니다.

## ❶ 같은 수를 여러 가지 곱셈식으로 나타내기

- 18을 여러 가지 곱셈식으로 나타내기

$2 \times 9 = 18$　　$9 \times 2 = 18$　　$3 \times 6 = 18$　　$6 \times 3 = 18$

## BASIC TEST

**1** 빈칸에 알맞은 수를 써넣어 곱셈표를 완성해 보세요.

| × | 3 | 4 | 5 |
|---|---|---|---|
| 2 | | 8 | |
| 4 | 12 | | |
| 8 | | | 40 |

**2** 곱셈표에서 틀린 부분을 찾아 ○표 하고, 바르게 계산해 보세요.

| × | 1 | 3 | 5 | 7 | 9 |
|---|---|---|---|---|---|
| 5 | 5 | 15 | 25 | 35 | 45 |
| 7 | 7 | 21 | 35 | 49 | 64 |
| 9 | 9 | 27 | 45 | 63 | 81 |

(          )

**3** 빈칸에 알맞은 수를 써넣어 곱셈표를 완성해 보세요.

| × | 2 | | 6 |
|---|---|---|---|
| | 4 | | |
| 4 | | 16 | |
| | | 36 | |
| 8 | | | 64 |

**[4~6]** 곱셈표를 보고 물음에 답하세요.

| × | 3 | 4 | 5 | 6 | 7 | 8 | 9 |
|---|---|---|---|---|---|---|---|
| 3 | | 12 | | ★ | | | |
| 4 | | 16 | | | | | |
| 5 | | 20 | | | | | |
| 6 | | 24 | | | | | |
| 7 | | 28 | | | | | |
| 8 | | 32 | | | | | |
| 9 | | | | | | | |

**4** ↓ 위에 있는 수들의 규칙을 써 보세요.

규칙 ..................................................

..................................................

**5** 점선을 따라 접었을 때 ★과 만나는 칸에 알맞은 수를 써넣으세요.

**6** → 위에 있는 수들의 일의 자리 수에는 어떤 규칙이 있는지 써 보세요.

규칙 ..................................................

..................................................

## 곱셈식 만들기

보기 와 같이 모눈 위에 선을 긋고, 선을 그어 만들어진 작은 사각형의 수를 곱셈식으로 나타내 보세요.

보기

• 세로선을 4줄 그어 보세요.

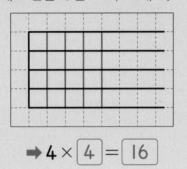

➡ 4 × 4 = 16

• 세로선을 5줄 그어 보세요.

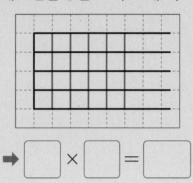

➡ ☐ × ☐ = ☐

● 생각하기   세로선을 1줄 그을 때마다 사각형이 4개씩 늘어납니다.

● 해결하기   1단계 늘어나는 사각형의 수 알아보기

세로선을 1줄 그으면 사각형이 4개 생기고, 2줄 그으면 8개, 3줄 그으면 12개, 4줄 그으면 16개 생깁니다. ➡ 4씩 4묶음 ➡ 4 × 4 = 16

2단계 세로선을 5줄 긋고, 사각형의 수를 곱셈식으로 나타내기

세로선을 4줄보다 한 줄만큼 더 그었으므로 사각형이 4개 더 만들어집니다.

➡ 16 + 4 = 20(개)

따라서 사각형의 수는 4씩 5묶음이므로 곱셈식으로 나타내면 4 × 5 = 20입니다.

답 4 × 5 = 20

**1-1**   보기 와 같이 모눈 위에 선을 긋고, 선을 그어 만들어진 작은 사각형의 수를 곱셈식으로 나타내 보세요.

보기

• 가로선을 2줄 그어 보세요.

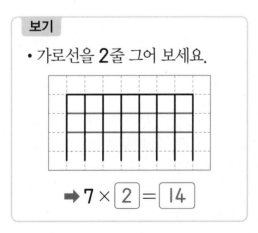

➡ 7 × 2 = 14

• 가로선을 5줄 그어 보세요.

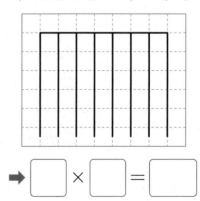

➡ ☐ × ☐ = ☐

## 여러 가지 방법으로 곱셈하기

두 사람이 6 × 8의 곱을 서로 다른 방법으로 구했습니다. ■와 ▲에 알맞은 수를
각각 구해 보세요.

> 윤재: 6 × 7에 ■를 더했습니다.
>
> 소희: 6 × ▲를 두 번 더했습니다.

● 생각하기  ●단 곱셈구구의 곱은 ●씩 커집니다.

● 해결하기  **1단계** ■에 알맞은 수 구하기

6단 곱셈구구의 곱은 6씩 커지므로 6 × 8은 6 × 7에 6을 더한 수와 같습니다.

➡ ■ = 6

**2단계** ▲에 알맞은 수 구하기

6 × 8은 6을 8번 더한 수이므로 6 × 4를 두 번 더한 것과 같습니다.
<u>6을 4번 더한 수</u>

➡ ▲ = 4

답 ■ : 6, ▲ : 4

---

**2-1**  두 사람이 8 × 5의 곱을 서로 다른 방법으로 구했습니다. ■와 ▲에 알맞은 수를
각각 구해 보세요.

> 희경: 8 × 2와 8 × ■를 더했습니다.
>
> 유진: 8 × ▲에서 8을 뺐습니다.

■ (                ), ▲ (                )

---

**2-2**  세 사람이 4 × 9의 곱을 서로 다른 방법으로 구했습니다. ■, ▲, ●에 알맞은 수
를 각각 구해 보세요.

> 진우: 4 × 8에 ■를 더했습니다.
>
> 미라: 4 + 4 + 4 + 4 + 4 + 4 + 4 + 4에 ▲를 더했습니다.
>
> 형진: 4 × ●를 세 번 더했습니다.

■ (                ), ▲ (                ), ● (                )

# 수 카드를 사용하여 곱셈식 만들기

수 카드를 한 번씩 모두 사용하여 만들 수 있는 곱셈식을 2개 만들어 보세요.

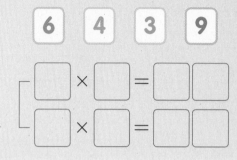

● 생각하기　　·두 수씩 골라 곱을 구해 봅니다.

·곱하는 두 수의 순서를 바꾸어도 곱은 같습니다.

● 해결하기　　[1단계] 두 수씩 곱하여 수 카드를 모두 사용하여 만들 수 있는 곱셈식 찾기

수 카드를 두 장씩 골라 두 수의 곱을 각각 구해 봅니다.

$6 \times 4 = 24$, $6 \times 3 = 18$, $6 \times 9 = 54$, $4 \times 3 = 12$, $4 \times 9 = 36$, $3 \times 9 = 27$

주어진 수 카드를 한 번씩 모두 사용하여 만들 수 있는 곱셈식은 $4 \times 9 = 36$입니다.

[2단계] 곱하는 두 수의 순서를 바꾸어 곱셈식 2개 만들기

곱하는 두 수의 순서를 바꾸어도 곱은 같습니다.

➡ $4 \times 9 = 36$, $9 \times 4 = 36$

답 $4 \times 9 = 36$, $9 \times 4 = 36$

## 3-1

수 카드를 한 번씩 모두 사용하여 만들 수 있는 곱셈식을 2개 만들어 보세요.

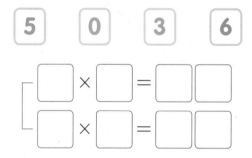

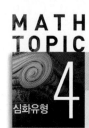
## 모두 얼마인지 구하기

소영이네 농장에서 염소 7마리와 닭 9마리를 기르고 있습니다. 소영이네 농장에서 기르는 염소와 닭의 다리는 모두 몇 개일까요?

● 생각하기   염소 한 마리의 다리는 4개이고 닭 한 마리의 다리는 2개입니다.

● 해결하기   **1단계** 염소 7마리의 다리 수 구하기

염소 한 마리의 다리는 4개이므로 염소 7마리의 다리는 $4 \times 7 = 28$(개)입니다.

**2단계** 닭 9마리의 다리 수 구하기

닭 한 마리의 다리는 2개이므로 닭 9마리의 다리는 $2 \times 9 = 18$(개)입니다.

**3단계** 염소와 닭의 다리는 모두 몇 개인지 구하기

염소와 닭의 다리는 모두 $28 + 18 = 46$(개)입니다.

**답** 46개

---

**4-1**   미라는 세잎클로버 4개와 네잎클로버 2개를 찾았습니다. 미라가 찾은 클로버의 잎은 모두 몇 장일까요?

(                    )

**4-2**   인혜는 분홍색 구슬을 한 상자에 5개씩 3상자, 하늘색 구슬을 한 상자에 6개씩 5상자 가지고 있습니다. 인혜가 가지고 있는 구슬은 모두 몇 개일까요?

(                    )

**4-3**   윤주가 지난주에 받은 칭찬 붙임딱지의 수를 조사하여 나타낸 것입니다. 윤주가 받은 점수는 모두 몇 점일까요?

| 점수 | 3점 | 4점 | 5점 |
|---|---|---|---|
| 붙임딱지의 수 | 3장 | 6장 | 4장 |

(                    )

## 점수 구하기

다음은 형진이가 과녁 맞히기 놀이를 한 결과입니다. 형진이가 얻은 점수는 모두 몇 점일까요?

| 점수 | 2점 | 1점 | 0점 |
|---|---|---|---|
| 맞힌 횟수 | 3번 | 4번 | 3번 |

● 생각하기 · 1×(어떤 수)=(어떤 수)
· 0×(어떤 수)=0

● 해결하기 **1단계** 2점, 1점, 0점짜리 과녁을 맞혀서 얻은 점수 각각 구하기

2점짜리 과녁을 맞혀서 얻은 점수는 2×3=6(점)입니다.

1점짜리 과녁을 맞혀서 얻은 점수는 1×4=4(점)입니다.

0점짜리 과녁을 맞혀서 얻은 점수는 0×3=0(점)입니다.

**2단계** 얻은 점수의 합 구하기

형진이가 얻은 점수는 모두 6+4+0=10(점)입니다.

답 10점

**5-1** 다음은 은지가 과녁 맞히기 놀이를 한 결과입니다. 은지가 얻은 점수는 모두 몇 점일까요?

| 점수 | 4점 | 1점 | 0점 |
|---|---|---|---|
| 맞힌 횟수 | 2번 | 7번 | 1번 |

( )

**5-2** 다음은 승우가 과녁 맞히기 놀이를 한 결과입니다. 승우가 모두 23점을 얻었다면 6번을 맞힌 것은 몇 점짜리 과녁일까요?

| 점수 | ▨점 | 1점 | 0점 |
|---|---|---|---|
| 맞힌 횟수 | 6번 | 5번 | 4번 |

( )

## MATH TOPIC 6

심화유형

# 다르게 배열하기

버섯이 한 줄에 6개씩 6줄로 놓여 있습니다. 이 버섯을 한 줄에 9개씩 놓으면 몇 줄이 될까요?

● 생각하기　전체 개수를 구한 다음, 9단 곱셈구구의 곱이 전체 개수가 되는 경우를 알아봅니다.

● 해결하기　**1단계** 버섯의 수 구하기

버섯이 한 줄에 6개씩 6줄이므로 $6 \times 6 = 36$(개)입니다.

**2단계** 버섯을 한 줄에 9개씩 놓으면 몇 줄이 되는지 구하기

9단 곱셈구구에서 곱이 36이 되는 경우를 알아보면 $9 \times 4 = 36$입니다.

따라서 버섯을 한 줄에 9개씩 놓으면 4줄이 됩니다.

답 **4**줄

**6-1** 파프리카가 한 줄에 8개씩 3줄로 놓여 있습니다. 이 파프리카를 한 줄에 6개씩 놓으면 몇 줄이 될까요?

(　　　　　　)

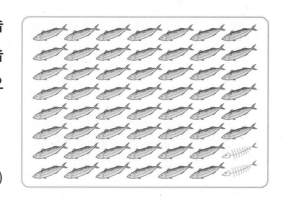

**6-2** 생선이 한 줄에 7마리씩 8줄로 놓여 있습니다. 이 중에서 2마리를 고양이가 먹었습니다. 남은 생선을 한 줄에 9마리씩 놓으면 몇 줄이 될까요?

(　　　　　　)

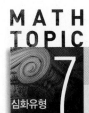

# 곱셈표의 빈칸 채우기

㉠과 ㉡에 알맞은 수를 각각 구해 보세요.

| × | 0 | 1 | 2 | 3 | 4 | 5 | 6 | 7 | 8 | 9 | 10 | 11 | |
|---|---|---|---|---|---|---|---|---|---|---|---|---|---|
| 3 | 0 | 3 | 6 | 9 | 12 | 15 | 18 | 21 | 24 | 27 | ㉠ | | ← 첫째 줄 |
| 6 | 0 | 6 | 12 | 18 | 24 | 30 | 36 | 42 | 48 | 54 | ★ | ㉡ | ← 둘째 줄 |

● 생각하기 　곱셈표에서 오른쪽으로 갈수록 몇씩 늘어나는지 알아봅니다.

● 해결하기 　**1단계** 첫째 줄과 둘째 줄의 규칙 각각 알아보기 　┌ 곱하는 수가 1씩 커질수록

첫째 줄은 3단 곱셈구구의 곱이므로 오른쪽으로 갈수록 3씩 커집니다.

둘째 줄은 6단 곱셈구구의 곱이므로 오른쪽으로 갈수록 6씩 커집니다.

　**2단계** 찾은 규칙을 이용하여 ㉠과 ㉡에 알맞은 수 각각 구하기

㉠은 27보다 한 칸 오른쪽에 있으므로 27보다 3만큼 더 큰 수인 30입니다.

★은 54보다 한 칸 오른쪽에 있으므로 54보다 6만큼 더 큰 수인 60이고,

㉡은 ★보다 한 칸 오른쪽에 있으므로 60보다 6만큼 더 큰 수인 66입니다.

**답** ㉠: **30**, ㉡: **66**

---

**7-1** 　㉠과 ㉡에 알맞은 수를 각각 구해 보세요.

| × | 0 | 1 | 2 | 3 | 4 | 5 | 6 | 7 | 8 | 9 | 10 | 11 |
|---|---|---|---|---|---|---|---|---|---|---|---|---|
| 2 | 0 | 2 | 4 | 6 | 8 | 10 | 12 | 14 | 16 | | ㉠ | |
| 8 | 0 | 8 | 16 | 24 | 32 | 40 | 48 | 56 | 64 | 72 | | ㉡ |

㉠ (　　　　　　　)

㉡ (　　　　　　　)

**7-2** 　㉠과 ㉡에 알맞은 수를 각각 구해 보세요.

| × | 2 | 3 | 4 | 5 | 6 | 7 | 8 | 9 | 10 | 11 | 12 | 13 |
|---|---|---|---|---|---|---|---|---|---|---|---|---|
| 4 | 8 | 12 | 16 | 20 | 24 | 28 | 32 | | | | | ㉠ |
| 5 | 10 | 15 | 20 | 25 | 30 | 35 | 40 | | | | | ㉡ |

㉠ (　　　　　　　)

㉡ (　　　　　　　)

# MATH TOPIC 8

심화유형

S T E AM 형
■ ● ▲

## 곱셈구구를 활용한 교과통합유형

수학+문화

천연기념물이란 보존할 만한 가치가 높아 법으로 지정하여 보호하는 자연물입니다. 다음은 우리나라에서 천연기념물로 지정된 동물이 각각 몇 종인지 나타낸 것입니다. 학생들이 8명씩 한 모둠을 이루어 한 모둠이 천연기념물을 한 종씩 조사하기로 했습니다. 어류를 조사하는 학생은 곤충류를 조사하는 학생보다 몇 명 더 많을까요?

| | 포유류 | 야생조류 | 어류 | 곤충류 |
|---|---|---|---|---|
| 대표 천연 기념물 | 진도개 | 딱따구리 | 황쏘가리 | 장수하늘소 |
| 종 수 | 14종 | 37종 | 6종 | 4종 |

● 생각하기  (조사하는 학생 수) = (한 종을 조사하는 학생 수) × (종 수)

● 해결하기  **1단계** 어류가 곤충류보다 몇 종 더 많은지 구하기

어류가 6종, 곤충류가 4종이므로 어류가 곤충류보다 6 − 4 = 2(종) 더 많습니다.

**2단계** 어류를 조사하는 학생은 곤충류를 조사하는 학생보다 몇 명 더 많은지 구하기

8명의 학생이 한 종을 조사하고 어류가 곤충류보다 2종 더 많으므로 어류를 조사하는 학생은 곤충류를 조사하는 학생보다 8 × ☐ = ☐ (명) 더 많습니다.

답 ☐ 명

8-1

수학+사회

대부분 휴대폰을 사용하는 요즘에는 공중전화가 애물단지로 전락했지만 공중전화는 불과 얼마전까지만 해도 없어서는 안 되는 통신 수단이었습니다. 10년 전에 공중전화로 기본 통화를 하려면 10원짜리 동전 5개가 필요했지만 지금은 10년 전보다 10원짜리 동전이 2개 더 많이 있어야 합니다. 공중전화로 6명의 친구와 각각 기본 통화를 하려면 10원짜리 동전이 몇 개 필요할까요?

(               )

# LEVEL UP TEST

**1** 오른쪽 그림에서 6단 곱셈구구의 곱의 일의 자리 숫자를 차례로 이어 보세요.

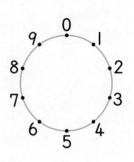

**2** 보기 와 같이 바둑돌의 일부분을 옮기고, 바둑돌이 모두 몇 개인지 곱셈식으로 나타내 보세요.

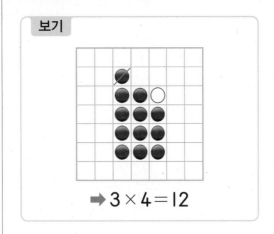

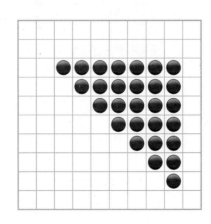

➡ .......................................................

**3** 구슬이 몇 개인지 알아보는 방법으로 옳지 않은 것을 찾아 기호를 써 보세요.

| ㉠ 6+6+6+6을 구합니다. | ㉡ 6×4를 구합니다. |
| ㉢ 6×3에 6을 더합니다. | ㉣ 6×2를 세 번 더합니다. |

( )

**4** 1부터 9까지의 수 중에서 □ 안에 들어갈 수 있는 수는 모두 몇 개일까요?

$$0 \times \square = 0$$

(                 )

**5** 왼쪽 곱과 오른쪽 곱의 합이 3 × 10이 되도록 이어 보세요.

| | |
|---|---|
| $3 \times 1$ · | · $3 \times 5$ |
| $3 \times 2$ · | · $3 \times 6$ |
| $3 \times 3$ · | · $3 \times 7$ |
| $3 \times 4$ · | · $3 \times 8$ |
| $3 \times 5$ · | · $3 \times 9$ |

 **6** 어떤 수에 6을 더해야 할 것을 잘못하여 곱했더니 42가 되었습니다. 바르게 계산하면 얼마인지 풀이 과정을 쓰고 답을 구해 보세요.

풀이 ................................................................................................................

................................................................................................................

................................................................................................................

답 ................................

**7** 군밤이 한 봉지에 9개씩 4봉지 있습니다. 이 군밤을 한 명이 6개씩 먹는다면 몇 명이 먹을 수 있을까요?

(             )

**8** 연결 모형의 수를 두 가지 방법으로 구한 것입니다. ■는 ▲의 몇 배인지 구해 보세요.

방법 1
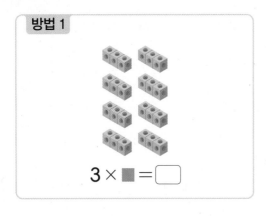
$3 \times ■ = □$

방법 2
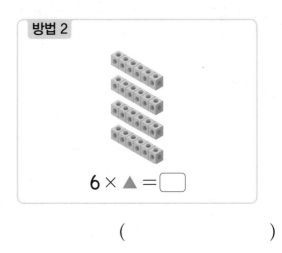
$6 \times ▲ = □$

(             )

수학+문화

STEAM형 **9** 투호 놀이는 옛날 궁중과 양반집에서 하던 놀이로, 항아리에 화살을 던져 넣는 놀이입니다. 재호와 연수가 화살을 하나 넣을 때 5점씩 얻기로 하고 각자 화살을 10개씩 던졌습니다. 재호는 30점, 연수는 40점을 얻었을 때 항아리에 들어가지 않은 화살은 모두 몇 개일까요?

(             )

**10** 설명하는 수를 구해 보세요.

> · 6단 곱셈구구의 곱입니다.
> · 8×5보다 크고 7×7보다 작습니다.
> · 십의 자리 숫자가 일의 자리 숫자보다 큽니다.

(            )

<sup>서술형</sup> **11** 1부터 9까지의 수 중에서 □ 안에 들어갈 수 있는 수를 모두 구하려고 합니다. 풀이 과정을 쓰고 답을 구해 보세요.

$$4 \times 8 < 5 \times \square$$

풀이 ..................................................................................................

..................................................................................................

..................................................................................................

답 ........................................

**12** 곱셈표의 규칙을 이용하여 주황색 칸에 알맞은 수를 써넣고, ★에 알맞은 수를 구해 보세요.

| × | 6 | 7 | 8 | 9 | 10 | 11 |
|---|----|----|----|----|----|----|
| 6 | 36 | 42 | 48 | 54 | | |
| 7 | 42 | 49 | 56 | 63 | | |
| 8 | 48 | 56 | 64 | 72 | | |
| 9 | 54 | 63 | 72 | 81 | | |
| 10 | | | | | | |
| 11 | | | | | | ★ |

(            )

**1** ■는 한 자리 수이고 ■+■+■+■+■+■+■=3■입니다. ■에 알맞은 수를 구해 보세요.

(             )

**2** 어떤 두 수의 곱은 24이고, 합은 10입니다. 이 두 수의 차를 구해 보세요.

(             )

**3** 사탕을 30개까지 넣을 수 있는 상자 안에 사탕이 몇 개 들어 있습니다. 상자에 들어 있는 사탕을 5개씩 포장하면 2개가 남고 8개씩 포장하면 3개가 남습니다. 상자에 들어 있는 사탕은 몇 개일까요?

(             )

# 길이 재기

## 대표심화유형

**1** 길이 비교하여 □ 안에 들어갈 수 구하기

**2** 길이의 합과 차에서 모르는 수 구하기

**3** 리본의 길이 구하기

**4** 거리 구하기

**5** 겹치게 이어 붙인 색 테이프의 전체 길이 구하기

**6** 몸의 부분을 이용하여 길이 어림하기

**7** 길이 재기를 활용한 교과통합유형

# m와 cm를 사용 하기까지

### m(미터)가 필요한 순간

필통의 길이를 잴 때는 cm 단위를 쓰고 운동장 긴 쪽의 거리를 잴 때는 m 단위를 씁니다. 필통을 재는 짧은 자로 운동장 긴 쪽의 거리를 재면 어떨까요? 만약 일반적인 규모의 운동장이라면 짧은 자를 1000번도 넘게 옮겨 재어야 해요. 자를 여러 번 옮기느라 번거로운 것은 물론이고 잰 길이를 나타내기도 불편하답니다. 예를 들어 10cm짜리 곧은 자를 500번 옮겨 잰 거리는 5000cm가 되는데, 나타내는 수가 이렇게 크면 길이를 단번에 가늠하기가 어려워요.

이런 불편함을 피하기 위해서 긴 거리를 잴 때 사용하는 단위가 m입니다. m가 표시된 줄자를 사용하면 100cm가 넘는 길이도 한 번에 잴 수 있어요. 또한 같은 길이도 m를 사용하면 cm를 사용할 때보다 더 간단한 수로 나타낼 수 있습니다. 예를 들어 5000cm인 거리를 m로 나타내면 50m로 간단해집니다.

$$\frac{1}{10000000} \rightarrow 1\,\text{m}$$

## m와 cm의 탄생

길이 단위가 정해지는 데에는 많은 시간과 노력이 들었답니다. cm와 m를 사용하기 전에도 길이를 뜻하는 단위는 어마어마하게 많았어요. 19세기 이전 전 세계에 길이와 무게를 나타내는 단위는 무려 25만 개에 달했다고 해요. 영국에만 해도 인치, 피트, 야드, 롱, 마일 등 길이를 어림하는 다양한 단위가 있었습니다.

지금은 1인치가 약 2.54cm이고 1피트가 약 30.48cm라는 사실을 알고 크기를 비교할 수 있어요. 하지만 고정된 단위가 없던 시절에는 여러 가지 길이 단위를 다루기가 혼란스러웠을 것입니다. 사람들은 서로 다른 단위를 사용하면서 점차 불편함을 느꼈고, 표준 단위를 일치시키기로 마음먹었습니다.

우리는 m보다 cm를 먼저 배우지만, cm와 m 중 먼저 만들어진 단위는 m입니다. 1791년 프랑스 과학 아카데미는 새로운 단위의 기준을 지구의 크기로 정했습니다. 지구는 동그란 공 모양인데 꼭대기인 북극과 중앙인 적도 사이의 거리를 재서, 그 거리의 1000만 분의 1만큼을 1m로 정하기로 했지요.

이 임무는 프랑스의 천문학자 장 밥티스트 들랑브르와 피에르 메생이 맡았습니다. 두 사람은 울퉁불퉁한 지형, 변덕스러운 날씨와 씨름하며 무려 7년 만에 지구의 북극에서 적도까지의 거리를 재는 데 성공했습니다. 이들은 잰 거리의 1000만 분의 1만큼의 길이를 1m로 정하고, 금속 막대에 1m의 길이를 표시하여 프랑스 파리의 국제도량형국에 설치했어요. 드디어 1m의 정확한 길이가 정해진 것이지요.

그 후로 수많은 나라에서 같은 길이를 1m로 정했습니다. 이와 동시에 1m의 100분의 1만큼의 길이를 1cm로 정해 사용하기 시작했고요. 100cm가 1m인 것은 이 때문입니다.

# 1 1 m 알아보기, 자로 길이 재기

**❶ cm보다 더 큰 단위 알아보기**

• 100 cm는 1 m와 같습니다. 1 m는 1미터라고 읽습니다. → 100 cm가 넘는 길이를 m로 나타내면 간단한 수로 나타낼 수 있습니다.

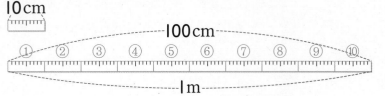

$$100\,cm = 1\,m$$

• 10 cm로 10번 잰 길이
1 cm로 100번 잰 길이

• 길이를 '몇 cm'와 '몇 m 몇 cm'로 나타내기

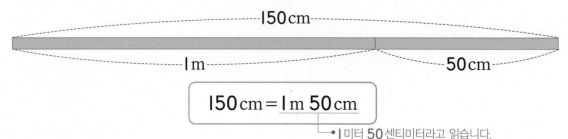

$$150\,cm = 1\,m\ 50\,cm$$

• 1미터 50센티미터라고 읽습니다.

**❷ 줄자로 길이 재기**

물건의 한끝을 줄자의 눈금 0에 맞추고 끝의 눈금을 읽습니다.

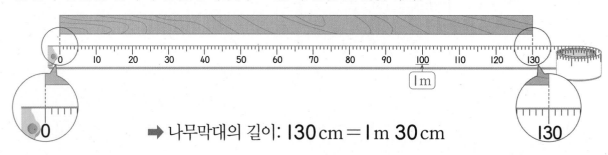

➡ 나무막대의 길이: 130 cm = 1 m 30 cm

---

**배경 지식**

**❶ 곧은 자와 줄자의 특징**

|  | 곧은 자 | 줄자 |
|---|---|---|
| 길이 | 10~30 cm | 1 m를 넘음 |
| 모양 | 곧음 | 휘어지거나 접힘 |
| 눈금의 크기 | 숫자와 숫자 사이 한 눈금이 1 cm입니다. | 눈금을 10 cm 간격으로 표시하기도 합니다. |
| 사용하는 경우 | 1 m보다 짧은 길이를 잴 때 사용합니다. | 1 m보다 긴 길이를 잴 때 사용합니다. |

---

**실전 개념**

**❶ 몇 m ⟺ 몇 m 몇 cm**

| m | | cm | |
|---|---|---|---|
| | 1 | 5 | 0 |
| | 2 | 1 | 4 |
| 1 | 7 | 3 | 9 |

• 150 cm = 100 cm + 50 cm = 1 m 50 cm
• 214 cm = 200 cm + 14 cm = 2 m 14 cm
• 1739 cm = 1700 cm + 39 cm = 17 m 39 cm

# BASIC TEST

**1** 1 m를 바르게 설명한 사람은 누구일까요?

> 진호: 1 cm로 10번 잰 길이야.
> 수아: 10 cm로 10번 잰 길이야.

(          )

**2** 길이가 1 m인 리본을 두 조각으로 자를 때 나머지 한 조각의 길이는 몇 cm인지 □ 안에 알맞은 수를 써넣으세요.

(1)

30 cm [  ] cm

(2)

[  ] cm    45 cm

**3** □ 안에 알맞은 수를 써넣으세요.

(1) 300 cm = [  ] m

(2) 6 m 20 cm = [  ] cm

(3) 538 cm = [  ] m [  ] cm

**4** 길이가 긴 것부터 차례로 기호를 써 보세요.

> ㉠ 5 m 8 cm     ㉡ 4 m 35 cm
> ㉢ 429 cm       ㉣ 512 cm

(          )

**5** 밧줄의 한끝을 줄자의 눈금 0에 맞추고 길이를 재었습니다. 눈금을 읽어 □ 안에 알맞은 수를 써넣으세요.

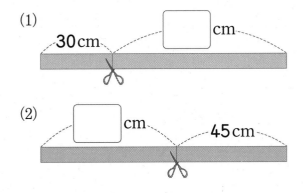

밧줄의 길이 —┬— [  ] cm
             └— [  ] m [  ] cm

**6** 유라가 10 cm짜리 곧은 자와 5 m짜리 줄자를 사용하여 같은 끈의 길이를 잰 것입니다. 1 m가 넘는 길이를 잴 때 곧은 자보다 줄자가 편리한 까닭을 써 보세요.

| | 곧은 자 | 줄자 |
|---|---|---|
| 잰 횟수 | 30번 | 1번 |
| 잰 길이 | 300 cm | 3 m |

**까닭** ........................................................

# 2 길이의 합, 길이의 차

## ① 길이의 합

• 1m 20cm와 1m 30cm의 합

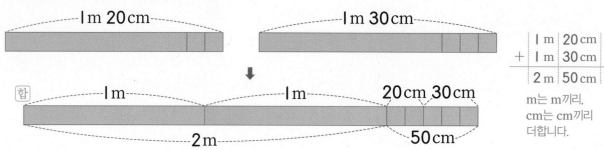

$$
\begin{array}{r}
1\,\text{m} \quad 20\,\text{cm} \\
+\ 1\,\text{m} \quad 30\,\text{cm} \\
\hline
2\,\text{m} \quad 50\,\text{cm}
\end{array}
$$

m는 m끼리,
cm는 cm끼리
더합니다.

➡ 1m 20cm + 1m 30cm = 2m 50cm

## ② 길이의 차

• 2m 60cm와 1m 10cm의 차

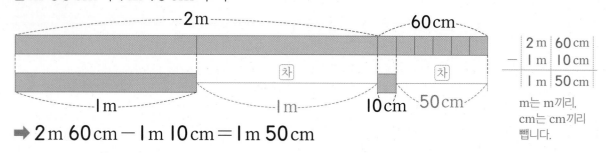

$$
\begin{array}{r}
2\,\text{m} \quad 60\,\text{cm} \\
-\ 1\,\text{m} \quad 10\,\text{cm} \\
\hline
1\,\text{m} \quad 50\,\text{cm}
\end{array}
$$

m는 m끼리,
cm는 cm끼리
뺍니다.

➡ 2m 60cm − 1m 10cm = 1m 50cm

---

## ⚡실전개념

### ① 받아올림이 있는 길이의 합 → • cm끼리의 합이 100cm이거나 100cm를 넘으면 100cm를 1m로 바꾸어 더합니다.

$$
\begin{array}{r}
2\,\text{m} \quad 60\,\text{cm} \\
+\ 2\,\text{m} \quad 50\,\text{cm} \\
\hline
4\,\text{m} \quad 110\,\text{cm}
\end{array}
\quad = 4\,\text{m} + 1\,\text{m}\ 10\,\text{cm} = \quad
\begin{array}{r}
2\,\text{m} \quad 60\,\text{cm} \\
+\ 2\,\text{m} \quad 50\,\text{cm} \\
\hline
5\,\text{m} \quad 10\,\text{cm}
\end{array}
$$

### ② 받아내림이 있는 길이의 차 → • cm끼리 뺄 수 없으면 1m를 100cm로 바꾸어 뺍니다.

$$
\begin{array}{r}
7\,\text{m} \quad 10\,\text{cm} \\
-\ 2\,\text{m} \quad 90\,\text{cm}
\end{array}
\quad = 6\,\text{m}\ 100\,\text{cm} + 10\,\text{cm} = \quad
\begin{array}{r}
6\,\text{m} \quad 110\,\text{cm} \\
-\ 2\,\text{m} \quad 90\,\text{cm} \\
\hline
4\,\text{m} \quad 20\,\text{cm}
\end{array}
$$

### ③ 겹치게 이어 붙인 색 테이프의 전체 길이 구하기

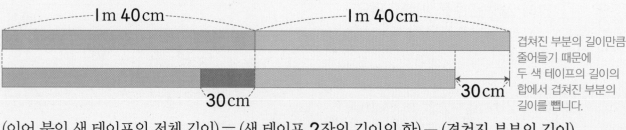

겹쳐진 부분의 길이만큼
줄어들기 때문에
두 색 테이프의 길이의
합에서 겹쳐진 부분의
길이를 뺍니다.

(이어 붙인 색 테이프의 전체 길이) = (색 테이프 2장의 길이의 합) − (겹쳐진 부분의 길이)

$$= \boxed{1\text{m }40\text{cm}} + \boxed{1\text{m }40\text{cm}} - \boxed{30\text{cm}}$$

$$= 2\text{m }80\text{cm} - 30\text{cm} = 2\text{m }50\text{cm}$$

# — BASIC TEST

**1** □ 안에 알맞은 수를 써넣으세요.

(1) 5 m 40 cm + 2 m 35 cm

= ☐ m ☐ cm

(2) 7 m 56 cm − 4 m 23 cm

= ☐ m ☐ cm

**2** □ 안에 알맞은 수를 써넣으세요.

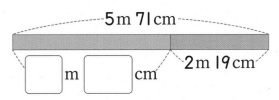

5 m 71 cm

☐ m ☐ cm     2 m 19 cm

**3** 다음 계산에서 틀린 부분을 찾아 바르게 계산해 보세요.

```
   3 m  60 cm
 + 4 m  80 cm
 ──────────────
   7 m  40 cm
```

↓

```
   3 m  60 cm
 + 4 m  80 cm
```

**4** 가장 긴 길이와 가장 짧은 길이의 차는 몇 m 몇 cm일까요?

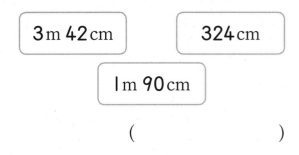

3 m 42 cm     324 cm

1 m 90 cm

(            )

**5** 집에서 소방서를 거쳐 학교까지 가는 거리는 몇 m 몇 cm일까요?

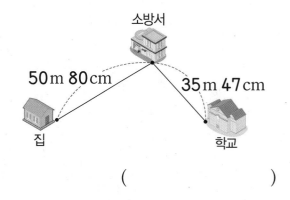

소방서

50 m 80 cm     35 m 47 cm

집     학교

(            )

**6** 길이가 2 m 61 cm인 고무줄을 양쪽에서 잡아당겼더니 380 cm로 늘어났습니다. 고무줄이 원래 길이보다 몇 m 몇 cm만큼 더 늘어났을까요?

(            )

# 3 길이 어림하기

## ❶ 내 몸의 부분을 이용하여 길이 재기

• 내 몸의 부분으로 1m 재어 보기

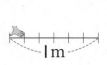

예                    예                    예

→ 1m를 뼘으로 재어 보니    → 1m를 발 길이로 재어 보니    → 1m를 걸음으로 재어 보니
　6번입니다.                    4번입니다.                    2번입니다.

➡ 1m가 자신의 몸의 부분으로 몇 번인지 알면 길이를 어림할 수 있습니다.

└• 어림은 대략 짐작하는 것으로
　어림한 길이와 자로 잰 길이는
　다를 수 있습니다.

• 내 몸에서 1m 찾아보기

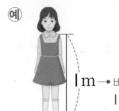

예                                        예

1m → 바닥에서 어깨까지가        1m        → 양팔을 벌렸을 때 한쪽 손끝에서
　　　1m입니다.                                    다른 쪽 손목까지가 1m입니다.

➡ 키에서 1m만큼을 알면 높이를 어림할    ➡ 양팔 사이의 길이에서 1m만큼을 알면
　수 있습니다.                                길이를 어림할 수 있습니다.
                                            └• 각자의 팔 길이에
                                                따라 다릅니다.

## ❷ 길이를 어림해 보기

단위의 길이를 잰 횟수만큼 더하면 전체 길이가 됩니다.

• 양팔을 벌려 5번 잰 길이 어림하기

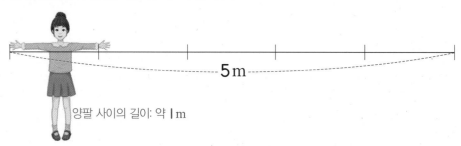

5m

양팔 사이의 길이: 약 1m

➡ 양팔 사이의 길이가 1m정도 되므로 양팔을 벌려 5번 잰 길이는 약 5m입니다.

1+1+1+1+1=5

실전개념

## ❶ 곱셈을 이용하여 길이 어림하기

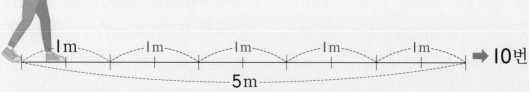

1m    1m    1m    1m    1m    ➡ 10번

5m

➡ 두 걸음의 길이가 1m이므로 5m를 어림하려면 같은 걸음으로 $2 \times 5 = 10$(번) 재어야 합니다.

두 걸음씩 5번

**1** 내 키를 이용하여 물건의 길이를 어림해 보고 알맞은 물건을 하나씩 찾아 써 보세요.

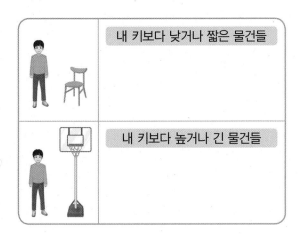

| | 내 키보다 낮거나 짧은 물건들 |
| | 내 키보다 높거나 긴 물건들 |

**2** 내 몸의 부분으로 축구 골대 긴 쪽의 길이를 잴 때 가장 여러 번 재어야 하는 것을 찾아 기호를 써 보세요.

　㉠　　　　　㉡

　㉢　　　　　㉣

( 　　　　　　 )

**3** 윤희가 뼘으로 시소의 길이를 재었더니 20번이었습니다. 윤희의 한 뼘의 길이가 약 10 cm일 때 시소의 길이는 약 몇 m인지 어림해 보세요.

( 　　　　　　 )

**4** 보기 에서 알맞은 길이를 골라 문장을 완성해 보세요.

> 보기
> 80 cm　　80 m　　280 cm

(1) 식탁의 높이는 약 □ 입니다.

(2) 농구대의 높이는 약 □ 입니다.

(3) 비행기의 길이는 약 □ 입니다.

**5** 세 사람이 사물함의 높이를 각각 다음과 같이 어림하였습니다. 줄자로 잰 사물함의 높이가 1 m 15 cm라면 실제 높이에 가장 가깝게 어림한 사람은 누구일까요?

| 현아 | 상호 | 진수 |
| --- | --- | --- |
| 1 m 30 cm | 124 cm | 99 cm |

( 　　　　　　 )

**6** 진호의 두 걸음의 길이는 1 m입니다. 진호가 4 m를 어림하려면 같은 걸음으로 몇 번 재어야 할까요?

( 　　　　　　 )

# 길이 비교하여 □ 안에 들어갈 수 구하기

0부터 9까지의 수 중에서 □ 안에 들어갈 수 있는 수를 모두 구해 보세요.

$$5\square2\,cm > 5\,m\,74\,cm$$

● 생각하기  '몇 m 몇 cm'를 '몇 cm'로 바꾸어 길이를 비교합니다.

● 해결하기  **1단계** 5 m 74 cm를 '몇 cm'로 나타내기

1 m=100 cm이므로 5 m 74 cm=574 cm입니다.

**2단계** 길이를 비교하여 □ 안에 들어갈 수 있는 수 구하기

5□2 cm>5 m 74 cm ➡ 5□2 cm>574 cm이므로 □>7이어야 합니다.

□ 안에 7을 넣으면 572 cm<574 cm이므로 □ 안에 7은 들어갈 수 없습니다.

따라서 □ 안에 들어갈 수 있는 수는 8, 9입니다.

답 8, 9

**1-1** 0부터 9까지의 수 중에서 □ 안에 들어갈 수 있는 수를 모두 구해 보세요.

$$8\square5\,cm < 8\,m\,41\,cm$$

(                    )

**1-2** 0부터 9까지의 수 중에서 □ 안에 들어갈 수 있는 수는 모두 몇 개일까요?

$$3\,m\,56\,cm < 3\square8\,cm$$

(                    )

**1-3** 0부터 9까지의 수 중에서 □ 안에 들어갈 수 있는 수는 모두 몇 개일까요?

$$9\,m\,27\,cm > 9\square0\,cm$$

(                    )

## 길이의 합과 차에서 모르는 수 구하기

심화유형 2

●, ★, ▲, ■에 알맞은 수를 각각 구해 보세요.

(1)
$$\begin{array}{r} 2\,\text{m} \quad ★\,\text{cm} \\ +\; ●\,\text{m} \quad 13\,\text{cm} \\ \hline 8\,\text{m} \quad 59\,\text{cm} \end{array}$$

(2)
$$\begin{array}{r} ▲\,\text{m} \quad 47\,\text{cm} \\ -\; 3\,\text{m} \quad ■\,\text{cm} \\ \hline 3\,\text{m} \quad 22\,\text{cm} \end{array}$$

● 생각하기　cm는 cm끼리, m는 m끼리 계산합니다.

● 해결하기　**1단계** cm끼리 더하여 ★에 알맞은 수 구하기

★ $+ 13 = 59 \Rightarrow 59 - 13 = ★$, ★ $= 46$

**2단계** m끼리 더하여 ●에 알맞은 수 구하기

$2 + ● = 8 \Rightarrow 8 - 2 = ●$, ● $= 6$

**3단계** cm끼리 빼서 ■에 알맞은 수 구하기

$47 - ■ = 22 \Rightarrow 47 - 22 = ■$, ■ $= 25$

**4단계** m끼리 빼서 ▲에 알맞은 수 구하기

$▲ - 3 = 3 \Rightarrow 3 + 3 = ▲$, ▲ $= 6$

답 (1) ● $= 6$, ★ $= 46$ (2) ▲ $= 6$, ■ $= 25$

---

**2-1**　●와 ★에 알맞은 수를 각각 구해 보세요.

(1)
$$\begin{array}{r} ●\,\text{m} \quad 52\,\text{cm} \\ +\; 3\,\text{m} \quad ★\,\text{cm} \\ \hline 7\,\text{m} \quad 80\,\text{cm} \end{array}$$

(2)
$$\begin{array}{r} 9\,\text{m} \quad ★\,\text{cm} \\ -\; ●\,\text{m} \quad 45\,\text{cm} \\ \hline 4\,\text{m} \quad 35\,\text{cm} \end{array}$$

● (　　　　　)　　　　● (　　　　　)

★ (　　　　　)　　　　★ (　　　　　)

---

**2-2**　□ 안에 알맞은 수를 써넣으세요.

(1)
$$\begin{array}{r} 2\,\text{m} \quad \boxed{\phantom{00}}\,\text{cm} \\ +\; \boxed{\phantom{00}}\,\text{m} \quad 59\,\text{cm} \\ \hline 7\,\text{m} \quad 9\,\text{cm} \end{array}$$

(2)
$$\begin{array}{r} \boxed{\phantom{00}}\,\text{m} \quad 60\,\text{cm} \\ -\; 3\,\text{m} \quad \boxed{\phantom{00}}\,\text{cm} \\ \hline 1\,\text{m} \quad 80\,\text{cm} \end{array}$$

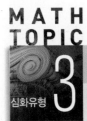

# 리본의 길이 구하기

그림과 같이 겹치지 않게 이어 붙여 만든 리본 ㉠과 리본 ㉡의 길이는 같습니다.
빗금 친 리본의 길이는 몇 m 몇 cm일까요?

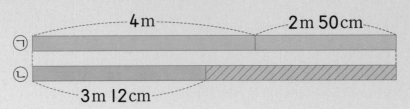

● 생각하기  리본 ㉠과 리본 ㉡의 길이는 같습니다.

● 해결하기  1단계 리본 ㉠의 길이 구하기

(리본 ㉠의 길이)$=4\,m+2\,m\,50\,cm=6\,m\,50\,cm$

2단계 빗금 친 리본의 길이 구하기

리본 ㉠과 리본 ㉡의 길이는 같으므로 리본 ㉡의 길이도 $6\,m\,50\,cm$입니다.
빗금 친 리본의 길이는 리본 ㉡의 길이에서 $3\,m\,12\,cm$를 뺀 것과 같습니다.
➡ (빗금 친 리본의 길이)$=6\,m\,50\,cm-3\,m\,12\,cm=3\,m\,38\,cm$

답 $3\,m\,38\,cm$

---

**3-1**  그림과 같이 겹치지 않게 이어 붙여 만든 두 리본의 길이는 같습니다. 빗금 친 리본의 길이는 몇 m 몇 cm일까요?

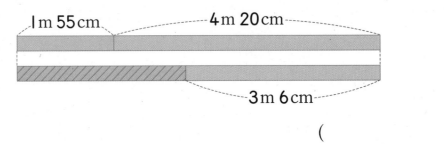

(                    )

---

**3-2**  그림과 같이 겹치지 않게 이어 붙여 만든 두 리본의 길이는 같습니다. 빗금 친 리본의 길이는 몇 m 몇 cm일까요?

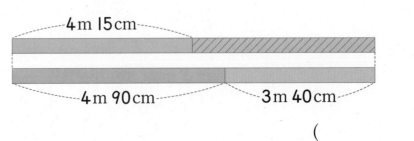

(                    )

# MATH TOPIC 4
심화유형

## 거리 구하기

병원에서 우체국을 거쳐 시청까지 가는 거리는 병원에서 시청으로 바로 가는 거리보다 몇 m 몇 cm 더 멀까요?

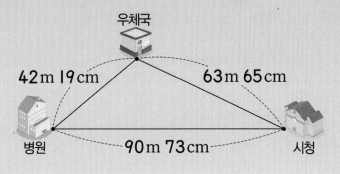

우체국

42 m 19 cm      63 m 65 cm

병원      90 m 73 cm      시청

● 생각하기   (병원에서 우체국을 거쳐 시청까지 가는 거리)
         =(병원에서 우체국까지의 거리)+(우체국에서 시청까지의 거리)

● 해결하기   **1단계** 병원에서 우체국을 거쳐 시청까지 가는 거리 구하기

(병원 ➡ 우체국)=42 m 19 cm, (우체국 ➡ 시청)=63 m 65 cm

(병원 ➡ 우체국 ➡ 시청)=42 m 19 cm+63 m 65 cm=105 m 84 cm

**2단계** 거리의 차 구하기

(병원 ➡ 우체국 ➡ 시청)−(병원 ➡ 시청)=105 m 84 cm−90 m 73 cm
                                          =15 m 11 cm

따라서 병원에서 우체국을 거쳐 시청까지 가는 거리는 병원에서 시청으로 바로 가는 거리보다 15 m 11 cm 더 멉니다.

**답** 15 m 11 cm

## 4-1

집에서 놀이터까지 갈 때 약국을 거쳐 가는 거리와 경찰서를 거쳐 가는 거리 중에서 어느 곳을 거쳐 가는 거리가 몇 m 몇 cm 더 가까울까요?

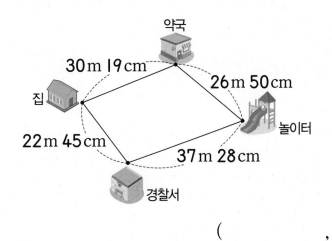

약국

30 m 19 cm      26 m 50 cm

집      놀이터

22 m 45 cm      37 m 28 cm

경찰서

(       ,       )

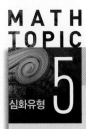

# MATH TOPIC 5

심화유형

## 겹치게 이어 붙인 색 테이프의 전체 길이 구하기

그림과 같이 길이가 2 m 28 cm인 색 테이프 2장을 30 cm만큼 겹치게 이어 붙였습니다. 이어 붙인 색 테이프의 전체 길이는 몇 m 몇 cm일까요?

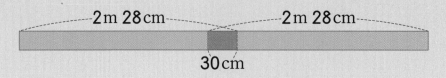

● 생각하기  색 테이프를 겹치게 이어 붙이면 겹쳐진 부분의 길이만큼 전체 길이가 줄어듭니다.

● 해결하기  **1단계** 색 테이프 2장의 길이의 합 구하기

$$2\,m\;28\,cm + 2\,m\;28\,cm = 4\,m\;56\,cm$$

**2단계** 이어 붙인 색 테이프의 전체 길이 구하기

(이어 붙인 색 테이프의 전체 길이)
= (색 테이프 2장의 길이의 합) − (겹쳐진 부분의 길이)
= 4 m 56 cm − 30 cm = 4 m 26 cm

**답** 4 m 26 cm

---

**5-1** 그림과 같이 길이가 4 m 75 cm인 색 테이프 2장을 40 cm만큼 겹치게 이어 붙였습니다. 이어 붙인 색 테이프의 전체 길이는 몇 m 몇 cm일까요?

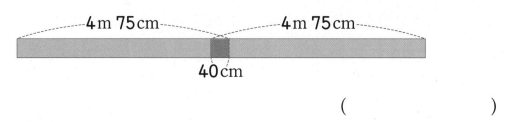

(          )

---

**5-2** 그림과 같이 길이가 3 m 24 cm인 색 테이프 3장을 45 cm씩 겹치게 이어 붙였습니다. 이어 붙인 색 테이프의 전체 길이는 몇 m 몇 cm일까요?

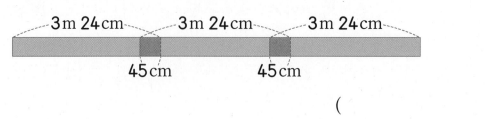

(          )

## 심화유형 6 몸의 부분을 이용하여 길이 어림하기

지후의 한 뼘은 약 12 cm입니다. 지후가 탁자의 긴 쪽 길이를 뼘으로 재었더니 6번이었습니다. 어머니의 한 뼘은 약 18 cm일 때 어머니가 뼘으로 같은 길이를 재면 몇 번일까요?

● 생각하기   단위의 길이를 잰 횟수만큼 더하면 전체 길이가 됩니다.

● 해결하기   **1단계** 탁자의 긴 쪽 길이 구하기

지후의 한 뼘은 약 12 cm이고 탁자의 긴 쪽 길이는 지후의 뼘으로 6번이므로 탁자의 긴 쪽 길이는

$\underset{6번}{\underline{12+12+12+12+12+12}}=72 \Rightarrow$ 약 72 cm입니다.

**2단계** 어머니의 뼘으로 몇 번인지 구하기

탁자의 긴 쪽 길이는 약 72 cm이고 어머니의 한 뼘은 약 18 cm입니다.

$72=\underset{4번}{\underline{18+18+18+18}}$이므로 어머니가 뼘으로 같은 길이를 재면 4번입니다.

답 4번

---

**6-1**  언니의 한 뼘은 약 15 cm입니다. 언니가 책장의 긴 쪽 길이를 뼘으로 재었더니 8번이었습니다. 소희의 한 뼘은 약 12 cm일 때 소희가 뼘으로 같은 길이를 재면 몇 번일까요?

(                    )

---

**6-2**  준수의 양팔 사이의 길이는 약 1 m 14 cm입니다. 준수가 방의 짧은 쪽 길이를 양팔 사이의 길이로 재었더니 3번이었습니다. 형의 양팔 사이의 길이는 약 1 m 71 cm일 때 형이 양팔 사이의 길이로 같은 길이를 재면 몇 번일까요?

(                    )

# MATH TOPIC 7

심화유형 7

## 길이 재기를 활용한 교과통합유형

STEAM형 ■●▲

수학+역사

m나 cm와 같은 단위를 쓰기 이전에는 뼘, 걸음, 팔 길이 등 몸의 부분을 이용하여 길이를 쟀습니다. 중세에는 왕의 발(foot) 길이를 1피트(ft)로 정하여 사용했는데, 1피트는 30 cm가 조금 넘는 길이입니다. 100피트가 3048 cm일 때 300피트는 몇 m 몇 cm일까요?

서기 500~1500년 정도의 시대

1피트

● 생각하기  100 cm＝1 m이므로 1000 cm＝10 m입니다.

● 해결하기  **1단계** 100피트는 몇 m 몇 cm인지 알아보기

1000 cm＝10 m이므로
3000 cm＝30 m입니다.

100피트 ➡ 3048 cm＝3000 cm＋48 cm＝30 m＋48 cm＝30 m 48 cm

**2단계** 300피트는 몇 m 몇 cm인지 알아보기

100피트가 30 m 48 cm이므로 300피트는 30 m 48 cm를 세 번 더한 길이와 같습니다.

➡ 30 m 48 cm＋30 m 48 cm＋30 m 48 cm

＝90 m [   ] cm＝[   ] m [   ] cm

답 [   ] m [   ] cm

---

수학+체육

**7-1**

장대높이뛰기는 장대를 쥐고 달려가 도움닫기 하여 최대한 높은 가로대를 넘는 경기입니다. 옐레나 이신바예바는 세계 신기록을 28번 세운 장대높이뛰기 선수로, 2003년에 4 m 82 cm의 기록을 세웠고 2009년에는 2003년의 기록보다 24 cm 더 높은 기록을 세웠습니다. 이신바예바 선수가 2009년에 세운 기록은 몇 m 몇 cm일까요?

(                    )

정답과 풀이 27쪽

수학+체육

**1** 정글짐은 어린이들이 오르내리면서 놀도록 만든 운동 기구로, 철봉을 가로 세로로 얽어서 만듭니다. 다음은 어떤 정글짐을 앞에서 본 모습입니다. 바닥에서 수민이 어깨까지의 높이가 약 1m일 때 정글짐의 높이를 어림해 보세요.

(            )

**2** 네 명의 학생이 학교에서 같은 복도의 길이를 각자의 걸음으로 재어 나타낸 횟수입니다. 한 걸음의 길이가 가장 짧은 사람은 누구일까요?

|  | 민수 | 서흔 | 효린 | 규성 |
|---|---|---|---|---|
| 잰 횟수 | 55번 | 40번 | 46번 | 50번 |

(            )

**3** 다음은 짐을 실은 트럭의 높이입니다. 안쪽의 높이가 5m인 터널을 지나갈 수 없는 것을 모두 찾아 기호를 써 보세요.

> ㉠ 600cm      ㉡ 4m 53cm
>
> ㉢ 5m 37cm      ㉣ 410cm

(            )

**서술형 4** □ 안에 들어갈 수 있는 수 중에서 가장 작은 수를 구하려고 합니다. 풀이 과정을 쓰고 답을 구해 보세요.

$$4\,m\,51\,cm + 3\,m\,90\,cm < \square\,m$$

풀이 ......................................................................................................................
......................................................................................................................
......................................................................................................................
......................................................................................................................

답 ...................................

**5** 윤서의 팔 길이는 30 cm입니다. 윤서의 팔 길이로 2 m를 어림하려고 합니다. 적어도 몇 번을 재어야 2 m를 넘을까요?

( )

**6** 세호가 학교에서 출발하여 약국에 들렀다가 집에 갔습니다. 세호가 움직인 거리는 모두 몇 m 몇 cm일까요?

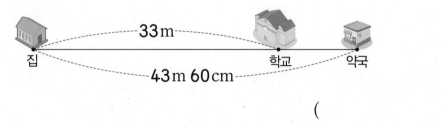

( )

**서술형 7** 마을버스의 긴 쪽 길이를 그림과 같은 밧줄로 재었더니 4번이었습니다. 마을버스의 긴 쪽 길이는 몇 m인지 풀이 과정을 쓰고 답을 구해 보세요.

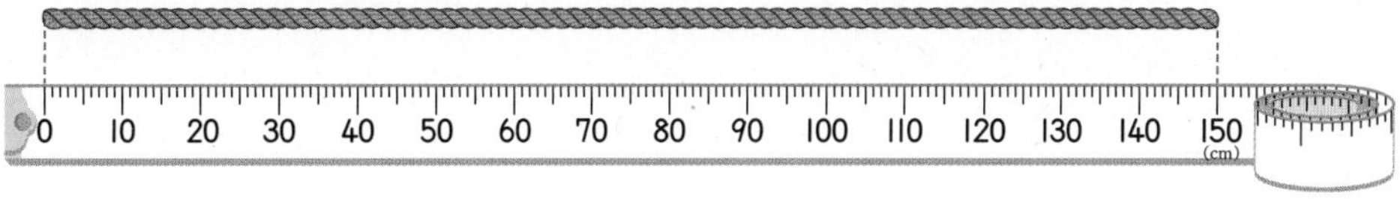

| 0 | 10 | 20 | 30 | 40 | 50 | 60 | 70 | 80 | 90 | 100 | 110 | 120 | 130 | 140 | 150 |
(cm)

**풀이**

**답**

**8** 성준이의 걸음으로 5번 잰 거리는 2 m입니다. 성준이가 같은 걸음으로 걸어서 8 m를 어림하려면 몇 걸음을 걸어야 할까요?

( )

**9** 지팡이의 길이는 120 cm이고, 파라솔의 길이는 2 m입니다. 지팡이로 5번 잰 길이를 파라솔로 재면 몇 번일까요?

( )

**10** 곧게 뻗은 도로의 한쪽에 처음부터 끝까지 8 m 간격으로 10그루의 나무가 심어져 있습니다. 이 도로의 길이는 몇 m일까요? (단, 나무의 두께는 생각하지 않습니다.)

( )

**11** 길이가 30 m인 털실을 사서 장갑 한 켤레를 만들었습니다. 남은 털실이 17 m 80 cm라면 장갑 한 짝을 만드는 데 사용한 털실은 몇 m 몇 cm일까요? (단, 장갑 한 켤레는 두 짝입니다.)

( )

**12** 연주가 1 m당 10원을 기부하는 자선 마라톤 대회에 참가했습니다. 연주는 10 m를 15걸음에 뜁니다. 연주가 마라톤 대회에서 75걸음을 뛰면 얼마를 기부할 수 있을까요?

( )

**1**  다음과 같이 숫자가 하나만 남고 모두 지워진 줄자가 있습니다. 줄자에 그려진 큰 눈금 사이의 간격이 모두 같을 때 줄넘기의 길이는 몇 m 몇 cm일까요?

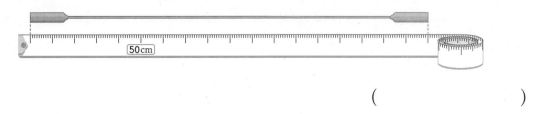

(                    )

**2**  길이가 30 m인 리본을 한 번 잘라 그림과 같이 두 도막을 만들었습니다. 두 리본 도막을 대어 보았더니 한 도막이 다른 도막보다 6 m 더 길었습니다. 두 리본 도막의 길이는 각각 몇 m일까요?

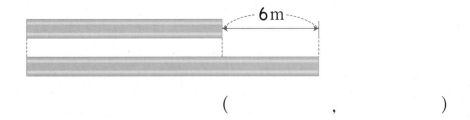

(            ,            )

길이가 가장 긴 밧줄은 무엇일까요?

# 시각과 시간

**대표심화유형**

**1** 거울에 비친 시계의 시각 알아보기

**2** 시작 시각 구하기

**3** 오전과 오후에 걸쳐 걸린 시간 구하기

**4** 시계의 바늘이 ■바퀴 돈 후의 시각 구하기

**5** 며칠 동안인지 구하기

**6** 찢어진 달력에서 요일 알아보기

**7** 고장난 시계가 가리키는 시각 구하기

**8** 시각과 시간을 활용한 교과통합유형

# 모두에게
# 공평한
# 시간

### 한 시간이 60분인 이유

우리는 수를 셀 때 10을 한 묶음으로 하는 십진법을 사용하지만 고대 메소포타미아 사람들은 조금 달랐습니다. 그들은 별의 움직임을 관찰하여 일 년이 약 360일이라는 사실을 알아냈는데, 360을 6개로 나누면 한 묶음이 60이 되는 것을 신기하게 여겼어요. 그래서 60을 한 묶음으로 하여 수를 세는 60진법을 사용했습니다.

60은 10보다 다양한 수로 나눌 수 있어서 시간이나 각도, 방향을 표현하기에 편리했다고 합니다. 한 시간이 60분인 이유는 메소포타미아 사람들이 시계를 가장 먼저 사용했기 때문이에요. 이들은 시간을 잴 때에도 60진법을 적용했어요. 그래서 한 시간을 60분으로 나누고, 1분을 60초로 나누었답니다.

## 오전 12시간, 오후 12시간

오늘은 어젯밤 12시부터 오늘 밤 12시까지를 말해요. 그렇다면 오전은 언제까지일까요? 또 오후는 언제부터일까요? 답은 모두 '낮 12시'입니다. 밤 12시에서 새벽과 아침 시간을 지나 낮 12시가 될 때까지의 12시간은 오전이고, 오후와 저녁 시간을 지나 밤 12시가 될 때까지의 12시간은 오후거든요. 즉 하루는 낮 12시를 기준으로 오전과 오후로 나누어집니다. 이때 오전과 오후는 각각 12시간씩이기 때문에 하루는 12+12=24(시간)이에요.

시계의 숫자 눈금은 1부터 12까지 같은 간격으로 놓여 있어요. 12칸으로 나누어져 있기 때문에 시계의 짧은바늘이 한 바퀴 돌면 12시간이 흐른 것이지요. 이 때문에 시계의 짧은바늘이 밤 12시부터 한 바퀴 돌면 낮 12시가 되고, 낮 12시부터 한 바퀴 돌면 밤 12시가 돼요.

결국 짧은바늘은 오전과 오후에 한 바퀴씩, 하루에 모두 두 바퀴 돈답니다. 그렇다면 한 시간에 한 바퀴를 도는 긴바늘은 어떨까요? 하루는 24시간이니까 긴바늘은 하루에 모두 24바퀴를 돕니다.

## 변치 않는 하루

하루는 늘 24시간이지만 계절에 따라 밤과 낮의 길이는 조금씩 달라져요. 여름에는 겨울보다 해가 일찍 뜨고 늦게 져서 겨울보다 낮이 깁니다. 유럽의 몇몇 나라에서는 이를 불편하게 생각하여 '서머타임'이라는 제도를 시행하고 있어요. 서머타임은 낮이 긴 여름철에 표준시각을 한 시간 앞당겨서 생활하는 제도로, 3~4월 즈음부터 10월경까지 시행한다고 합니다.

서머타임이 시작되는 날은 시각이 한 시간 앞당겨지기 때문에 어쩐지 한 시간을 손해 보는 기분이 든다고 해요. 하지만 서머타임이 끝날 때는 한 시간이 다시 늦춰지기 때문에 결국 시간이 없어지거나 새로 생겨나는 것은 아니랍니다. 지구에서 하루는 언제나 24시간이니까요.

# 1 몇 시 몇 분 읽어 보기

BASIC CONCEPT

## ❶ 시각 읽기

- 긴바늘이 짧은바늘보다 빨리 돕니다. └→ 짧은바늘이 숫자 눈금 한 칸을 갈 때 긴바늘은 한 바퀴를 돕니다.
- 긴바늘이 가리키는 작은 눈금 한 칸은 **1**분을 나타냅니다.
- 긴바늘이 숫자 눈금 한 칸만큼 움직이면 **5**분이 지납니다.
  └→ 작은 눈금 5칸
- **9**시에서 **23**분이 지난 시각이므로 **9**시 **23**분입니다.
- ➡ 짧은바늘이 숫자 **9**와 **10** 사이를 가리키고, 긴바늘이 숫자 **4**에서 작은 눈금으로 **3**칸 더 간 곳을 가리킵니다.

**9시 23분**

## ❷ 몇 시 몇 분 전으로 나타내기

**2**시 **55**분 = **3**시 **5**분 전
└→ **3**시가 되려면 **5**분이 더 지나야 합니다.

---

**실전개념**

## ❶ 몇 분 전의 시각, 몇 분 후의 시각 알아보기

**4**시가 되기 30분 전의 시각: 3시 30분

 ➡  ➡

**4**시에서 30분 후의 시각: 4시 30분

## ❷ 시각 보고 짧은바늘과 긴바늘 그리기 →짧은바늘로 '시'를 나타내고, 긴바늘로 '분'을 나타냅니다.

- **10**시 **17**분 나타내기

- 짧은바늘: 숫자 **10**과 **11** 사이를 가리키도록 그립니다.
- 긴바늘: 숫자 **3**에서 작은 눈금으로 **2**칸 더 간 곳을 가리키도록 그립니다.

- **6**시 **5**분 전(**5**시 **55**분) 나타내기

- 짧은바늘: 숫자 **5**와 **6** 사이를 가리키도록 그립니다.
- 긴바늘: 숫자 **11**을 가리키도록 그립니다.

**연결개념**

## ❶ 초 알아보기

- 시계에서 가장 길고 얇은 바늘은 '초'를 나타냅니다.
- 시각은 '몇 시 몇 분 몇 초'라고 읽습니다.
  └→ 3시 35분 5초

**1** 같은 시각끼리 선으로 이어 보세요.

 •

•

 •

•

 •

•

**2** 시각에 맞게 긴바늘을 그려 넣으세요.

(1) 10시 35분   (2) 4시 52분

**3** 다음 시계가 나타내는 시각은 몇 시 몇 분일까요?

• 짧은바늘이 숫자 12와 1 사이에 있습니다.

• 긴바늘이 숫자 6에서 작은 눈금으로 1칸 덜 간 곳을 가리킵니다.

( )

**4** 시각을 두 가지 방법으로 읽어 보세요.

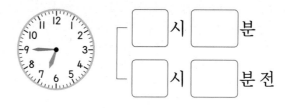

□ 시 □ 분

□ 시 □ 분 전

**5** 윤아와 수지가 학교에 도착한 시각을 나타낸 것입니다. 두 사람 중 학교에 먼저 도착한 사람은 누구일까요?

윤아: 9시 5분
수지: 9시 10분 전

( )

**6** 주어진 시각에서 20분 전의 시각과 20분 후의 시각을 각각 시계에 나타내 보세요.

20분 전    5시    20분 후

# 2 Ⅰ시간 알아보기

## ❶ Ⅰ시간 알아보기

| 8시 | 8시 10분 | 8시 20분 | 8시 30분 | 8시 40분 | 8시 50분 | 9시 |

┌ 긴바늘이 한 바퀴 도는 데 걸린 시간: **60분**
└ 짧은바늘이 숫자 눈금 한 칸을 가는 데 걸린 시간: **Ⅰ시간**

**60분＝Ⅰ시간** ➔ 긴바늘이 한 바퀴 도는 동안 짧은바늘은 숫자 눈금 한 칸만큼 움직입니다.

## ❷ 걸린 시간 알아보기

시작한 시각          끝난 시각

3시 30분          4시 50분

| 3시 | 10분 | 20분 | 30분 | 40분 | 50분 | 4시 | 10분 | 20분 | 30분 | 40분 | 50분 | 5시 |

┈┈ Ⅰ시간 20분＝80분 ┈┈
➔ 시작한 시각과 끝난 시각 사이의 시간을 시간 띠에 표시하여 알아봅니다.

---

## ❶ 시각과 시간의 차이

- **시각(時刻)**: 어느 한 시점
  때 시 새길 각
  예 지금은 **8시**입니다.

- **시간(時間)**: 시각과 시각 사이
  때 시 사이 간
  예 Ⅰ시간 30분 동안 운동을 했습니다.

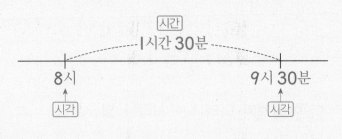

시간
┈┈ Ⅰ시간 30분 ┈┈
8시          9시 30분
↑시각          ↑시각

## ❶ 몇 시간 몇 분 ⟷ 몇 분

Ⅰ시간은 60분이므로 한 칸이 10분이 되도록 나타내면 Ⅰ시간은 6칸입니다.

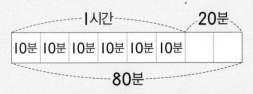

┌─ Ⅰ시간 ─┐  20분
| 10분 | 10분 | 10분 | 10분 | 10분 | 10분 | | |
└──── 80분 ────┘

┌──────── 100분 ────────┐
| 10분 | 10분 | 10분 | 10분 | 10분 | 10분 | | | |
└─── Ⅰ시간 ───┘ 40분

- Ⅰ시간 20분＝60분＋20분＝80분
- 100분＝60분＋40분＝Ⅰ시간 40분

**1** 다음 시각에서 긴바늘이 두 바퀴 돈 후의 시각은 몇 시 몇 분일까요?

(          )

**2** 동욱이가 수영을 시작한 시각과 끝낸 시각을 나타낸 것입니다. 동욱이가 수영을 한 시간을 시간 띠에 빗금으로 표시하여 구해 보세요.

| 시작한 시각 | 1시 |
|---|---|
| 끝낸 시각 | 2시 10분 |

1시            2시

☐시간 ☐분 = ☐분

**3** ☐ 안에 알맞은 수를 써넣으세요.

(1) 3시간 = ☐분

(2) 1시간 50분 = ☐분

(3) 120분 = ☐시간

(4) 200분 = ☐시간 ☐분

**4** 대호는 1시간 30분 동안 그림을 그렸습니다. 그림을 그리기 시작한 시각이 오른쪽과 같을 때 그림 그리기를 마친 시각은 몇 시 몇 분일까요?

(          )

**5** 채희가 동물원을 다녀왔습니다. 동물원에 들어간 시각과 동물원에서 나온 시각이 다음과 같습니다. 채희는 동물원에 몇 시간 몇 분 동안 있었을까요?

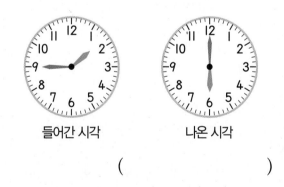

들어간 시각          나온 시각

(          )

**6** 성준이가 30분 동안 피자를 먹고 나서 시계를 보았더니 7시 10분이었습니다. 성준이가 피자를 먹기 시작한 시각을 구해 보세요.

(          )

# 3 하루의 시간

## ❶ 하루의 시간 알아보기

오전: 전날 밤 12시부터 낮 12시까지 ➡ 12시간
오후:　　낮 12시부터 밤 12시까지 ➡ 12시간　➡ 1일 = 24시간

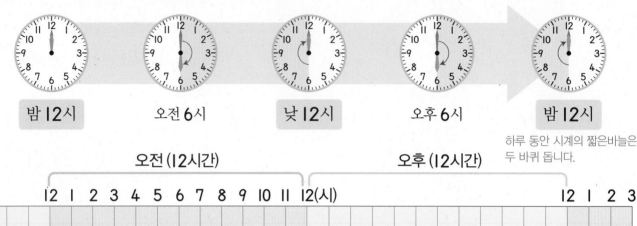

밤 12시　　오전 6시　　낮 12시　　오후 6시　　밤 12시

하루 동안 시계의 짧은바늘은 두 바퀴 돕니다.

오전 (12시간)　　　　　　　　오후 (12시간)

12 1 2 3 4 5 6 7 8 9 10 11 12(시)　　　　12 1 2 3

9 10 11 12　　　　　　1 2 3 4 5 6 7 8 9 10 11 12(시)

어제　　　　　오늘 (24시간=1일)　　　　　내일

---

실전 개념

## ❶ 어제 오후 9시부터 오늘 오전 6시까지의 시간 구하기

낮12 1 2 3 4 5 6 7 8 9 10 11 밤12 1 2 3 4 5 6 7 8 9 10 11 낮12

한 칸은 1시간을 나타냅니다.　　9시간

## ❷ 긴바늘과 짧은바늘이 한 바퀴 도는 시간

• 긴바늘이 한 바퀴 도는 데 걸리는 시간: 1시간 (=60분)　➡ ■시에서 긴바늘이 한 바퀴 돌면 (■+1)시가 됩니다.

• 짧은바늘이 한 바퀴 도는 데 걸리는 시간: 12시간　➡ 오전 ■시에서 짧은바늘이 한 바퀴 돌면 오후 ■시가 됩니다.

---

사고력 개념

## ❶ 24시간으로 표현하기

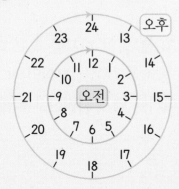

• 오후의 시각을 13시, 14시, 15시, ...와 같이 나타낼 수 있습니다.
　　　　　　　　오후1시　오후2시　오후3시

⟮예⟯ 오후 6시 ➡ 18시, 오후 10시 ➡ 22시

# BASIC TEST

**1** 은주의 하루 생활 계획표를 보고 빈칸에 알맞은 활동이나 시각을 써넣으세요.

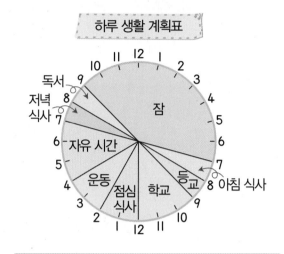

하루 생활 계획표

| 활동 | 아침 식사 | | 독서 |
|---|---|---|---|
| 시작 시각 | | 오후 2시 | |

**2** 시각을 보고 오전, 오후 중 알맞은 것을 써 보세요.

(1) 저녁 8시　（　　　　　　）

(2) 아침 8시　（　　　　　　）

(3) 새벽 3시　（　　　　　　）

(4) 낮 1시　（　　　　　　）

**3** □ 안에 알맞은 수를 써넣으세요.

(1) 1일 6시간＝□시간

(2) 72시간＝□일

(3) 50시간＝□일□시간

**4** 인하가 기차에 탄 시각과 기차에서 내린 시각을 나타낸 것입니다. 인하가 기차를 탄 시간을 시간 띠에 빗금으로 표시하여 구해 보세요.

| 기차에 탄 시각 | 기차에서 내린 시각 |
|---|---|
| 오전 | 오후 |

| 오전<br>6시 | | | | | | 낮<br>12시 | | | | | | 오후<br>6시 |
|---|---|---|---|---|---|---|---|---|---|---|---|---|

（　　　　　　　　　　）

**5** 지금 시각이 오후 2시 17분일 때, 시계의 짧은바늘이 두 바퀴 돈 후의 시각을 구해 보세요.

（ 오전 , 오후 ）□시□분

**6** 어제 저녁 8시부터 오늘 새벽 2시까지 비가 내렸습니다. 비가 몇 시간 동안 내렸을까요?

（　　　　　　　　　　）

# 4 달력 알아보기

## ❶ 1주일 알아보기

| 일 | 월 | 화 | 수 | 목 | 금 | 토 |
|---|---|---|---|---|---|---|
|  |  |  | 1 | 2 | ③ | 4 |
| 5 | 6 | 7 | 8 | 9 | ⑩ | 11 |
| 12 | 13 | 14 | 15 | 16 | ⑰ | 18 |
| 19 | 20 | 21 | 22 | 23 | ㉔ | 25 |
| 26 | 27 | 28 | 29 | 30 |  |  |

1주일=7일

월요일, 화요일, 수요일, 목요일, 금요일, 토요일, 일요일

➡ 같은 요일은 7일마다 반복됩니다.

→ 일주일은 7일이므로 달력의 날짜는 아래로 한 칸 내려갈 때마다 7씩 커집니다.

## ❷ 1년 알아보기

1년=12개월

➡ 1월, 2월, 3월, 4월, 5월, 6월, 7월, 8월, 9월, 10월, 11월, 12월

· 각 월의 날수

| 월 | 1 | 2 | 3 | 4 | 5 | 6 | 7 | 8 | 9 | 10 | 11 | 12 |
|---|---|---|---|---|---|---|---|---|---|---|---|---|
| 날수(일) | 31 | 28 (29) | 31 | 30 | 31 | 30 | 31 | 31 | 30 | 31 | 30 | 31 |

→ 2월의 날수는 4년에 한 번 29일입니다.

1년은 365일입니다.

---

## 실전 개념

### ❶ 1주일의 시간, 1년의 시간

· 시작 요일과 상관없이 7일은 1주일입니다.

예 수요일부터 그 다음 주 화요일까지는 1주일입니다. → 수, 목, 금, 토, 일, 월, 화 └── 1주일 ──┘

· 시작 월과 상관없이 12개월은 1년입니다.

예 5월 1일부터 그 다음 해 4월 30일까지는 1년입니다.

➡ 5월, 6월, 7월, 8월, 9월, 10월, 11월, 12월, 1월, 2월, 3월, 4월 └────── 1년 ──────┘

### ❷ 몇 년 몇 개월 ⬌ 몇 개월

· 1년 1개월=12개월+1개월=13개월

· 2년=12개월+12개월=24개월

· 18개월=12개월+6개월=1년 6개월

· 36개월=12개월+12개월+12개월=3년

### ❸ 찢어진 달력에서 요일 알아보기

→ 같은 요일은 7일마다 반복되기 때문입니다.

· 1월 27일이 무슨 요일인지 알아보기

1월

| 일 | 월 | 화 | 수 | 목 | 금 | 토 |
|---|---|---|---|---|---|---|
|  |  |  |  |  | 1 | 2 | 3 |
| 4 | 5 | 6 | 7 | 8 | 9 | 10 |

1 단계 27일에서 7씩 빼서 27일과 같은 요일인 날을 찾아봅니다. ➡ 27일, 20일, 13일, 6일
                                    −7    −7    −7

2 단계 달력을 보고 6일이 무슨 요일인지 알아봅니다.

➡ 6일은 화요일이므로 27일도 화요일입니다.

**1** 연희의 생일은 5월 8일이고 지수는 연희보다 7일 늦게 태어났습니다. 지수의 생일은 몇 월 며칠일까요?

5월

| 일 | 월 | 화 | 수 | 목 | 금 | 토 |
|---|---|---|---|---|---|---|
|  |  |  | 1 | 2 | 3 | 4 |
| 5 | 6 | 7 | 8 | 9 | 10 | 11 |
| 12 | 13 | 14 | 15 | 16 | 17 | 18 |
| 19 | 20 | 21 | 22 | 23 | 24 | 25 |
| 26 | 27 | 28 | 29 | 30 | 31 |  |

( )

**2** 날수가 가장 적은 월은 언제일까요?

( )

① 1월 ② 2월

③ 5월 ④ 9월

⑤ 12월

**3** 오늘이 2030년 10월 10일일 때 □ 안에 알맞은 수를 써넣으세요.

(1) 오늘부터 1주일 후

➡ □ 년 □ 월 □ 일

(2) 오늘부터 1년 후

➡ □ 년 □ 월 □ 일

**4** □ 안에 알맞은 수를 써넣으세요.

(1) 1년 3개월 = □ 개월

(2) 2년 2개월 = □ 개월

(3) 19개월 = □ 년 □ 개월

(4) 30개월 = □ 년 □ 개월

**5** 6월 28일부터 7월 20일까지는 모두 며칠일까요?

( )

**6** 어느 해 9월 달력의 일부분입니다. 같은 해 9월 3일부터 20일 후는 무슨 요일일까요?

9월

| 일 | 월 | 화 | 수 | 목 | 금 | 토 |
|---|---|---|---|---|---|---|
|  |  | 1 | 2 | 3 | 4 | 5 |
| 6 | 7 | 8 | 9 | 10 | 11 | 12 |

( )

# MATH TOPIC 1

심화유형 1

## 거울에 비친 시계의 시각 알아보기

오른쪽은 거울에 비친 시계의 모습입니다. 시계가 가리키는 시각은 몇 시 몇 분일까요?

● 생각하기
· 거울에 비추면 왼쪽과 오른쪽이 서로 바뀌어 보입니다.
· 짧은바늘이 어떤 두 숫자 사이를 가리키고, 긴바늘이 어떤 숫자를 가리키는지 알아봅니다.

● 해결하기
**1단계** 짧은바늘을 보고 몇 시인지 알아보기

짧은바늘이 숫자 **2**와 **3** 사이를 가리키므로 **2**시입니다.

**2단계** 긴바늘을 보고 몇 분인지 알아보기

긴바늘이 숫자 **7**을 가리키므로 **35**분입니다.

답 **2**시 **35**분

**1-1** 왼쪽은 거울에 비친 시계의 모습입니다. 시계가 가리키는 시각은 몇 시 몇 분인지 쓰고, 오른쪽 시계에 시각에 맞게 긴바늘과 짧은바늘을 알맞게 그려 넣으세요.

(             )

**1-2** 오른쪽은 거울에 비친 시계의 모습입니다. 시계가 가리키는 시각은 몇 시 몇 분 전일까요?

(             )

## 심화유형 **2** 시작 시각 구하기

재석이가 1시간 15분 동안 책을 읽고 나서 시계를 보았더니 오른쪽과 같았습니다. 책을 읽기 시작한 시각은 몇 시 몇 분일까요?

● 생각하기   ■시 ▲분이 되기 1시간 전은 (■ − 1)시 ▲분입니다.

● 해결하기   **1단계** 책 읽기를 끝낸 시각 알아보기

짧은바늘이 숫자 **7**과 **8** 사이를 가리키고, 긴바늘이 숫자 **4**를 가리키므로 책 읽기를 끝낸 시각은 **7**시 **20**분입니다.

**2단계** 책 읽기를 시작한 시각 구하기

7시 20분 $\xrightarrow{\text{1시간 전}}$ 6시 20분 $\xrightarrow{\text{15분 전}}$ 6시 5분

답 6시 5분

**2-1** 혜수가 1시간 20분 동안 숙제를 하고 나서 시계를 보았더니 4시 10분이었습니다. 숙제를 시작한 시각은 몇 시 몇 분일까요?

( )

**2-2** 민준이가 1시간 30분 동안 친구들과 축구를 하고 나서 시계를 보았더니 오른쪽과 같았습니다. 축구를 시작한 시각은 몇 시 몇 분일까요?

( )

**2-3** 소영이가 100분 동안 피아노 연습을 하고 나서 시계를 보았더니 6시였습니다. 피아노 연습을 시작한 시각은 몇 시 몇 분일까요?

( )

# 오전과 오후에 걸쳐 걸린 시간 구하기

**심화유형 3**

수연이네 가족이 수영장에 들어간 시각과 수영장에서 나온 시각을 나타낸 것입니다. 수연이네 가족이 수영장에 있었던 시간은 몇 시간 몇 분일까요?

| 들어간 시각 | 오전 10시 |
|---|---|
| 나온 시각 | 오후 6시 30분 |

● 생각하기　밤 12시부터 낮 12시까지는 오전이고 낮 12시부터 밤 12시까지는 오후입니다.

● 해결하기　**1단계** 들어간 시각부터 낮 12시까지의 시간 구하기

오전 10시 $\xrightarrow{\text{2시간 후}}$ 낮 12시

**2단계** 낮 12시부터 나온 시각까지의 시간 구하기

낮 12시 $\xrightarrow{\text{6시간 후}}$ 오후 6시 $\xrightarrow{\text{30분 후}}$ 오후 6시 30분

**3단계** 수영장에 있었던 시간 구하기

따라서 수영장에 있었던 시간은 2시간＋6시간＋30분＝8시간 30분입니다.

**답** 8시간 30분

**3-1** 현진이네 가족이 놀이공원에 들어간 시각과 놀이공원에서 나온 시각을 나타낸 것입니다. 현진이네 가족이 놀이공원에 있었던 시간은 몇 시간 몇 분일까요?

| 들어간 시각 | 오전 10시 30분 |
|---|---|
| 나온 시각 | 오후 5시 |

(　　　　　　　　)

**3-2** 민철이는 아버지와 함께 어젯밤 11시 30분부터 오늘 새벽 3시 30분까지 별을 관찰했습니다. 민철이가 별을 관찰한 시간을 구해 보세요.

(　　　　　　　　)

## 시계의 바늘이 ■바퀴 돈 후의 시각 구하기

지금 시각은 오후 8시 10분입니다. 지금 시각에서 시계의 긴바늘이 세 바퀴 돈 후의 시각을 구해 보세요.

● **생각하기**

[시계의 긴바늘]

긴바늘이 숫자 눈금 한 칸을 움직이면 5분이 지난 것이고, 긴바늘이 한 바퀴를 돌면 1시간(=60분)이 지난 것입니다.

[시계의 짧은바늘]

짧은바늘이 숫자 눈금 한 칸을 움직이면 1시간이 지난 것이고, 짧은바늘이 한 바퀴를 돌면 12시간이 지난 것입니다.

● **해결하기**  **1단계** 시계의 긴바늘이 세 바퀴 도는 데 걸리는 시간 구하기

긴바늘이 한 바퀴 돌면 1시간이 지난 것이므로 긴바늘이 세 바퀴 돌면 3시간이 지난 것입니다.

**2단계** 시계의 긴바늘이 세 바퀴 돈 후의 시각 구하기

오후 8시 10분에서 긴바늘이 세 바퀴 돈 후의 시각은 3시간 후인 오후 11시 10분입니다.

**답** 오후 11시 10분

**4-1** 지금 시각은 오전 2시 53분입니다. 지금 시각에서 시계의 긴바늘이 4바퀴 돈 후의 시각을 구해 보세요.

( 오전 , 오후 ) ☐ 시 ☐ 분

**4-2** 지금 시각은 오전 6시 30분입니다. 지금 시각에서 시계의 짧은바늘이 한 바퀴 돈 후의 시각을 구해 보세요.

( 오전 , 오후 ) ☐ 시 ☐ 분

# 며칠 동안인지 구하기

주환이네 학교의 여름 방학은 7월 25일부터 8월 29일까지입니다. 여름 방학은 모두 며칠일까요?

● 생각하기  7월이 며칠까지 있는지 생각하여 전체 날짜를 계산해 봅니다.

● 해결하기  **1단계** 방학을 시작한 날부터 7월 마지막 날까지 며칠인지 구하기

7월은 31일까지 있으므로 7월 25일부터 7월 마지막 날까지는 7일입니다.
$$25-26-27-28-29-30-31$$

**2단계** 여름 방학이 모두 며칠인지 구하기

8월 1일부터 8월 29일까지는 29일입니다.

따라서 7월 25일부터 8월 29일까지는 모두 7+29=36(일)입니다.

답 36일

---

**5-1**  과학 박람회가 4월 21일부터 5월 4일까지 열립니다. 과학 박람회가 열리는 기간은 모두 며칠일까요?

(                    )

**5-2**  미술 전시회가 8월 10일부터 9월 15일까지 열립니다. 미술 전시회가 열리는 기간은 모두 며칠일까요?

(                    )

**5-3**  어떤 영화가 10월 30일부터 40일 동안 상영됩니다. 이 영화는 몇 월 며칠까지 상영될까요?

(                    )

## MATH TOPIC 6

심화유형

# 찢어진 달력에서 요일 알아보기

어느 해 4월 달력의 일부분입니다. 이 해의 <u>어린이날</u>은 무슨 요일일까요?
└•5월 5일

### 4월

| 일 | 월 | 화 | 수 | 목 | 금 | 토 |
|---|---|---|---|---|---|---|
| 1 | 2 | 3 | 4 | 5 | 6 | 7 |
| 8 | | | | | | |

● 생각하기　• 4월 마지막 날의 다음 날은 5월 첫날입니다.
　　　　　　• 같은 요일은 7일마다 반복됩니다.

● 해결하기　**1단계** 4월 마지막 날의 요일 구하기

4월은 30일까지 있고 **30**일, **23**일, **16**일, **9**일, **2**일은 모두 같은 요일입니다.
　　　　　　　　　-7　-7　-7　-7

> 같은 요일은 7일마다 반복되므로 30에서 7씩 뺀 날도 30일과 같은 요일입니다.

4월 **2**일이 월요일이므로 4월 **30**일도 월요일입니다.

**2단계** 어린이날의 요일 구하기

어린이날은 5월 5일이고 4월 30일에서 5일 후입니다. 4월 30일이 월요일이므로
4월 30일에서 5일 후인 5월 5일은 <u>토요일</u>입니다.
화—수—목—금—토

답 토요일

---

**6-1** 어느 해 9월 달력의 일부분입니다. 이 해의 개천절은 무슨 요일일까요?
└•10월 3일

### 9월

| 일 | 월 | 화 | 수 | 목 | 금 | 토 |
|---|---|---|---|---|---|---|
| | | | | 1 | 2 | 3 |
| 4 | 5 | 6 | 7 | | | |

(　　　　　　　)

---

**6-2** 어느 해 7월 달력의 일부분입니다. 이 해의 광복절은 무슨 요일일까요?
└•8월 15일

### 7월

| 일 | 월 | 화 | 수 | 목 | 금 | 토 |
|---|---|---|---|---|---|---|
| | | | 1 | 2 | 3 | 4 |
| 5 | 6 | 7 | | | | |

(　　　　　　　)

# MATH TOPIC 7

**심화유형**

## 고장난 시계가 가리키는 시각 구하기

1시간에 2분씩 빨라지는 시계가 있습니다. 이 시계를 오늘 오전 9시에 정확하게 맞추어 놓았다면 오늘 오후 1시에 이 시계가 가리키는 시각은 오후 몇 시 몇 분일까요?

● 생각하기　1시간에 2분씩 빨라지는 시계는 ■시간 후에는 (2 × ■)분 빨라집니다.

[정확한 시계의 시각]

● 1시간 후에는 2분 빨라지고, 2시간 후에는 4분, 3시간 후에는 6분, … 빨라집니다.

9시　　10시　　11시　　12시

[1시간에 2분씩 빨라지는 시계의 시각]

9시　　10시 2분　　11시 4분　　12시 6분

● 해결하기　**1단계** 오전 9시부터 오후 1시까지의 시간 구하기

오전 9시부터 오후 1시까지는 4시간입니다.

**2단계** 오전 9시부터 오후 1시까지 이 시계가 빨라지는 시간 구하기

이 시계는 1시간에 2분씩 빨라지므로 4시간 후에는 2 × 4 = 8(분) 빨라집니다.

**3단계** 오후 1시에 이 시계가 가리키는 시각 구하기

오후 1시에 이 시계는 8분 빨라진 오후 1시 8분을 가리킵니다.

┌ 빨라지는 시계: 정확한 시각 이후를 가리킵니다.
└ 느려지는 시계: 정확한 시각 이전을 가리킵니다.

**답** 오후 1시 8분

**7-1** 1시간에 3분씩 빨라지는 시계가 있습니다. 이 시계를 어제 오후 10시에 정확하게 맞추어 놓았다면 오늘 오전 3시에 이 시계가 가리키는 시각은 오전 몇 시 몇 분일까요?

(　　　　　　　　　)

**7-2** 1시간에 5분씩 느려지는 시계가 있습니다. 이 시계를 오늘 오전 11시에 정확하게 맞추어 놓았다면 오늘 오후 3시에 이 시계가 가리키는 시각은 오후 몇 시 몇 분일까요?

(　　　　　　　　　)

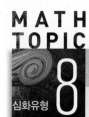

# MATH TOPIC 8

**심화유형**

## 시각과 시간을 활용한 교과통합유형

STEAM형
■■ ● ▲

수학+체육

축구는 전반전과 후반전이 각각 45분씩이고 쉬는 시간은 15분입니다. 경기 중에는 반칙이나 부상이 있어도 경기를 멈추지 않고, 후반전이 끝난 후 심판이 추가 시간을 줍니다. 어떤 축구 경기가 오후 3시 30분에 시작되었고 심판이 추가 시간을 3분 주었습니다. 이 경기가 끝난 시각은 오후 몇 시 몇 분일까요? (단, 연장전은 하지 않았습니다.)

● **생각하기**  전반전, 후반전뿐만 아니라 쉬는 시간과 추가 시간도 생각합니다.

● **해결하기**  **1단계** 후반전이 끝난 시각 구하기

| 3시 | 30분 | 4시 | 15분 | 30분 | 5시 | 15분 | 6시 |

전반전 · 쉬는 시간 · 후반전

└─ 한 칸이 10분을 나타냅니다.

3시 30분 $\xrightarrow{\text{전반전 45분}}$ 4시 15분 $\xrightarrow{\text{쉬는 시간 15분}}$ 4시 30분 $\xrightarrow{\text{후반전 45분}}$ 5시 15분

**2단계** 경기가 끝난 시각 구하기

3분의 추가 시간을 주었으므로 후반전을 마치고 경기를 3분 더합니다.

후반전이 5시 15분에 끝났으므로 3분 뒤인 ☐시 ☐분에 경기가 끝납니다.

**답** 오후 ☐시 ☐분

---

**8-1**

수학+사회

다음은 학생들의 수면 시간에 대한 기사입니다. 초등학생인 진호가 오후 10시에 잠들어서 평균 수면 시간만큼 자고 일어났다면, 늦어도 오전 몇 시 몇 분에 일어났을까요?

> 경기도 교육청은 아이들의 수면 시간에 대한 실태를 조사해 발표했다. 도내 212개 초·중·고교생 1만 1834명을 대상으로 취침 시간을 알아본 결과 고등학생의 평균 수면 시간은 5시간 30분 ~ 7시간, 중학생의 평균 수면 시간은 7시간 ~ 8시간 30분, 초등학생의 평균 수면 시간은 8시간 ~ 9시간 30분으로 나타났다.

(                    )

**1** 연아와 종우가 책 읽기를 시작한 시각과 끝낸 시각입니다. 책을 더 오랫동안 읽은 사람은 누구일까요?

| | 시작한 시각 | 끝낸 시각 |
|---|---|---|
| 연아 | 2:30 | 4:10 |
| 종우 | (7시 30분) | (6시) |

(           )

**2** 동호네 학교는 오늘 35분씩 수업을 하고 10분씩 쉬기로 했습니다. 오늘 1교시를 8시 50분에 시작했다면, 4교시는 몇 시 몇 분에 끝날까요?

(           )

**3** 솔아가 오후와 오전의 시간표를 그림과 같이 따로 나타냈습니다. 두 시간표를 보고 솔아가 하루에 모두 몇 시간을 자는지 아래 시간 띠에 빗금으로 표시하고 답을 구해 보세요.

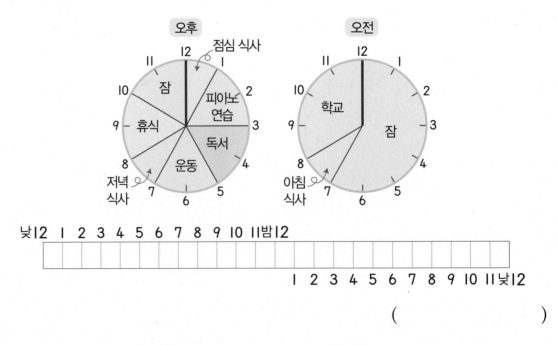

낮12 1 2 3 4 5 6 7 8 9 10 11밤12

1 2 3 4 5 6 7 8 9 10 11낮12

(           )

**서술형 4** 현수는 피아노를 2년 8개월 동안 배웠고, 예지는 30개월 동안 배웠습니다. 두 사람 중 피아노를 누가 몇 개월 더 배웠는지 풀이 과정을 쓰고 답을 구해 보세요.

풀이 ......................................................................................................................................

......................................................................................................................................

......................................................................................................................................

답 ........................... , ...........................

**5** 서울역에서 경주역까지 가는 버스의 첫차 출발 시각은 오전 7시 30분이고, 그 후로 같은 시간 간격으로 출발합니다. 이 버스를 서울역에서 오후 2시 이후에 탈 수 있는 가장 빠른 시각은 오후 몇 시 몇 분일까요?

| 서울 → 경주 버스 시간표 | |
|---|---|
| 출발 | 도착 |
| 7 : 30 | 11 : 30 |
| 8 : 20 | 12 : 20 |
| 9 : 10 | 13 : 10 |

( )

**6** 지영이 아버지가 8시에 출발하는 비행기를 타려고 합니다. 집에서 공항까지 가는 데 1시간 40분이 걸립니다. 비행기가 출발하기 30분 전에 공항에 도착하려면 늦어도 몇 시 몇 분에 집에서 나와야 할까요?

( )

**7** 오늘은 5월 10일이고 지금 시각은 오후 3시 20분입니다. 지금 시각에서 시계의 짧은바늘이 세 바퀴 돈 후의 날짜와 시각을 구해 보세요.

☐ 월 ☐ 일 ( 오전 , 오후 ) ☐ 시 ☐ 분

서술형 **8** 신혜는 10월 20일부터 11월 마지막 날까지 매일 종이꽃을 한 송이씩 접었습니다. 접은 종이꽃은 모두 몇 송이인지 풀이 과정을 쓰고 답을 구해 보세요.

풀이 ......................................................................................

......................................................................................

......................................................................................

답 ...............................

**9** 어느 해 5월 달력의 일부분입니다. 이 해의 식목일은 무슨 요일일까요?
└•4월 5일

5월

| 일 | 월 | 화 | 수 | 목 | 금 | 토 |
|---|---|---|---|---|---|---|
|   |   |   |   |   | 1 | 2 |

(                    )

**10** 아기가 태어나면 태어난 날에서 99일 후에 백일잔치를 합니다. 연우의 동생은 2024년 3월 31일에 태어났습니다. 연우 동생의 백일잔치는 몇 월 며칠에 하게 될까요?

(                   )

수학+사회

STEAM형 **11** 유통 기한은 식품이 제조된 후 언제까지 유통될 수 있는지를 나타낸 것입니다. 일반적으로 냉동식품은 유통 기한이 길고, 유제품은 유통 기한이 짧습니다. 오른쪽 우유가 제조일자로부터 유통될 수 있는 기간은 모두 몇 시간인지 구해 보세요.

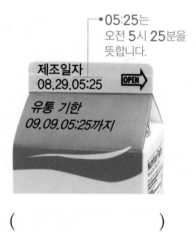

(                   )

**12** 9월 어느 날 서울의 시각이 오전 11시 40분일 때 이탈리아 로마의 시각은 같은 날 오전 4시 40분입니다. 서울의 시각이 오후 3시 25분일 때 로마의 시각을 구해 보세요.

( 오전 , 오후 ) ☐ 시 ☐ 분

**1**   윤주의 손목시계가 6시 55분을 가리키고 있습니다. 윤주가 시각을 바르게 맞추기 위해서 긴바늘을 시계 반대 방향으로 세 바퀴 반 돌렸습니다. 새로 맞춘 시각은 몇 시 몇 분일까요?

(             )

**2**   시계의 긴바늘이 숫자 2에서 작은 눈금 2칸 더 간 곳을 가리키고, 짧은바늘이 숫자 5에 가장 가까이 있습니다. 시계가 나타내는 시각은 몇 시 몇 분일까요?

(             )

**3**   어느 날 오후 3시부터 오후 9시까지 시계의 긴바늘과 짧은바늘은 몇 번 겹쳐질까요?

(             )

# 표와 그래프

**대표심화유형**

**1** 세로 또는 가로의 칸 수 구하기

**2** 합계를 이용하여 그래프 완성하기

**3** 빈칸이 두 개 있는 표 완성하기

**4** 항목별 수가 가장 큰 것과 가장 작은 것의 차 구하기

**5** 두 개의 표, 그래프 알아보기

**6** 그래프를 활용한 교과통합유형

# 말이
# 필요 없는
# 표와
# 그래프

### 자료를 조사하는 두 가지 방법

우리 반 친구들이 다 같이 소풍을 가려고 해요. 선생님께서 가장 많은 학생들이 가고 싶어 하는 장소로 가자고 말씀하셨습니다. 우리 반 친구들이 가장 가고 싶어 하는 장소를 어떻게 알 수 있을까요?

먼저 한 명도 빠짐없이 친구들에게 가고 싶은 장소를 물어봐야 하겠지요? 동물원, 수목원, 놀이공원의 세 가지 후보 장소가 정해져 있다면 각각 손을 들어 조사할 수 있어요. 장소별로 손든 학생 수를 세는 거예요.

만약 후보 장소가 정해져 있지 않다면 어떻게 해야 할까요? 이때는 일어나서 한 명씩 발표하거나, 각자 종이에 써서 모으는 것이 좋습니다. 후보 장소 말고도 어떤 장소가 더 나올지 모르니까요.

## 말보다 빠른 표

조사가 끝나면 표로 나타내는 것은 어렵지 않아요. 세 가지 후보 장소가 있다면 동물원, 수목원, 놀이공원을 장소 칸에 써넣고, 센 학생 수를 알맞게 써넣으면 됩니다. 마지막으로 조사한 전체 학생 수를 합계 칸에 쓰면 표가 완성돼요. 친구들의 의견이 간단한 표 하나로 정리된 것입니다.

### 가고 싶어 하는 장소별 학생 수

| 장소 | 동물원 | 수목원 | 놀이공원 | 합계 |
|------|--------|--------|----------|------|
| 학생 수 (명) | 6 | 5 | 8 | 19 |

완성된 표를 볼까요? 물론 어떤 학생이 어떤 장소에 가고 싶어 하는지는 알 수 없지만 6, 5, 8 세 수만 비교하면 가장 많은 학생들이 가고 싶어 하는 장소와 가장 적은 학생들이 가고 싶어 하는 장소를 알 수 있어요. 이처럼 표로 나타내면 다른 설명 없이 숫자만으로 자료를 정확하게 파악할 수 있습니다. 표에는 합계가 있어서 몇 명을 조사했는지도 쉽게 알 수 있어요.

## 눈으로 읽는 그래프

그래프에서는 굳이 숫자를 비교할 필요도 없답니다. 그래프로 나타내면 한눈에 크고 작음을 비교할 수 있거든요.
다음은 왼쪽의 표를 그래프로 나타낸 것이에요. 더 이상 설명이 필요한가요? 우리 반 친구들이 가장 가고 싶은 장소는 바로 놀이공원입니다.

### 가고 싶어 하는 장소별 학생 수

| 학생 수(명) / 장소 | 동물원 | 수목원 | 놀이공원 |
|------|--------|--------|----------|
| 8 | | | O |
| 7 | | | O |
| 6 | O | | O |
| 5 | O | O | O |
| 4 | O | O | O |
| 3 | O | O | O |
| 2 | O | O | O |
| 1 | O | O | O |

# 1 표로 나타내기

## ❶ 자료를 보고 표로 나타내기

**1단계** 자료 조사하기

학생들이 좋아하는 과일을 조사합니다.

• 좋아하는 과일을 한 사람씩 말하거나, 종이에 적어 모읍니다.

우리 모둠 학생들이 좋아하는 과일

• 조사한 자료를 보면 누가 어떤 과일을 좋아하는지 알 수 있습니다.

| 재희 | 다온 | 솔아 | 민규 | 시안 | 경호 | 나림 | 윤우 |
|------|------|------|------|------|------|------|------|
| 석주 | 세진 | 기태 | 채원 | 윤설 | 성경 | 가연 | 하준 |

**2단계** 분류하여 표로 나타내기

좋아하는 과일별 학생 수를 세어 표로 나타냅니다.

좋아하는 과일별 학생 수

| 과일 | 사과 | 감 | 바나나 | 포도 | 배 | 합계 |
|------|------|-----|--------|------|-----|------|
| 학생 수(명) | 2 | 6 | 4 | 3 | 1 | 16 |

(전체 학생 수)=2+6+4+3+1=16(명) •

## 실전 개념

### ❶ 자료를 조사하는 방법 알아보기

• 항목의 가지 수가 정해진 경우

例 좋아하는 계절: 봄, 여름, 가을, 겨울로 **4**가지   例 혈액형: A형, B형, O형, AB형으로 **4**가지

➡ 각 경우에 대해 손을 들어 조사할 수 있습니다.

• 항목의 가지 수가 정해지지 않은 경우

例 좋아하는 과일: 배, 사과, 복숭아, 바나나, 귤, 체리, 포도, 키위, ...

例 배우고 싶은 악기: 피아노, 우쿨렐레, 플루트, 기타, 드럼, 바이올린, 아코디언, 하모니카, ...

➡ 종이에 적어 조사하는 것이 좋습니다. → 어떤 종류가 더 나올지 모르기 때문입니다.

### ❷ 합계 이용하여 표의 빈칸 채우기

• 조사한 전체 학생 수가 **30**명일 때 표의 빈칸 채우기

혈액형별 학생 수

| 혈액형 | A형 | B형 | O형 | AB형 | 합계 |
|--------|-----|-----|-----|------|------|
| 학생 수(명) | 9 | 8 | | 6 | 30 |

➜ 전체 학생 수에서 알고 있는 학생 수를 모두 빼면 빈칸에 들어갈 학생 수를 알 수 있습니다.

(O형인 학생 수)=(전체 학생 수)−(A형인 학생 수)−(B형인 학생 수)−(AB형인 학생 수)

=30−9−8−6=**7**(명) ➡ 따라서 O형인 학생은 **7**명입니다.

[1~4] 수현이네 반 학생들이 좋아하는 계절을 조사하였습니다. 물음에 답하세요.

**좋아하는 계절**

| 수현<br>봄 | 민규<br>여름 | 진영<br>가을 | 정수<br>여름 |
|---|---|---|---|
| 상훈<br>겨울 | 호경<br>여름 | 아윤<br>겨울 | 명민<br>가을 |
| 다정<br>겨울 | 진석<br>봄 | 정훈<br>여름 | 준영<br>겨울 |
| 경서<br>여름 | 미진<br>여름 | 은하<br>겨울 | 진아<br>봄 |

**1** 경서가 좋아하는 계절은 무엇일까요?

(          )

**2** 조사한 자료를 보고 표로 나타내 보세요.

**좋아하는 계절별 학생 수**

| 계절 | 봄 | 여름 | 가을 | 겨울 | 합계 |
|---|---|---|---|---|---|
| 학생 수(명) | | | | | |

**3** 겨울을 좋아하는 학생은 몇 명일까요?

(          )

**4** 조사한 자료와 표 중 민규가 좋아하는 계절을 알아볼 수 있는 것에 ○표 하세요.

( 조사한 자료 , 표 )

**5** 다음에서 손을 들어 조사할 수 없는 것을 찾아 기호를 써 보세요.

> ㉠ 좋아하는 계절
> ㉡ 태어난 달
> ㉢ 좋아하는 운동

(          )

[6~7] 시연이네 모둠 학생들이 수학 문제를 풀어 맞히면 ○표, 틀리면 ✕표를 하였습니다. 물음에 답하세요.

**문제를 푼 결과**

| 문제 번호<br>이름 | 1번 | 2번 | 3번 | 4번 | 5번 |
|---|---|---|---|---|---|
| 시연 | ○ | ○ | ○ | ✕ | ✕ |
| 민우 | ○ | ✕ | ○ | ✕ | ✕ |
| 태경 | ○ | ○ | ✕ | ○ | ○ |
| 정아 | ○ | ○ | ✕ | ○ | ✕ |

**6** 조사한 자료를 보고 표로 나타내 보세요.

**학생별 맞힌 문제 수**

| 이름 | 시연 | 민우 | 태경 | 정아 |
|---|---|---|---|---|
| 문제 수(개) | | | | |

**7** 조사한 자료를 보고 표로 나타내 보세요.

**문제별 맞힌 학생 수**

| 문제 번호 | 1번 | 2번 | 3번 | 4번 | 5번 |
|---|---|---|---|---|---|
| 학생 수(명) | | | | | |

# 2 그래프로 나타내기

## ① 자료를 보고 그래프로 나타내기

**1단계** 자료 분류하여 세기

학생들을 좋아하는 계절에 따라 분류하고, 좋아하는 계절별 학생 수를 세어 봅니다.

좋아하는 계절별 학생 수

| 계절 | 봄 | 여름 | 가을 | 겨울 | 합계 |
|------|-----|------|------|------|------|
| 학생 수(명) | 3 | 6 | 4 | 2 | 15 |

**2단계** 그래프로 나타내기

① 가로와 세로에 어떤 것을 나타낼지 정합니다.
- 가로: 계절
- 세로: 학생 수

② 가로와 세로를 각각 몇 칸으로 할지 정합니다.
- 가로: 봄, 여름, 가을, 겨울로 **4**가지이므로 **4**칸으로 정합니다.
- 세로: 학생 수 중 **6**명이 가장 많으므로 **6**칸으로 정합니다.

③ ○, ✕, / 등으로 학생 수를 나타냅니다.
└ 한 가지 모양을 선택하여 아래에서부터 한 칸에 하나씩 채웁니다.

좋아하는 계절별 학생 수

| 학생 수(명) / 계절 | 봄 | 여름 | 가을 | 겨울 |
|------|-----|------|------|------|
| 6 | | ○ | | |
| 5 | | ○ | | |
| 4 | | ○ | ○ | |
| 3 | ○ | ○ | ○ | |
| 2 | ○ | ○ | ○ | ○ |
| 1 | ○ | ○ | ○ | ○ |

(6칸 / 4칸)

## ① 그래프의 가로와 세로를 바꾸어 나타내기

그래프의 가로와 세로를 바꾸어 왼쪽에서부터 오른쪽으로 ○를 채워 그릴 수도 있습니다.
- 가로: 학생 수 ➡ **6**칸
- 세로: 계절 ➡ **4**칸

좋아하는 계절별 학생 수

| 계절 / 학생 수(명) | 1 | 2 | 3 | 4 | 5 | 6 |
|------|-----|------|------|------|------|------|
| 겨울 | ○ | ○ | | | | |
| 가을 | ○ | ○ | ○ | ○ | | |
| 여름 | ○ | ○ | ○ | ○ | ○ | ○ |
| 봄 | ○ | ○ | ○ | | | |

## ① 막대그래프 → 조사한 수를 ○ 모양 대신 막대로 나타낸 그래프

혈액형별 학생 수

| 학생 수(명) / 혈액형 | A형 | B형 | O형 | AB형 |
|------|-----|------|------|------|
| 4 | | ○ | | |
| 3 | ○ | ○ | ○ | |
| 2 | ○ | ○ | ○ | ○ |
| 1 | ○ | ○ | ○ | ○ |

➡

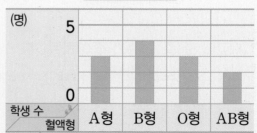

혈액형별 학생 수

└ ○의 수를 세지 않아도 막대의 길이로 크기를 비교할 수 있습니다.

실전 개념

연결 개념

# BASIC TEST

[1~2] 서현이네 반 학생들의 장래 희망을 조사하여 표로 나타냈습니다. 물음에 답하세요.

장래 희망별 학생 수

| 장래 희망 | 선생님 | 의사 | 운동선수 | 연예인 | 합계 |
|---|---|---|---|---|---|
| 학생 수(명) | 5 | 7 | 2 | 4 | 18 |

**1** 표를 보고 그래프로 나타내려고 합니다. 순서대로 기호를 써 보세요.

> ㉠ 가로를 **4**칸, 세로를 **7**칸으로 정합니다.
> ㉡ 그래프에 제목을 씁니다.
> ㉢ 가로에 장래 희망을, 세로에 학생 수를 나타냅니다.
> ㉣ 학생 수를 ○로 나타냅니다.

☐ → ☐ → ☐ → ㉡

**2** 표를 보고 ○를 사용하여 그래프로 나타내 보세요.

장래 희망별 학생 수

| 7 | | | | |
|---|---|---|---|---|
| 6 | | | | |
| 5 | | | | |
| 4 | | | | |
| 3 | | | | |
| 2 | | | | |
| 1 | | | | |
| 학생 수(명) / 장래 희망 | 선생님 | 의사 | 운동선수 | 연예인 |

[3~5] 준호네 모둠 학생들이 좋아하는 우유의 맛을 조사하였습니다. 물음에 답하세요.

좋아하는 우유의 맛

| 이름 | 맛 | 이름 | 맛 | 이름 | 맛 |
|---|---|---|---|---|---|
| 준호 | 초콜릿 | 송아 | 딸기 | 가람 | 바나나 |
| 민경 | 딸기 | 태우 | 초콜릿 | 미소 | 딸기 |
| 진아 | 바나나 | 소란 | 바나나 | 다슬 | 바나나 |
| 정민 | 고구마 | 은주 | 딸기 | 서희 | 바나나 |

**3** 조사한 자료를 보고 표로 나타내 보세요.

좋아하는 우유의 맛별 학생 수

| 맛 | 초콜릿 | 딸기 | 바나나 | 고구마 | 합계 |
|---|---|---|---|---|---|
| 학생 수(명) | | | | | |

**4** 표를 보고 그래프의 가로에 학생 수를 나타내려면, 가로에 적어도 몇 명까지 나타낼 수 있어야 할까요?

( )

**5** 표를 보고 △를 사용하여 그래프로 나타내 보세요.

좋아하는 우유의 맛별 학생 수

| 고구마 | | | | |
|---|---|---|---|---|
| 바나나 | | | | |
| 딸기 | | | | |
| 초콜릿 | | | | |
| 맛 / 학생 수(명) | | | | |

# 3 표와 그래프

## ❶ 표와 그래프의 내용 알아보기

• 표로 나타내면 편리한 점
  - 조사한 자료의 전체 수를 알아보기 좋습니다.
  - 각 항목별 자료의 수를 알아보기 좋습니다.

장래 희망별 학생 수

| 장래 희망 | 과학자 | 요리사 | 운동선수 | 가수 | 경찰관 | 합계 |
|---|---|---|---|---|---|---|
| 학생 수(명) | 5 | 7 | 4 | 2 | 4 | 22 |

└➤ 요리사가 되고 싶은 학생 수: 7명　　전체 학생 수: 22명 ●┘

• 그래프로 나타내면 편리한 점
  항목별 자료의 수를 한눈에 비교할 수 있습니다.

장래 희망별 학생 수

| 경찰관 | ○ | ○ | ○ | ○ | | | |
|---|---|---|---|---|---|---|---|
| 가수 | ○ | ○ | | | | | |
| 운동선수 | ○ | ○ | ○ | ○ | | | |
| 요리사 | ○ | ○ | ○ | ○ | ○ | ○ | ○ |
| 과학자 | ○ | ○ | ○ | ○ | ○ | | |
| 장래 희망 / 학생 수(명) | 1 | 2 | 3 | 4 | 5 | 6 | 7 |

➤ 가장 적은 학생들의 장래 희망: 가수

➤ 가장 많은 학생들의 장래 희망: 요리사

---

## ❶ 두 반 학급 문고의 과학책 수 알아보기

1반 학급 문고의 종류별 책 수

| 종류 | 동화책 | 과학책 | 역사책 | 합계 |
|---|---|---|---|---|
| 책 수(권) | 10 | 15 | 25 | 50 |

2반 학급 문고의 종류별 책 수

| 종류 | 동화책 | 과학책 | 역사책 | 합계 |
|---|---|---|---|---|
| 책 수(권) | 20 | 10 | 15 | 45 |

➡ (1반과 2반 학급 문고의 과학책 수)
　 =(1반의 과학책 수)+(2반의 과학책 수)
　 =15+10=25(권)

## ❷ 책을 4권보다 많이 읽은 월 찾아보기

현서가 월별 읽은 책 수

| 6 | | △ | | |
|---|---|---|---|---|
| 5 | | △ | | △ |
| ④ | △ | △ | | △ |
| 3 | △ | △ | △ | △ |
| 2 | △ | △ | △ | △ |
| 1 | △ | △ | △ | △ |
| 책 수(권) / 월 | 6월 | 7월 | 8월 | 9월 |

➡ 책을 4권보다 많은 읽은 월: 7월, 9월

4권을 기준으로 선을 긋고 4권보다 많이 읽은 월을 찾습니다.

# BASIC TEST

[1~4] 주현이네 반 학생들이 좋아하는 꽃을 조사하여 표로 나타냈습니다. 물음에 답하세요.

좋아하는 꽃별 학생 수

| 꽃 | 장미 | 나팔꽃 | 튤립 | 무궁화 | 합계 |
|---|---|---|---|---|---|
| 학생 수(명) | 6 | 3 | 5 | 7 | |

**1** 장미를 좋아하는 학생은 몇 명일까요?

(          )

**2** 조사한 학생은 모두 몇 명일까요?

(          )

**3** 표를 보고 ○를 사용하여 그래프로 나타내 보세요.

좋아하는 꽃별 학생 수

| 7 | | | | |
|---|---|---|---|---|
| 6 | | | | |
| 5 | | | | |
| 4 | | | | |
| 3 | | | | |
| 2 | | | | |
| 1 | | | | |
| 학생 수(명) 꽃 | 장미 | 나팔꽃 | 튤립 | 무궁화 |

**4** 가장 적은 학생들이 좋아하는 꽃은 무엇일까요?

(          )

**5** 표와 그래프 중 설명에 맞는 것을 찾아 써 보세요.

(1) 조사한 자료의 전체 수를 알아보기 편리합니다.

(          )

(2) 자료의 수가 가장 많은 항목을 한눈에 알아보기 편리합니다.

(          )

**6** 네 명의 학생들이 한 달 동안 읽은 책의 수를 조사하여 그래프로 나타냈습니다. 책을 5권보다 많이 읽은 사람을 모두 찾아 써 보세요.

학생별 한 달 동안 읽은 책 수

| 8 | | | △ | |
|---|---|---|---|---|
| 7 | | | △ | |
| 6 | | | △ | △ |
| 5 | △ | | △ | △ |
| 4 | △ | △ | △ | △ |
| 3 | △ | △ | △ | △ |
| 2 | △ | △ | △ | △ |
| 1 | △ | △ | △ | △ |
| 책 수(권) 이름 | 범수 | 민주 | 도일 | 채아 |

(          )

# 세로 또는 가로의 칸 수 구하기

주희가 한 달 동안 읽은 책을 조사하여 표로 나타냈습니다. 표를 보고 그래프로 나타낼 때 그래프의 가로에 책의 종류를, 세로에 책의 수를 나타낸다면 세로에 적어도 몇 권까지 나타낼 수 있어야 할까요?

주희가 한 달 동안 읽은 종류별 책 수

| 종류 | 동화책 | 과학책 | 만화책 | 위인전 | 역사책 | 합계 |
|---|---|---|---|---|---|---|
| 책 수(권) | 8 | 7 | | 3 | 5 | 26 |

● 생각하기  (동화책 수)＋(과학책 수)＋(만화책 수)＋(위인전 수)＋(역사책 수)＝26권

● 해결하기  1단계 읽은 만화책 수 구하기

읽은 책이 모두 26권이므로 읽은 만화책은 26－8－7－3－5＝3(권)입니다.

2단계 가장 많이 읽은 책의 종류 알아보기

동화책 8권, 과학책 7권, 만화책 3권, 위인전 3권, 역사책 5권을 읽었으므로 동화책을 가장 많이 읽었습니다.

3단계 그래프의 세로에 적어도 몇 권까지 나타낼 수 있어야 하는지 구하기

책 수 중 8권이 가장 많으므로 세로에 적어도 8권까지 나타낼 수 있어야 합니다.

답 8권

---

**1-1** 승현이네 반 학생들이 하고 싶은 전통놀이를 조사하여 표로 나타냈습니다. 표를 보고 그래프로 나타낼 때 그래프의 가로에 학생 수를, 세로에 전통놀이의 종류를 나타낸다면 가로에 적어도 몇 명까지 나타낼 수 있어야 할까요?

하고 싶은 전통놀이별 학생 수

| 전통놀이 | 투호 | 제기차기 | 팽이치기 | 널뛰기 | 합계 |
|---|---|---|---|---|---|
| 학생 수(명) | 4 | 8 | 7 | | 31 |

(          )

# MATH TOPIC 2

심화유형 2

## 합계를 이용하여 그래프 완성하기

수정이네 모둠 학생 12명이 좋아하는 음료수를 조사하여 그래프로 나타냈습니다. 이온음료 칸을 채워 그래프를 완성해 보세요.

좋아하는 음료수별 학생 수

| 학생 수(명) / 음료수 | 탄산음료 | 주스 | 우유 | 식혜 | 이온음료 |
|---|---|---|---|---|---|
| 4 | △ | | | | |
| 3 | △ | | | △ | |
| 2 | △ | △ | | △ | |
| 1 | △ | △ | △ | △ | |

● 생각하기    조사한 학생 수는 12명입니다. ➡ (탄산음료)＋(주스)＋(우유)＋(식혜)＋(이온음료)＝12명

● 해결하기    **1단계** 그래프를 보고 탄산음료, 주스, 우유, 식혜를 좋아하는 학생 수 알아보기

좋아하는 음료별 △의 수를 세어 봅니다.

탄산음료: 4명, 주스: 2명, 우유: 1명, 식혜: 3명

**2단계** 이온음료를 좋아하는 학생 수 구하여 그래프 완성하기

(이온음료를 좋아하는 학생 수)＝12－4－2－1－3＝2(명)

따라서 이온음료 칸에 아래에서부터 △를 2개 그립니다.

---

**2-1**

오른쪽은 정빈이네 반 학생 21명이 태어난 계절을 조사하여 그래프로 나타냈습니다. 가을 칸을 채워 그래프를 완성해 보세요.

태어난 계절별 학생 수

| 학생 수(명) / 계절 | 봄 | 여름 | 가을 | 겨울 |
|---|---|---|---|---|
| 7 | ○ | | | |
| 6 | ○ | | | ○ |
| 5 | ○ | | | ○ |
| 4 | ○ | | | ○ |
| 3 | ○ | ○ | | ○ |
| 2 | ○ | ○ | | ○ |
| 1 | ○ | ○ | | ○ |

# 빈칸이 두 개 있는 표 완성하기

지수네 반 학생들이 사는 마을을 조사하여 표로 나타냈습니다. 무지개 마을에 사는 학생이 초록 마을에 사는 학생보다 6명 더 많을 때, 산들 마을에 사는 학생은 몇 명인지 구해 보세요.

마을별 학생 수

| 마을 | 초록 | 무지개 | 숲속 | 산들 | 합계 |
|------|------|--------|------|------|------|
| 학생 수(명) | 8 | | 7 | | 30 |

● 생각하기 (무지개 마을에 사는 학생 수)＝(초록 마을에 사는 학생 수)＋6명

● 해결하기 **1단계** 무지개 마을에 사는 학생 수 구하기

(무지개 마을에 사는 학생 수)＝8＋6＝14(명)

**2단계** 산들 마을에 사는 학생 수 구하기

(산들 마을에 사는 학생 수)＝30－8－14－7＝1(명)

**답** 1명

---

**3-1** 은정이네 반 학생들이 좋아하는 운동을 조사하여 표로 나타냈습니다. 야구를 좋아하는 학생이 수영을 좋아하는 학생보다 2명 더 많을 때, 스키를 좋아하는 학생은 몇 명인지 구해 보세요.

좋아하는 운동별 학생 수

| 운동 | 야구 | 축구 | 수영 | 스키 | 농구 | 합계 |
|------|------|------|------|------|------|------|
| 학생 수(명) | | 9 | 4 | | 5 | 28 |

(                    )

**3-2** 지훈이네 반 학생들이 가고 싶은 체험 학습 장소를 조사하여 표로 나타냈습니다. 영화관에 가고 싶은 학생이 놀이공원에 가고 싶은 학생보다 3명 적을 때, 농장에 가고 싶은 학생은 몇 명인지 구해 보세요.

가고 싶은 체험 학습 장소별 학생 수

| 장소 | 박물관 | 미술관 | 놀이공원 | 농장 | 영화관 | 합계 |
|------|--------|--------|----------|------|--------|------|
| 학생 수(명) | 7 | 3 | 11 | | | 34 |

(                    )

# 항목별 수가 가장 큰 것과 가장 작은 것의 차 구하기

윤지네 모둠 학생들의 필통 속에 들어 있는 학용품의 종류를 조사하여 그래프로
나타냈습니다. 가장 많은 학용품은 가장 적은 학용품보다 몇 개 더 많을까요?

학용품별 개수

| 학용품 수(개) \ 종류 | 연필 | 자 | 지우개 | 샤프 |
|---|---|---|---|---|
| 10 | ○ | | | |
| 8 | ○ | | | |
| 6 | ○ | ○ | ○ | |
| 4 | ○ | ○ | ○ | |
| 2 | ○ | ○ | ○ | ○ |

● 생각하기  세로 한 칸이 몇 개를 나타내는지 알아봅니다.

● 해결하기  **1단계** 가장 많은 학용품과 가장 적은 학용품 찾기

가장 많은 학용품은 그래프에서 ○의 수가 가장 많은 연필이고,

가장 적은 학용품은 그래프에서 ○의 수가 가장 적은 샤프입니다.

**2단계** 연필 수와 샤프 수의 차 구하기

학용품 수를 나타내는 세로의 수가 2, 4, 6, ...이므로 세로 한 칸은 2개를

나타냅니다. ➡ 연필: 10개, 샤프: 2개

따라서 연필은 샤프보다 10 − 2 = 8(개) 더 많습니다.

**다른 풀이** | 연필은 샤프보다 ○의 수가 4개 더 많습니다. 이 그래프에서
○ 한 개는 2개를 나타내므로 연필은 샤프보다 2×4 = 8(개) 더 많습니다.

**답** 8개

---

**4-1**  동현이네 반 학생들이 모은 구슬의 색깔을 조사하여 그래프로 나타냈습니다. 가장
많이 모은 색깔의 구슬은 가장 적게 모은 색깔의 구슬보다 몇 개 더 많을까요?

색깔별 구슬 수

| 색깔 \ 구슬 수(개) | 3 | 6 | 9 | 12 | 15 | 18 | 21 | 24 | 27 | 30 |
|---|---|---|---|---|---|---|---|---|---|---|
| 파랑 | △ | △ | △ | △ | △ | △ | △ | | | |
| 주황 | △ | △ | △ | △ | △ | △ | | | | |
| 초록 | △ | △ | △ | △ | △ | △ | △ | △ | △ | |
| 보라 | △ | △ | △ | △ | | | | | | |

(                )

# MATH TOPIC 5
심화유형

## 두 개의 표, 그래프 알아보기

1반과 2반 학생들이 함께 놀이공원에 갔습니다. 두 반 학생들이 놀이공원에서 타고 싶은 놀이기구를 조사하여 표로 나타냈습니다. 1반과 2반 학생들이 가장 타고 싶어 하는 놀이기구는 무엇일까요?

타고 싶은 놀이기구별 1반 학생 수

| 놀이기구 | 회전목마 | 탐험 보트 | 청룡열차 | 바이킹 | 범퍼카 | 합계 |
|---|---|---|---|---|---|---|
| 학생 수(명) | 4 | 7 | 5 | 2 | 4 | 22 |

타고 싶은 놀이기구별 2반 학생 수

| 놀이기구 | 회전목마 | 탐험 보트 | 청룡열차 | 바이킹 | 범퍼카 | 합계 |
|---|---|---|---|---|---|---|
| 학생 수(명) | 6 | 5 | 4 | 4 | 3 | 22 |

● 생각하기    타고 싶은 놀이기구별 두 반의 학생 수를 각각 더합니다.

● 해결하기    **1단계** 1반과 2반 학생들이 타고 싶은 놀이기구별 학생 수 알아보기

타고 싶은 놀이기구별 1반과 2반의 학생 수

| 놀이기구 | 회전목마 | 탐험 보트 | 청룡열차 | 바이킹 | 범퍼카 |
|---|---|---|---|---|---|
| 학생 수(명) | 4+6=10 | 7+5=12 | 5+4=9 | 2+4=6 | 4+3=7 |

**2단계** 가장 많은 학생들이 타고 싶어 하는 놀이기구 찾기

회전목마: 10명, 탐험 보트: 12명, 청룡열차: 9명, 바이킹: 6명, 범퍼카: 7명

따라서 1반과 2반 학생들이 가장 타고 싶어 하는 놀이기구는 탐험 보트입니다.
12명

**답** 탐험 보트

---

**5-1** 석우네 반 남학생과 여학생이 좋아하는 수업 시간을 조사하여 그래프로 나타냈습니다. 석우네 반 학생들이 가장 좋아하는 수업 시간은 무엇일까요?

좋아하는 수업 시간별 남학생 수

| 학생 수(명) / 수업 시간 | 국어 | 수학 | 통합 | 창·체 |
|---|---|---|---|---|
| 4 | | ○ | | |
| 3 | | ○ | ○ | ○ |
| 2 | ○ | ○ | ○ | |
| 1 | ○ | ○ | ○ | ○ |

좋아하는 수업 시간별 여학생 수

| 학생 수(명) / 수업 시간 | 국어 | 수학 | 통합 | 창·체 |
|---|---|---|---|---|
| 4 | | ○ | | |
| 3 | | ○ | ○ | ○ |
| 2 | | ○ | ○ | ○ |
| 1 | | ○ | ○ | ○ |

(　　　　　　　)

# 6 그래프를 활용한 교과통합유형

심화유형

수학+과학

우리 몸의 반 이상은 물로 이루어져 있습니다. 물은 체온을 조절해 주고 나쁜 성분을 내보내는 등 우리 몸에서 중요한 역할을 합니다. 건희가 일주일 동안 물을 한 컵 가득 따라 마신 횟수를 그래프로 나타냈습니다. 건희가 물을 마신 횟수가 수요일보다 많은 요일을 모두 써 보세요.

요일별 물을 마신 횟수

| 횟수(번) \ 요일 | 월 | 화 | 수 | 목 | 금 | 토 | 일 |
|---|---|---|---|---|---|---|---|
| 5 | | △ | | | | | |
| 4 | | △ | | | △ | | △ |
| 3 | △ | △ | △ | | △ | △ | △ |
| 2 | △ | △ | △ | △ | △ | △ | △ |
| 1 | △ | △ | △ | △ | △ | △ | △ |

● 생각하기   수요일에 물을 마신 횟수를 기준으로 하여 알아봅니다.

● 해결하기   **1단계** 수요일에 물을 마신 횟수 알아보기

수요일에 △가 **3**개이므로 수요일에는 물을 한 컵 가득 따라 **3**번 마셨습니다.

**2단계** 물을 마신 횟수가 수요일보다 많은 요일 찾기   3번을 기준으로 가로로 선을 긋고 3번보다 많이 마신 요일을 찾아봅니다.

물을 마신 횟수가 수요일보다 많은 요일은 화요일, [ ], [ ] 입니다.

답 화요일, [ ], [ ]

---

수학+사회

**6-1**

정보통신정책연구원에서 나이대별 하루 TV 시청 시간을 조사한 결과 10살까지의 어린이들이 20대보다 TV를 더 보는 것으로 나타났습니다. 오른쪽은 윤하네 모둠 학생들이 지난주에 TV를 본 시간을 그래프로 나타냈습니다. 지난주에 윤하보다 TV를 본 시간이 더 많은 사람은 몇 명일까요?

지난주 학생별 TV 시청 시간

| 이름 \ 시간(시간) | 1 | 2 | 3 | 4 | 5 | 6 | 7 |
|---|---|---|---|---|---|---|---|
| 윤하 | × | × | × | × | | | |
| 수지 | × | × | × | × | × | × | |
| 한수 | × | × | × | | | | |
| 주혁 | × | × | × | × | × | × | × |

(        )

**1** 가람이네 모둠 학생들이 동전 던지기를 하여 그림 면이 나오면 ○표, 숫자 면이 나오면 △표로 나타내고, 숫자 면이 나온 횟수를 세어 표로 나타냈습니다. 표를 보고 빈칸에 ○표, △표를 알맞게 써넣으세요.

동전 던지기를 한 결과

| 순서(째)<br>이름 | 1 | 2 | 3 | 4 | 5 |
|---|---|---|---|---|---|
| 가람 | △ | ○ | △ | △ | △ |
| 종현 | ○ | △ | ○ |  | ○ |
| 유진 |  | △ | △ | △ | ○ |
| 재원 |  |  |  |  |  |

학생별 숫자 면이 나온 횟수

| 이름 | 횟수(번) |
|---|---|
| 가람 | 4 |
| 종현 | 2 |
| 유진 | 3 |
| 재원 | 5 |

**2** 4명의 학생들이 농구대를 향해 공을 8번씩 던져서 넣는 경기를 했습니다. 왼쪽은 골대에 공을 넣지 못한 횟수를 표로 나타냈습니다. 골대에 공을 넣은 횟수를 ○를 사용하여 그래프로 나타내 보세요.

학생별 공을 넣지 못한 횟수

| 이름 | 준수 | 서안 | 오혁 | 라희 | 합계 |
|---|---|---|---|---|---|
| 횟수(번) | 5 | 2 | 4 | 3 | 14 |

학생별 공을 넣은 횟수

| 6 |  |  |  |  |
|---|---|---|---|---|
| 5 |  |  |  |  |
| 4 |  |  |  |  |
| 3 |  |  |  |  |
| 2 |  |  |  |  |
| 1 |  |  |  |  |
| 횟수(번)<br>이름 | 준수 | 서안 | 오혁 | 라희 |

[3~4] 한결이네 학교에서는 네 가지 악기 중 하나를 선택하여 배울 수 있습니다. I반과 2반 학생들이 배우고 싶은 악기를 조사하여 그래프로 나타냈습니다. 물음에 답하세요.

배우고 싶은 악기별 학생 수

| 학생 수(명) / 악기 | 피아노 | | 기타 | | 바이올린 | | 드럼 | |
|---|---|---|---|---|---|---|---|---|
| 7 | | | | ○ | | | △ | |
| 6 | | | △ | ○ | | | △ | |
| 5 | | | △ | ○ | △ | | △ | ○ |
| 4 | △ | ○ | △ | ○ | △ | | △ | ○ |
| 3 | △ | ○ | △ | ○ | △ | ○ | △ | ○ |
| 2 | △ | ○ | △ | ○ | △ | ○ | △ | ○ |
| I | △ | ○ | △ | ○ | △ | ○ | △ | ○ |

△: I반
○: 2반

**3** 2반 학생들이 가장 배우고 싶어 하는 악기부터 차례로 써 보세요.

( )

서술형 **4** I반과 2반 학생들은 각각 몇 명인지 풀이 과정을 쓰고 답을 구해 보세요.

풀이 .............................................................................................................

.............................................................................................................

.............................................................................................................

.............................................................................................................

답 I반 ...........................................

2반 ...........................................

**5** 려원이네 반 학생들이 태어난 월을 조사하여 나타낸 표를 보고, 태어난 계절에 따라 분류하여 그래프로 나타내려고 합니다. 3월부터 5월까지를 봄, 6월부터 8월까지를 여름, 9월부터 11월까지를 가을, 12월부터 2월까지를 겨울로 생각하고 ○를 사용하여 그래프로 나타내 보세요.

태어난 월별 학생 수

| 월 | 1월 | 2월 | 3월 | 4월 | 5월 | 6월 | 7월 | 8월 | 9월 | 10월 | 11월 | 12월 | 합계 |
|---|---|---|---|---|---|---|---|---|---|---|---|---|---|
| 학생 수(명) | 3 | 0 | 1 | 4 | 3 | 2 | 0 | 2 | 2 | 4 | 1 | 3 | 25 |

태어난 계절별 학생 수

| 겨울 | | | | | | | | |
|---|---|---|---|---|---|---|---|---|
| 가을 | | | | | | | | |
| 여름 | | | | | | | | |
| 봄 | | | | | | | | |
| 계절 \ 학생 수(명) | 1 | 2 | 3 | 4 | 5 | 6 | 7 | 8 |

**6** 유리네 반에서 작년 11월부터 올해 2월까지 감기에 걸린 학생을 조사하여 그래프로 나타냈습니다. 작년 11월부터 올해 2월까지 가장 많은 학생이 감기에 걸린 달은 몇 월일까요?

월별 감기에 걸린 학생 수

| 5 | | | △ | | | | | |
|---|---|---|---|---|---|---|---|---|
| 4 | ○ | | | △ | ○ | △ | | |
| 3 | ○ | △ | | △ | ○ | △ | ○ | △ |
| 2 | ○ | △ | ○ | △ | ○ | △ | ○ | △ |
| 1 | ○ | △ | ○ | △ | ○ | △ | ○ | △ |
| 학생 수(명) \ 월 | 11월 | | 12월 | | 1월 | | 2월 | |

○: 남학생
△: 여학생

(          )

**7** 은규네 반 학생들이 좋아하는 과일을 조사하여 표와 그래프로 나타냈습니다. 표와 그래프를 완성해 보세요.

좋아하는 과일별 학생 수

| 과일 | 학생 수(명) |
| --- | --- |
| 사과 | 6 |
| 배 | |
| 복숭아 | |
| 포도 | 10 |
| 합계 | 30 |

좋아하는 과일별 학생 수

| 학생 수(명) / 과일 | 사과 | 배 | 복숭아 | 포도 |
| --- | --- | --- | --- | --- |
| 10 | | | ○ | |
| 8 | | | ○ | |
| 6 | | | ○ | |
| 4 | | | ○ | |
| 2 | | | ○ | |

**8** 왼쪽은 세윤이네 학교 2학년 학생들이 소풍 가고 싶은 장소를 조사하여 표로 나타냈고, 오른쪽은 그중 동물원에 가고 싶은 학생들이 보고 싶은 동물을 조사하여 그래프로 나타냈습니다. 오른쪽 그래프의 찢어진 부분에는 ○가 몇 개 있어야 할까요?

소풍 가고 싶은 장소별 학생 수

| 장소 | 학생 수(명) |
| --- | --- |
| 박물관 | 25 |
| 민속촌 | 19 |
| 동물원 | 27 |
| 수목원 | 17 |
| 합계 | 88 |

보고 싶은 동물별 학생 수

| 동물 / 학생 수(명) | 1 | 2 | 3 | 4 | 5 | 6 | 7 | 8 |
| --- | --- | --- | --- | --- | --- | --- | --- | --- |
| 코끼리 | | | | | | | | |
| 호랑이 | ○ | ○ | ○ | | | | | |
| 기린 | ○ | ○ | ○ | ○ | ○ | ○ | | |
| 거북 | ○ | ○ | ○ | | | | | |
| 판다 | ○ | ○ | ○ | ○ | ○ | ○ | ○ | ○ |

(        )

수학+과학

**STEAM형 9**

수술 중 피가 부족한 환자에게는 건강한 사람의 피를 주는데, 이를 수혈이라고 합니다. 다음은 오늘 헌혈 센터에 온 사람들의 혈액형을 조사하여 그래프로 나타낸 것입니다. 이 사람들 중 B형 환자에게 수혈해 줄 수 있는 사람은 몇 명일까요?

**수혈하는 방법**

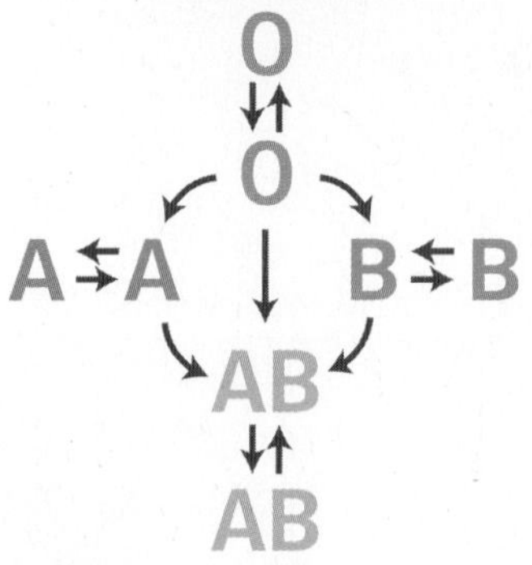

O
↓↑
O
A⇆A   ↓   B⇆B
AB
↓↑
AB

- 같은 혈액형끼리 수혈할 수 있습니다.
- O형 혈액은 A형, B형, AB형 환자에게도 수혈할 수 있습니다.
- AB형 환자는 A형, B형, O형 혈액도 수혈받을 수 있습니다.

**혈액형별 사람 수**

| 사람 수(명) \ 혈액형 | A형 | B형 | O형 | AB형 |
|---|---|---|---|---|
| 6 | ○ | | | ○ |
| 5 | ○ | ○ | | ○ |
| 4 | ○ | ○ | | ○ |
| 3 | ○ | ○ | ○ | ○ |
| 2 | ○ | ○ | ○ | ○ |
| 1 | ○ | ○ | ○ | ○ |

(                    )

**10**

윤호네 반 학생들의 성씨를 조사하여 표로 나타냈습니다. 최씨가 정씨보다 1명 더 많을 때 정씨인 학생은 몇 명일까요?

**성씨별 학생 수**

| 성씨 | 강씨 | 김씨 | 박씨 | 송씨 | 이씨 | 정씨 | 최씨 | 합계 |
|---|---|---|---|---|---|---|---|---|
| 학생 수(명) | 3 | 6 | 5 | 1 | 7 | | | 29 |

(                    )

**1**  현서네 반 학생들이 손을 들어 좋아하는 계절을 조사하여 표로 나타냈습니다. 조사할 때 각자 좋아하는 계절을 두·가지씩 골라 손을 두 번씩 들었다면 현서네 반 학생은 모두 몇 명일까요?

좋아하는 계절별 학생 수

| 계절 | 봄 | 여름 | 가을 | 겨울 |
|------|-----|------|------|------|
| 학생 수(명) | 9 | 13 | 10 | 8 |

( )

**2**  지호네 학교 학생들이 가 보고 싶은 나라를 조사하여 그래프로 나타냈습니다. 영국에 가 보고 싶은 학생이 15명일 때 가장 많은 학생들이 가 보고 싶은 나라는 어디이고, 몇 명이 가 보고 싶어 하는지 차례로 써 보세요.

가 보고 싶은 나라별 학생 수

| 학생 수(명)＼나라 | 영국 | 프랑스 | 일본 | 호주 | 스페인 |
|------|-----|------|------|------|------|
| | | | △ | | |
| | | | △ | △ | |
| | | △ | △ | △ | △ |
| 15 | △ | △ | △ | △ | △ |
| | △ | △ | △ | △ | △ |
| | △ | △ | △ | △ | △ |

( , )

# 연필 없이 생각 톡

색종이를 접어서 오린 다음 다시 펼치면 어떤 모양이 될까요?

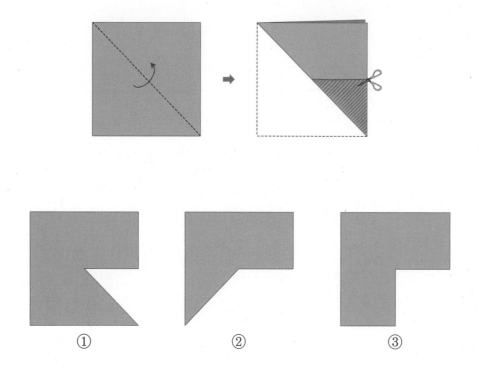

# 규칙 찾기

**대표심화유형**

1 같은 규칙으로 늘어놓기

2 모양이 있는 수의 배열 알아보기

3 개수가 늘어나는 수의 배열 알아보기

4 쌓기나무를 쌓은 규칙 찾기

5 곱셈표에서 특별한 규칙 찾기

6 규칙 찾기를 활용한 교과통합유형

# 내 주변에서 규칙 찾기

## 반복되는 무늬, 쪽매맞춤

화장실 바닥이나 벽에 붙어 있는 타일을 자세히 본 적 있나요? 아마 같은 모양의 타일 여러 개가 빈틈없이 반복될 거예요. 인도에 깔린 보도블록도 마찬가지입니다. 같은 모양의 블록들이 마치 퍼즐처럼 끼워져서 무늬를 만들고 있어요. 이렇게 포개지지 않게 빈틈없이 도형으로 덮는 것을 '쪽매맞춤' 또는 '테셀레이션'이라고 불러요.

쪽매맞춤은 동서양을 막론하고 다양한 장식에 쓰였어요. 서양의 오래된 건물 벽면이나 지붕, 우리나라의 전통 창살에서도 반복되는 무늬를 쉽게 찾을 수 있습니다. 특히 네덜란드의 화가에서는 다양한 쪽매맞춤 작품으로 유명해요. 그는 도형뿐만 아니라 도마뱀, 새, 나비, 물고기 등의 모양이 빈틈없이 채워진 아름다운 작품들을 남겼어요. 모양이 꼬리에 꼬리를 물듯이 반복되어 신비로운 무늬를 만들어냅니다.

## 달력 속 7일의 규칙

달력에는 1부터 그 월 마지막 날짜가 차례로 쓰여 있습니다. 알다시피 일주일은 월, 화, 수, 목, 금, 토, 일요일로 모두 7일입니다.

그래서 달력에서 같은 요일은 7일마다 반복되지요.

| 일 | 월 | 화 | 수 | 목 | 금 | 토 |
|---|---|---|---|---|---|---|
|  |  |  |  |  |  | 1 |
| 2 | 3 | 4 | 5 | 6 | 7 | 8 |
| 9 | 10 | 11 | 12 | 13 | 14 | 15 |
| 16 | 17 | 18 | 19 | 20 | 21 | 22 |
| 23 | 24 | 25 | 26 | 27 | 28 | 29 |
| 30 |  |  |  |  |  |  |

예를 들어 1일이 토요일이라면 7일 뒤인 1+7=8(일)도 토요일이고, 8+7=15(일), 15+7=22(일), 22+7=29(일)도 토요일이에요. 7일마다 같은 요일이 돌아오기 때문에 오늘 날짜가 홀수라면 일주일 뒤는 짝수가 되고, 오늘 날짜가 짝수라면 일주일 뒤는 홀수가 되는 규칙도 있어요. 달력을 한번 자세히 살펴보세요. 이 밖에도 여러 가지 규칙을 찾을 수 있답니다.

## 가로로 세로로, 좌석의 규칙

영화관 의자 번호에도 규칙이 숨어 있어요. 예를 들어, '가열 03번'은 맨 앞줄의 왼쪽부터 셋째 자리이고, '다열 10번'은 앞에서부터 셋째 줄의 왼쪽부터 10째 자리예요.

즉 앞줄부터 뒷줄까지 한글을 가, 나, 다, …순으로 매기고, 왼쪽부터 오른쪽까지 숫자를 1, 2, 3, …순으로 매기는 규칙이에요. 그래서 의자 번호를 보면 앞에서부터 몇째 줄인지와 왼쪽에서부터 몇째 자리인지를 동시에 알 수 있습니다.

아파트의 호 수에도 두 가지 정보가 들어 있어요. 예를 들어 503호는 5층의 한쪽 끝에서부터 셋째에 있는 집입니다. 백의 자리 숫자는 층을 나타내고, 십의 자리와 일의 자리 숫자는 위치를 나타내기 때문입니다.

# 1 무늬에서 규칙 찾기

## ❶ 무늬에서 여러 가지 규칙 찾기

• 반복되는 규칙

예 벽지 무늬에서 규칙 찾기

모양 → 방향으로 ● ★ ◆ 모양이 반복됩니다.

╱ 방향으로 똑같은 모양이 놓입니다.

색깔 → 방향으로 초록색과 보라색이 번갈아 놓입니다.

↓ 방향으로 같은 색깔이 놓입니다.

• 늘어나는 규칙

예 구슬을 꿰는 규칙 찾기

색깔 노란색 구슬과 파란색 구슬이 반복됩니다.

수 구슬의 수가 색깔이 반복될 때마다 하나씩 늘어납니다. → 노란색 구슬 1개, 파란색 구슬 2개, 노란색 구슬 3개, ...

• 돌리는 규칙

예 타일 무늬에서 규칙 찾기

 ◪ 모양을 시계 방향으로 돌려가면서 이어 붙인 것입니다.

## ⚡ 실전 개념

### ❶ 같은 규칙에 따라 늘어놓기

• 포장지 무늬를 여러 가지 기호로 나타내기

└→ 숫자나 문자 등

▲ ■ ★ ▲ ■ ★
■ ★ ▲ ■ ★ ▲
★ ▲ ■ ★ ▲ ■

→

1 2 3 1 2 3
2 3 1 2 3 1
3 1 2 3 1 2

→

A B C A B C
B C A B C A
C A B C A B

규칙이 있는 무늬   │   같은 규칙에 따라 숫자로 바꾸어 나타내기   │   같은 규칙에 따라 알파벳으로 바꾸어 나타내기

### ❷ 수 배열의 여러 가지 규칙

• 규칙을 정하여 빈칸에 들어갈 수 구하기

| 1 | 2 | 3 | ☐ | ☐ | ☐ |   규칙에 따라 다른 수가 올 수 있습니다.

① 1씩 커지는 규칙 ➡ 1, 2, 3, 4, 5, 6

② 1, 2, 3이 반복되는 규칙 ➡ 1, 2, 3, 1, 2, 3

③ 앞의 두 수를 더해서 다음에 쓰는 규칙 ➡ 1, 2, 3, 5, 8, 13

┌• 2+3=5
└──• 5+8=13

1+2=3   3+5=8

**1** 규칙에 따라 무늬를 꾸미고 있습니다. 빈칸에 알맞은 모양을 그려 넣으세요.

**2** 규칙에 따라 마지막 모양에 알맞게 색칠하여 무늬를 만들어 보세요.

**3** ①, ②, ③이 적힌 도장을 규칙적으로 찍고 있습니다. 규칙을 찾아 ◯ 안에 알맞은 숫자를 써넣으세요.

**4** 규칙에 따라 바둑돌을 늘어놓았습니다. 빈칸에 알맞게 바둑돌을 그려 넣으세요.

**5** 보기 와 같은 규칙에 따라 빈칸에 알맞게 써넣으세요.

보기

☆ ☽ ☽ ☀ ☆ ☽ ☽ ☀

(1) 3 ☐ | 2 ☐ ☐ | ☐

(2) ㄷ ㄱ ☐ ㄴ ㄷ ☐ ☐ ☐

**6** 규칙을 찾아 마지막 모양에 알맞게 색칠해 보세요.

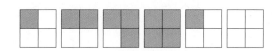

# 2 덧셈표, 곱셈표에서 규칙 찾기

## ❶ 덧셈표에서 규칙 찾기

| + | 4 | 5 | 6 | 7 | 8 |
|---|---|---|---|---|---|
| 4 | 8 | 9 | 10 | 11 | 12 |
| 5 | 9 | 10 | 11 | 12 | 13 |
| 6 | 10 | 11 | 12 | 13 | 14 |
| 7 | 11 | 12 | 13 | 14 | 15 |
| 8 | 12 | 13 | 14 | 15 | 16 |

① 오른쪽으로 갈수록 1씩 커집니다.

② 아래쪽으로 내려갈수록 1씩 커집니다.

③ ╱ 방향으로 같은 수들이 있습니다.

    ⑩ 11-11-11-11    ⑩ 12-12-12-12-12

④ 점선을 따라 접으면 만나는 수들은 서로 같습니다.

    ⑩ 5+7=12    7+5=12 <sub></sub> 두 수의 순서를 바꾸어 더해도 합은 같기 때문입니다.

## ❷ 곱셈표에서 규칙 찾기

| × | 3 | 4 | 5 | 6 | 7 |
|---|---|---|---|---|---|
| 3 | 9 | 12 | 15 | 18 | 21 |
| 4 | 12 | 16 | 20 | 24 | 28 |
| 5 | 15 | 20 | 25 | 30 | 35 |
| 6 | 18 | 24 | 30 | 36 | 42 |
| 7 | 21 | 28 | 35 | 42 | 49 |

① 오른쪽으로 갈수록 각 단의 수만큼 커집니다.

    ⑩ 4단: 12-16-20-24-28

② 아래쪽으로 내려갈수록 각 단의 수만큼 커집니다.

    ⑩ 3단: 9-12-15-18-21

③ 점선을 따라 접으면 만나는 수들은 서로 같습니다.

    ⑩ 4×5=20    5×4=20 두 수의 순서를 바꾸어 곱해도 곱은 같기 때문입니다.

④ 짝수 단 곱셈구구에 있는 수는 모두 짝수입니다.

홀수 단 곱셈구구에 있는 수는 홀수와 짝수가 반복됩니다.
  • (짝수)×(짝수)=(짝수)  • (홀수)×(홀수)=(홀수)  • (짝수)×(홀수)=(짝수)

---

**사고력 개념**

## ❶ 파스칼의 삼각형 → 자연수를 삼각형 모양으로 배열한 것

• **파스칼의 삼각형 만드는 방법**

양쪽 끝에 모두 1을 쓰고, 왼쪽과 오른쪽에 있는 두 수의 합을 아랫줄에 써 내려갑니다.

• **파스칼의 삼각형에서 규칙 찾기**

➡ 파란색 화살표 위의 수들은 모두 1입니다.

➡ 초록색 화살표 위의 수들은 1씩 커집니다.

➡ 빨간색 화살표 위의 수들은 2, 3, 4, 5, ... 커집니다.

## ❷ 곱셈표에서 합 규칙 찾기

| × | 2 | 3 | 4 |
|---|---|---|---|
| 2 | 4 | 6 | 8 |
| 3 | 6 | 9 | 12 |
| 4 | 8 | 12 | 16 |

•  에서 같은 색깔로 표시된 두 수의 합은 ★+★과 같습니다.
                                                  ★의 2배

$$\underset{3×2}{6} + \underset{3×4}{12} = \underset{3×3}{9} + \underset{3×3}{9} = 18$$
$$\underset{3×6}{\phantom{6+12}}\qquad\underset{3×6}{\phantom{9+9}}$$

# BASIC TEST

**1** 덧셈표의 빈칸에 알맞은 수를 써넣고, 화살표 위에 있는 수들의 규칙을 써 보세요.

| + | 3 | 6 | 9 | 12 |
|---|---|---|---|---|
| 3 | 6 | 9 | 12 | |
| 6 | | 12 | 15 | 18 |
| 9 | 12 | | 18 | |
| 12 | 15 | | 21 | 24 |

....................................................

....................................................

[2~3] 곱셈표를 보고 물음에 답하세요.

| × | 4 | 5 | 6 | 7 | 8 |
|---|---|---|---|---|---|
| 4 | 16 | 20 | 24 | 28 | 32 |
| 5 | 20 | 25 | 30 | 35 | 40 |
| 6 | 24 | 30 | 36 | 42 | 48 |
| 7 | 28 | 35 | 42 | 49 | 56 |
| 8 | 32 | 40 | 48 | 56 | 64 |

**2** 화살표 위에 있는 수들과 같은 규칙이 있는 수들을 찾아 빗금을 쳐 보세요.

**3** 빗금 친 수들의 규칙을 써 보세요.

....................................................

....................................................

[4~5] 곱셈표를 보고 물음에 답하세요.

| × | 3 | 5 | 7 | 9 |
|---|---|---|---|---|
| 3 | | | | |
| 5 | | | | |
| 7 | ★ | | | |
| 9 | | | | |

**4** ★과 같은 수가 들어가는 칸에 ○표 하세요.

**5** 점선 위에 들어갈 수들의 규칙을 써 보세요.

....................................................

....................................................

**6** 같은 색깔로 표시된 부분에 들어갈 두 수의 합이 각각 50일 때 ★에 들어갈 수를 구해 보세요. (단, ㉡은 ㉠보다 1만큼 더 크고 ㉢은 ㉡보다 1만큼 더 큽니다.)

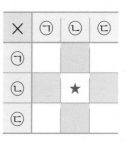

(                              )

# 3 쌓은 모양에서 규칙 찾기, 생활에서 규칙 찾기

**❶ 쌓은 모양에서 규칙 찾기**

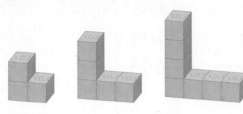

쌓기나무를 ㄴ자 모양으로 쌓았습니다.

쌓기나무가 1층씩 늘어납니다.

쌓기나무의 수가 2개씩 늘어납니다.

**❷ 생활에서 규칙 찾기**

• 의자 번호에서 규칙 찾기

|  | 1 | 2 | 3 | 4 | 5 | 6 |  |
|---|---|---|---|---|---|---|---|
| 가 → | 가1 | 가2 | 가3 | 가4 | 가5 | 가6 | 앞 |
| 나 → | 나1 | 나2 | 나3 | 나4 | 나5 | 나6 |  |
| 다 → | 다1 | 다2 | 다3 | 다4 | 다5 | 다6 |  |
| 라 → | 라1 | 라2 | 라3 | 라4 | 라5 | 라6 | 뒤 |

왼쪽 ←——————→ 오른쪽

앞줄부터 한글이 가, 나, 다, ... 순서로 적혀 있습니다.

왼쪽부터 숫자가 1, 2, 3, ... 순서로 적혀 있습니다.

• 달력에서 규칙 찾기

| 일 | 월 | 화 | 수 | 목 | 금 | 토 |
|---|---|---|---|---|---|---|
|  |  |  | 1 | 2 | 3 | 4 |
| 5 | 6 | 7 | 8 | 9 | 10 | 11 |
| 12 | 13 | 14 | 15 | 16 | 17 | 18 |
| 19 | 20 | 21 | 22 | 23 | 24 | 25 |
| 26 | 27 | 28 | 29 | 30 |  |  |

┌─ 일주일이 7일이기 때문입니다.

같은 요일은 7일마다 반복됩니다.

수가 오른쪽으로 갈수록 1씩 커집니다.

수가 ╱ 방향으로 6씩 커집니다.

수가 ╲ 방향으로 8씩 커집니다.

---

**사고력 개념**

**❶ 달력에서 합이 같은 두 쌍의 수 찾기**

달력에서 사각형 모양으로 놓인 4개의 수 중 ✕로 만나는 두 수의 합은 서로 같습니다.

예

| 7 | 8 |
|---|---|
| 14 | 15 |

➡ 7 + 15 = 8 + 14

8은 7보다 1만큼 더 크고, 14는 15보다 1만큼 더 작기 때문입니다.

**연결 개념**

**❶ 규칙을 찾아 수와 식으로 나타내기**

예 바둑돌이 늘어나는 규칙

| 순서 | 첫째 | 둘째 | 셋째 | 넷째 |
|---|---|---|---|---|
| 수 | 1 | 3 | 6 | 10 |
| 식 | 1 | 1+2 | 1+2+3 | 1+2+3+4 |

**1** 규칙에 따라 쌓기나무를 쌓고 있습니다. 다음에 올 모양에는 쌓은 쌓기나무가 몇 개일까요?

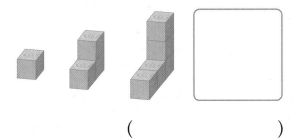

( )

**2** 그림과 같이 쌓기나무를 쌓고 있습니다. 쌓은 모양에서 규칙을 찾아 써 보세요.

...................................................

...................................................

**3** 규칙에 따라 사물함에 기호와 번호를 붙였습니다. ★ 모양으로 표시한 칸의 기호와 번호를 써 보세요.

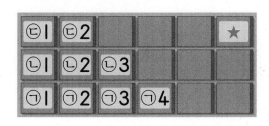

( )

**4** 어느 해 4월의 달력입니다. 화살표 위에 있는 날짜에는 어떤 규칙이 있는지 써 보세요.

4월

| 일 | 월 | 화 | 수 | 목 | 금 | 토 |
|---|---|---|---|---|---|---|
| | | | 1 | 2 | 3 | 4 |
| 5 | 6 | 7 | 8 | 9 | 10 | 11 |
| 12 | 13 | 14 | 15 | 16 | 17 | 18 |
| 19 | 20 | 21 | 22 | 23 | 24 | 25 |
| 26 | 27 | 28 | 29 | 30 | | |

...................................................

...................................................

**5** 신호등의 불빛이 다음과 같은 규칙에 따라 차례로 바뀝니다. 마지막 신호등의 빈 칸에 알맞은 색깔을 칠해 보세요.

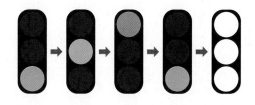

**6** 컴퓨터 숫자 자판에 있는 수들에는 어떤 규칙이 있는지 써 보세요.

...................................................

...................................................

## 같은 규칙으로 늘어놓기

보기 와 같은 규칙에 따라 다음 모양을 늘어놓으려고 합니다. 빈칸에 알맞은 모양을 모두 그려 넣으세요.

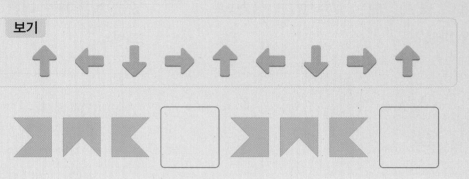

● 생각하기    보기 의 규칙을 찾아 아래의 모양을 움직여 봅니다.

● 해결하기    1단계 보기 의 규칙 찾기

⬆ 모양이 시계 반대 방향으로 돌아가는 규칙입니다.

2단계 빈칸에 알맞은 모양 그리기

▶ 모양이 시계 반대 방향으로 돌아가도록 그리면 빈칸에 알맞은 모양은  입니다.

답 ◣, ◥

**1-1** 보기 와 같은 규칙에 따라 다음 모양을 늘어놓으려고 합니다. 빈칸에 알맞은 모양을 모두 그려 넣으세요.

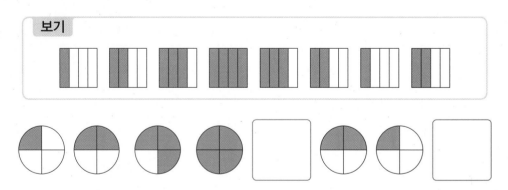

## MATH TOPIC
### 심화유형 2

# 모양이 있는 수의 배열 알아보기

오른쪽 그림을 보고 규칙을 찾아 빈칸에 알맞은 수를 써넣으세요.

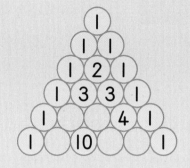

● 생각하기   윗줄과 아랫줄의 수 배열을 보고 규칙을 찾아봅니다.

● 해결하기   **1단계** 각 줄 사이의 규칙 찾기

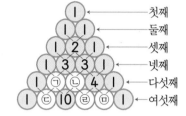

- 둘째 줄의 1과 1의 합을 셋째 줄에 씁니다.
- 셋째 줄의 1과 2의 합을 넷째 줄에 씁니다.
- 넷째 줄의 3과 1의 합을 다섯째 줄에 씁니다.
➡ 위의 두 수를 더하여 아래에 써넣는 규칙입니다.

**2단계** 빈칸에 알맞은 수 구하기

규칙에 따라 빈칸의 바로 위에 있는 두 수를 더해 빈칸에 씁니다.

㉠ $1+3=4$, ㉡ $3+3=6$, ㉢ $1+4=5$, ㉣ $6+4=10$, ㉤ $4+1=5$

답

---

### 2-1

오른쪽 그림을 보고 규칙을 찾아 빈칸에 알맞은 수를 써넣으세요.

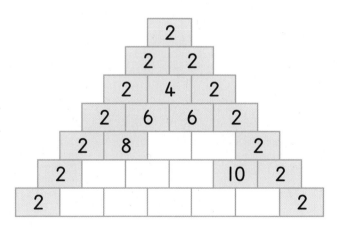

# MATH TOPIC 3

심화유형

## 개수가 늘어나는 수의 배열 알아보기

규칙에 따라 수를 늘어놓은 것입니다. 16째에 놓이는 수를 구해 보세요.

$$1, 1, 2, 1, 2, 3, 1, 2, 3, 4, \ldots$$

● 생각하기  수가 반복되거나 늘어나는 규칙을 찾아봅니다.

● 해결하기  **1단계** 늘어놓은 수의 규칙 찾기

똑같은 수 1을 기준으로 늘어놓은 수를 구분해 봅니다.

➡ 1, / 1, 2, / 1, 2, 3, / 1, 2, 3, 4, / ...
　　1개　　2개　　　3개　　　　4개

즉 수가 1부터 순서대로 1개씩 더 늘어나는 규칙입니다.

**2단계** 규칙에 따라 16째 수 구하기

➡ 1, / 1, 2, / 1, 2, 3, / 1, 2, 3, 4, / 1, 2, 3, 4, 5, / 1, 2, 3, 4, 5, 6, / ...
　①　②③　④⑤⑥　⑦⑧⑨⑩　⑪⑫⑬⑭⑮　⑯

규칙에 따라 다음에 올 수들을 이어서 써 보면 16째에 놓이는 수는 1입니다.

답 1

---

**3-1**  규칙에 따라 수를 늘어놓은 것입니다. 17째에 놓이는 수를 구해 보세요.

$$1, 1, 3, 1, 3, 5, 1, 3, 5, 7, \ldots$$

(　　　　　　　　　)

---

**3-2**  규칙에 따라 수를 늘어놓은 것입니다. 20째에 놓이는 수를 구해 보세요.

$$2, 2, 4, 2, 4, 6, 2, 4, 6, 8, \ldots$$

(　　　　　　　　　)

# MATH TOPIC 4

심화유형

## 쌓기나무를 쌓은 규칙 찾기

규칙에 따라 쌓기나무를 쌓고 있습니다. 쌓기나무 21개를 쌓아 만든 모양은 몇 층이 될까요? (단, 뒤에 가려져 보이지 않는 쌓기나무는 없습니다.)

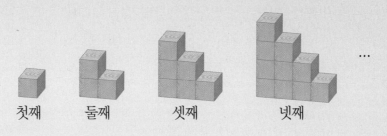

첫째    둘째    셋째    넷째    ...

● 생각하기   층수와 개수가 늘어나는 규칙을 각각 알아봅니다.

● 해결하기   **1단계** 쌓기나무가 늘어나는 규칙 알아보기

- 층수: 1층, 2층, 3층, 4층, ...으로 늘어납니다.

- 개수: 1개, 3개, 6개, 10개, ...로 늘어납니다.
  $\underset{+2}{\frown}\ \underset{+3}{\frown}\ \underset{+4}{\frown}$  ← 늘어나는 수가 1씩 커집니다.

➡ 한 층 늘어날 때마다 쌓기나무가 2개, 3개, 4개, ... 늘어납니다.

**2단계** 쌓기나무 21개를 쌓아 만든 모양은 몇 층인지 구하기

①    ②    ③    ④    ⑤    ⑥
1개, 3개, 6개, 10개, 15개, 21개
  $+2\ \ +3\ \ +4\ \ +5\ \ +6$

따라서 쌓기나무 21개를 쌓아 만든 모양은 6층이 됩니다.

답 6층

---

**4-1**

규칙에 따라 쌓기나무를 쌓고 있습니다. 쌓기나무 36개를 쌓아 만든 모양은 몇째에 놓일까요? (단, 뒤에 가려져 보이지 않는 쌓기나무는 없습니다.)

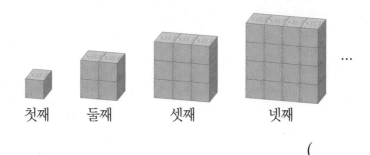

첫째    둘째    셋째    넷째    ...

(                    )

# 곱셈표에서 특별한 규칙 찾기

오른쪽 곱셈표에서 파란색 선 안에 있는 수들의 합은 ■를 세 번 곱한 것과 같고, 주황색 선 안에 있는 수들의 합은 ▲를 세 번 곱한 것과 같습니다. 보라색 선 안에 있는 수들의 합은 ★을 세 번 곱한 수일 때 ■, ▲, ★을 각각 구해 보세요.

| × | 1 | 2 | 3 | 4 | 5 |
|---|---|---|---|---|---|
| 1 | 1 | 2 | 3 | | |
| 2 | 2 | 4 | 6 | | |
| 3 | 3 | 6 | 9 | | |
| 4 | | | | | |
| 5 | | | | | |

● 생각하기    ⌐ 모양 안에 있는 수들의 합이 몇을 세 번 곱한 수와 같은지 알아봅니다.

● 해결하기    **1단계** ■, ▲를 구하고 규칙 찾기

⌐ 안에 있는 수들의 합은 $2+4+2=8$입니다. $8=2\times2\times2$이므로 ■는 2입니다. ⌐ 안에 있는 수들의 합은 $3+6+9+6+3=27$입니다. $27=3\times3\times3$이므로 ▲는 3입니다.

즉 ⌐ 모양 안에 있는 수들의 합은 ⌐ 모양 안에 있는 수 중 가장 작은 수를 세 번 곱한 것과 같습니다.

**2단계** 규칙에 따라 ★을 구하기

⌐ 안에 있는 수 중 가장 작은 수는 5입니다. 따라서 규칙에 따라 ⌐ 안에 있는 수들의 합은 5를 세 번 곱한 것과 같습니다. ➡ ★=5

답 ■: 2, ▲: 3, ★: 5

5-1   위와 같은 규칙에 따라, 오른쪽 곱셈표에서 파란색 선 안에 있는 수들의 합은 ■를 세 번 곱한 것과 같습니다. ■를 구해 보세요.

| × | ㉠ | ㉡ | ㉢ | ㉣ | ㉤ | ㉥ |
|---|---|---|---|---|---|---|
| ㉠ | 1 | | | | | |
| ㉡ | 2 | | | | | |
| ㉢ | 3 | 6 | 9 | 12 | 15 | 18 |
| ㉣ | 4 | | | | | |
| ㉤ | 5 | | | | | |
| ㉥ | | | | | | |

(                    )

# 규칙 찾기를 활용한 교과통합유형

수학+사회

빌라나 아파트에는 주소를 '몇 동 몇 호'로 붙입니다. 보통 한 건물마다 동 수가 달리 정해져 있으며, 호 수는 층과 위치에 따라 정해집니다. 다음은 어떤 아파트 한 동의 호 수를 나타낸 것입니다. 이 아파트에서 ★ 모양으로 표시한 집은 몇 호인지 써 보세요.

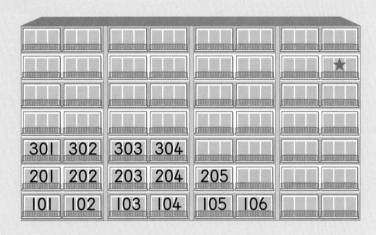

● 생각하기    각 자리의 숫자가 층과 위치에 따라 어떻게 변하는지 알아봅니다.

● 해결하기    **1단계** 아파트 호 수의 규칙 알아보기

- **1**층의 호 수는 백의 자리 숫자가 **1**이고, **2**층의 호 수는 백의 자리 숫자가 **2**입니다.
 ➡ 호 수의 백의 자리 숫자는 층수를 나타냅니다.
- 호 수의 일의 자리 숫자는 왼쪽부터 **1, 2, 3, ...** 순서로 적혀 있습니다.
 ➡ 호 수의 일의 자리 숫자는 왼쪽에서부터 센 순서를 나타냅니다.

**2단계** ★ 모양으로 표시한 집이 몇 호인지 알아보기

★ 모양으로 표시한 집은 **6**층에 있고, 왼쪽부터 여덟째에 있습니다.

따라서 이 집의 호 수는 [     ] 호입니다.

답 [     ] 호

---

수학+사회

**6-1**

오른쪽은 어떤 비행기의 좌석 번호를 나타낸 것입니다. 민호의 좌석이 **12D**일 때, 민호보다 두 줄 뒤에 앉은 사람의 좌석 번호를 써 보세요.

(       )

**1** 규칙에 따라 자두를 접시에 놓으려고 합니다. 마지막 접시에는 자두를 어느 곳에 놓아야 하는지 기호를 찾아 써 보세요.

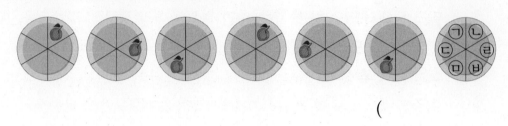

(                    )

**2** 덧셈표의 화살표 위에 있는 수들과 같은 규칙으로 수를 뛰어 세려고 합니다. ☐ 안에 알맞은 수를 써넣으세요.

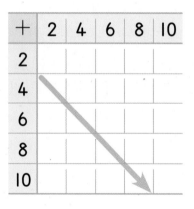

| + | 2 | 4 | 6 | 8 | 10 |
|---|---|---|---|---|----|
| 2 | | | | | |
| 4 | | | | | |
| 6 | | | | | |
| 8 | | | | | |
| 10 | | | | | |

43 — ☐ — ☐ — ☐ — ☐

수학+미술

STE
AM형 3
■●▲

바닥에 깔려 있는 보도블록이나 타일처럼 포개지지 않게 빈틈없이 도형으로 덮는 것을 쪽매맞춤이라고 합니다. 네 덜란드의 화가 에셔는 도형뿐만 아니라 도마뱀, 새, 나비 등 다양한 모양이 빈틈없이 채워진 작품들을 남겼습니다. 다음은 다슬이가 모눈종이 위에 그린 그림의 일부입니다. 쪽매맞춤이 되도록 지워진 부분을 그려 보세요.

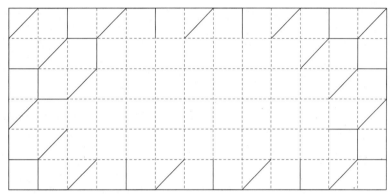

4 보기 와 같은 규칙에 따라 숫자를 늘어놓으려고 합니다. ☐ 안에 알맞은 수를 써넣으세요.

보기

ㄱ ㄴ ㄱ ㄴ ㄷ ㄱ ㄴ
ㄷ ㄹ ㄱ ㄴ ㄷ ㄹ ㅁ
ㄱ ㄴ ㄷ ㄹ ㅁ ㅂ ㄱ
ㄴ ㄷ ㄹ ㅁ ㅂ ㅅ ㄱ

➡

| 2 ☐ ☐ 3 ☐ ☐
3 ☐ | 2 ☐ ☐ 5
☐ ☐ 3 ☐ 5 ☐ |
2 3 ☐ ☐ 6 7 ☐

**서술형 5**

규칙에 따라 수를 늘어놓은 것입니다. 첫째 수부터 50째 수까지의 합을 구해 보세요.

> 3, 0, 1, 2, 4, 3, 0, 1, 2, 4, 3, 0, 1, 2, 4, …

풀이 ........................................................................................

........................................................................................

........................................................................................

........................................................................................

답 ........................................

**STEAM형 6**

수학+체육

스포츠 스태킹은 컵을 뒤집어 쌓고 최대한 빨리 겹쳐 내리는 경기입니다. 스포츠 스태킹에는 플라스틱 컵을 사용하는데, 다양한 방법으로 쌓고 내리면서 집중력과 순발력을 기를 수 있습니다. 민아는 스포츠 스태킹을 연습하기 위해 종이컵을 쌓아 보기로 했습니다.

다음과 같은 규칙으로 종이컵을 7층으로 쌓으려면 종이컵이 몇 개 필요할까요?

(          )

**7** 보기 와 같은 규칙에 따라 ☐ 안에 알맞은 수를 써넣으세요.

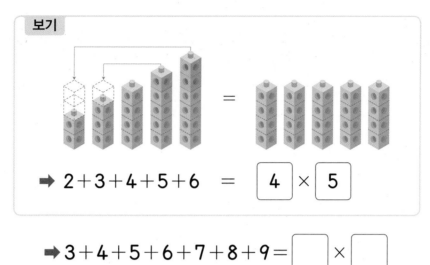

➡ 3+4+5+6+7+8+9= ☐ × ☐

**8** 규칙에 따라 쌓기나무를 쌓고 있습니다. 쌓기나무 37개를 쌓아 만든 모양은 몇째에 놓일까요?

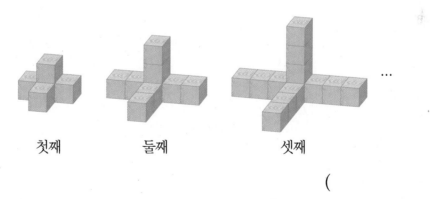

첫째          둘째          셋째          …

(              )

**9** 규칙에 따라 수를 늘어놓은 것입니다. □ 안에 알맞은 수를 구해 보세요.

> 1, 1, 2, 3, 5, 8, 13, □, 34

(             )

**10** 규칙에 따라 바둑돌을 늘어놓고 있습니다. 다음에 올 모양에는 흰색 바둑돌과 검은색 바둑돌 중 어떤 바둑돌이 더 많이 놓일까요?

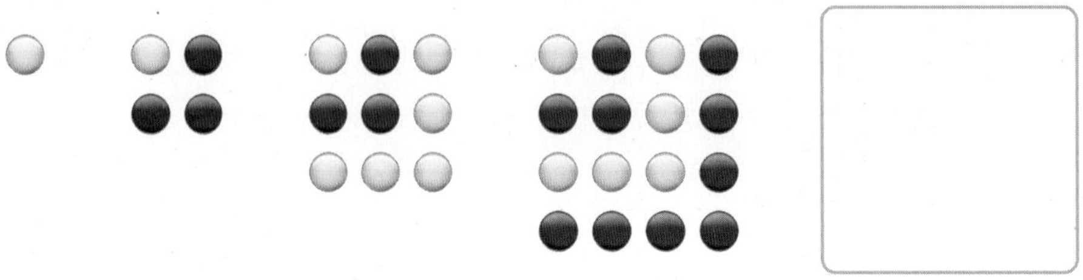

(             )

**1** 태민이는 1부터 100까지의 수가 적힌 수 카드를 한 장씩 가지고 있습니다. 다음과 같은 규칙에 따라 수 카드를 뽑아서 차례로 바닥에 놓으려고 합니다. 바닥에 놓을 수 있는 수 카드는 모두 몇 장일까요?

> 1, 3, 7, 13, 21, 31, ...

(                    )

**2**  모양을 늘어놓아 무늬를 만들고 있습니다. 그림과 같은 규칙에 따라  모양을 10개씩 몇 줄로 놓아 원 모양이 15개가 되도록 만들려고 합니다.  모양을 10개씩 적어도 몇 줄 놓아야 할까요?

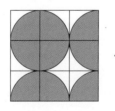

...

:

(                    )

# 연필 없이 생각 톡

가로 길이와 세로 길이의 곱을 사각형 안에 쓸 때,
초록색 사각형 안에 들어갈 수는 얼마일까요?

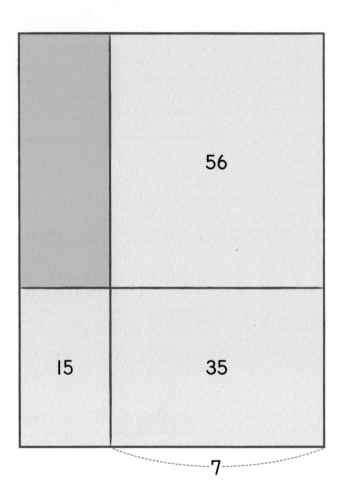

## 교내 경시 1단원 <small>네 자리 수</small>

이름　　　　　점수

---

**01** 다음을 수로 쓰려고 합니다. 0을 모두 몇 번 써야 할까요?

| 사천팔 | 구천사백이 |
|---|---|

(　　　　　　)

**02** 세 수에서 숫자 8이 나타내는 수의 합은 얼마일까요?

| 2378 | 4819 | 8060 |
|---|---|---|

(　　　　　　)

**03** 승기는 물감을 사고 5000원짜리 지폐 한 장과 1000원짜리 지폐 3장을 냈습니다. 물감의 가격은 얼마일까요?

(　　　　　　)

**04** 배가 한 상자에 100개씩 들어 있습니다. 40상자에는 배가 모두 몇 개 들어 있을까요?

(　　　　　　)

**05** 10원짜리 동전이 300개 있습니다. 이 돈을 모두 50원짜리 동전으로 바꾸면 동전은 몇 개가 될까요?

(　　　　　　)

**06** 승희네 과수원의 연도별 사과 수확량입니다. 사과를 가장 많이 수확한 연도는 몇 년일까요?

연도별 사과 수확량

| 2017년 | 2020년 | 2023년 |
|---|---|---|
| 9483개 | 8769개 | 9437개 |

(　　　　　　)

**07** 뛰어 세는 규칙을 찾아 빈칸에 알맞은 수를 써넣으세요.

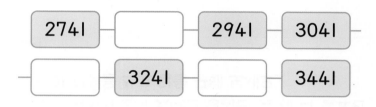

| 2741 | | 2941 | 3041 |
|---|---|---|---|

| | 3241 | | 3441 |
|---|---|---|---|

**08** 다음이 나타내는 수를 쓰고 읽어 보세요.

| 1000이 7개, 100이 12개,<br>10이 5개, 1이 36개인 수 |
|---|

쓰기 (　　　　　　)

읽기 (　　　　　　)

**09** 수 카드를 한 번씩 사용하여 만들 수 있는 네 자리 수 중에서 둘째로 작은 수를 구해 보세요.

| 0 | 2 | 8 | 4 |
|---|---|---|---|

(　　　　　　)

**10** 윤서는 2890에서 400씩 뛰어 세고, 현기는 1790에서 900씩 뛰어 세었습니다. 두 사람이 처음으로 같은 수가 나올 때까지 뛰어 센다면 윤서와 현기는 각각 몇 번 뛰어 세어야 할까요?

윤서 (　　　　　　)

현기 (　　　　　　)

---

**11** 수직선에 3170의 위치를 화살표로 표시해 보세요.

```
++++++++++++++++++++++++++++++++++++++
   2800    2900    3000    3100    3200
```

**12** 다음 조건을 만족하는 수를 구해 보세요.

- 네 자리 수입니다.
- 백의 자리 숫자는 3입니다.
- 일의 자리 숫자는 백의 자리 숫자보다 2만큼 더 큽니다.
- 수를 일의 자리부터 거꾸로 읽어도 같은 수가 됩니다.

( )

**13** 혜은이가 문구점에서 연필 5자루와 사인펜 3자루를 사려고 합니다. 연필 한 자루와 사인펜 한 자루의 가격이 다음과 같을 때 혜은이가 내야 할 돈은 모두 얼마일까요?

600원        1500원

( )

**14** 몇씩 뛰어 센 수를 수직선에 나타냈습니다. ㉠이 나타내는 수를 구해 보세요.

```
    ㉠
 ┼─────┼─────┼─────┼─────┼
                   6751    6851
```

( )

**15** 어떤 수에서 200씩 3번 뛰어 세어야 하는데 잘못하여 20씩 3번 뛰어 세어 4259가 되었습니다. 바르게 뛰어 세면 얼마일까요?

( )

**16** 다음과 같이 뛰어 셀 때, 뛰어 센 수 중 6000에 가장 가까운 수를 구해 보세요.

| 3512 | 3912 | 4312 | 4712 | … |

( )

**17** 0부터 9까지의 수 중에서 □ 안에 공통으로 들어갈 수 있는 수를 모두 구해 보세요.

$$34\square1 < 3600$$
$$7121 > 71\square0$$

( )

**18** 8899보다 큰 네 자리 수 중에서 백의 자리 숫자, 십의 자리 숫자, 일의 자리 숫자가 서로 같은 수는 모두 몇 개일까요?

( )

**19** 탁구공 6000개를 한 상자에 500개씩 넣으려고 합니다. 상자가 2개 있다면 상자는 몇 개 더 필요한지 풀이 과정을 쓰고 답을 구해 보세요.

서술형

풀이

답

**20** 선경이는 4000원을 가지고 있습니다. 선경이는 900원짜리 아이스크림을 몇 개까지 살 수 있는지 풀이 과정을 쓰고 답을 구해 보세요.

서술형

풀이

답

**01** 다음을 보고 ㉠×㉡은 얼마인지 구해 보세요.

$$9 \times ㉠ = 36 \qquad 9 \times ㉡ = 54$$

(                    )

**02** 조개의 수를 두 가지 방법으로 구한 것입니다. ■는 ▲의 몇 배인지 구해 보세요.

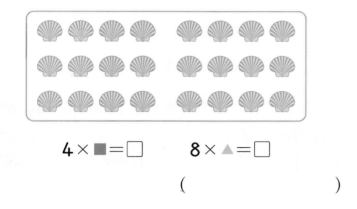

$$4 \times ■ = \square \qquad 8 \times ▲ = \square$$

(                    )

**03** 7×6은 얼마인지 구하는 여러 가지 방법입니다. 옳지 않은 것을 찾아 기호를 써 보세요.

> ㉠ 7＋7＋7＋7＋7＋7을 구합니다.
> ㉡ 7×5에 5를 더해서 구합니다.
> ㉢ 7×4에 7×2를 더해서 구합니다.
> ㉣ 7×3을 두 번 더해서 구합니다.

(                    )

**04** □ 안에 알맞은 수를 써넣으세요.

$$3 \times \square = 3, \ 7 \times \square = 7, \ 9 \times \square = 9$$

**05** 경수네 반 학생들이 5명씩 한 모둠을 만들었더니 남는 학생이 없었습니다. 경수네 반 학생 수가 될 수 있는 것을 고르세요. (        )

① 18명          ② 20명          ③ 24명
④ 31명          ⑤ 34명

**06** 수수깡으로 오른쪽과 같은 집 모양 9개를 만들려고 합니다. 수수깡은 모두 몇 개 필요할까요?

(                    )

**07** 뱀 3마리와 악어 4마리가 있습니다. 뱀과 악어의 다리는 모두 몇 개일까요?

(                    )

**08** 수 카드를 한 번씩만 모두 사용하여 곱셈식 두 개를 만들어 보세요.

$$\boxed{2} \quad \boxed{4} \quad \boxed{8} \quad \boxed{7}$$

$$\square \times \square = \square\square$$
$$\square \times \square = \square\square$$

**09** 정호의 나이는 9살이고, 삼촌의 나이는 정호 나이의 3배보다 3살이 더 많다고 합니다. 삼촌의 나이는 몇 살일까요?

(                    )

**10** ★에는 같은 수가 들어갑니다. 0부터 9까지의 수 중에서 ★에 들어갈 수 있는 수를 구해 보세요.

$$★ \times 6 = 7 \times ★$$

(                    )

**11** 아진이는 귤을 5개씩 8묶음 사서 한 접시에 3개씩 9개의 접시에 담았습니다. 접시에 담지 않은 귤은 몇 개일까요?

(          )

**12** 어떤 수에 7을 곱했더니 21이 되었습니다. 어떤 수에 6을 곱하면 얼마일까요?

(          )

**13** 성호는 농구 경기에서 2점짜리 슛을 7번, 3점짜리 슛을 2번 넣었습니다. 성호가 얻은 점수는 모두 몇 점일까요?

(          )

**14** 5장의 수 카드 중에서 2장을 골라 카드에 적힌 두 수의 곱을 구하려고 합니다. 가장 큰 곱과 가장 작은 곱의 차는 얼마인지 구해 보세요.

| 2 | 7 | 3 | 5 | 6 |

(          )

**15** 곱셈표의 ㉠과 ㉡에 들어갈 수를 각각 구해 보세요.

| × | 6 | 7 | 8 | 9 | 10 | 11 |
|---|---|---|---|---|----|----|
| 7 | 42 | 49 | 56 | 63 | | ㉠ |
| 9 | 54 | 63 | 72 | 81 | | ㉡ |

㉠ (        )

㉡ (        )

**16** 1부터 9까지의 수 중에서 □ 안에 들어갈 수 있는 수를 모두 구해 보세요.

$$7 \times 5 > 9 \times \square$$

(          )

**17** 상자가 5층으로 쌓여 있습니다. 한 층에 3개씩 3줄로 놓여 있다면 쌓여 있는 상자는 모두 몇 개일까요?

(          )

**18** 어떤 두 수의 곱은 18이고 합은 9입니다. 이때 어떤 두 수의 차를 구해 보세요.

(          )

**19** 서술형 한 상자에 8자루씩 들어 있는 연필을 2상자 샀습니다. 이 연필을 필통에 4자루씩 넣는다면 필통은 몇 개 필요한지 풀이 과정을 쓰고 답을 구해 보세요.

풀이  ...........................................................

...........................................................

...........................................................

답  ...........................................................

**20** 서술형 조건을 만족하는 수는 얼마인지 풀이 과정을 쓰고 답을 구해 보세요.

- 40보다 큽니다.
- 6 × 9보다 작습니다.
- 8단 곱셈구구의 곱입니다.

풀이  ...........................................................

...........................................................

...........................................................

답  ...........................................................

**01** 희준이의 키는 약 1m 50cm입니다. 나무의 높이는 약 몇 m인지 어림해 보세요.

(         )

**02** 0부터 9까지의 수 중에서 □ 안에 들어갈 수 있는 수는 모두 몇 개일까요?

$$5\,m\,8\,cm < 5\,\square\,1\,cm$$

(         )

**03** 학교 강당 긴 쪽의 길이를 각자 양팔 사이의 길이로 재어 나타낸 횟수입니다. 양팔 사이의 길이가 가장 짧은 사람은 누구일까요?

| 이름 | 가람 | 종호 | 진아 | 경식 |
|------|------|------|------|------|
| 잰 횟수 | 22번 | 19번 | 27번 | 25번 |

(         )

**04** 놀이공원에서 키가 1m 20cm보다 큰 사람만 청룡열차를 탈 수 있다고 합니다. 키가 다음과 같은 학생 중 청룡열차를 탈 수 있는 학생을 모두 찾아 써 보세요.

- 강희: 1m 22cm
- 시윤: 109cm
- 현우: 131cm
- 은빈: 1m 16cm

(         )

**05** 지안이의 한 뼘은 17cm입니다. 지안이가 같은 뼘으로 적어도 몇 번을 재어야 1m를 넘을까요?

(         )

**06** □ 안에 알맞은 수를 써넣으세요.

$$
\begin{array}{r}
4\ m\ \boxed{\phantom{0}}\ cm \\
+\ \boxed{\phantom{0}}\ m\ 26\ cm \\
\hline
7\ m\ 1\ cm
\end{array}
$$

**07** 친구들이 가지고 있는 리본의 길이입니다. 가장 긴 리본은 가장 짧은 리본보다 몇 m 몇 cm 더 길까요?

| 서현 | 예솔 | 승규 |
|------|------|------|
| 2m 37cm | 349cm | 1m 38cm |

(         )

**08** 유정이와 찬우가 각각 공을 멀리 던졌습니다. 유정이는 12m 15cm까지 던지고 찬우는 9m 45cm까지 던졌다면, 유정이는 찬우보다 몇 m 몇 cm 더 멀리 던졌을까요?

(         )

**09** □ 안에 들어갈 수 있는 가장 큰 수를 구해 보세요.

$$9\,m\,51\,cm - 3\,m\,94\,cm > \square\,m$$

(         )

**10** 세 명의 친구들이 축구 골대 긴 쪽의 길이를 어림하였습니다. 축구 골대 긴 쪽의 길이가 5m 70cm일 때, 실제 길이에 가장 가깝게 어림한 사람은 누구일까요?

| 이름 | 가영 | 하진 | 주원 |
|------|------|------|------|
| 어림한 길이 | 4m 50cm | 620cm | 515cm |

(         )

**11** 정호는 집에서 놀이터까지 갔다 왔습니다. 정호가 움직인 거리는 모두 몇 m 몇 cm일까요?

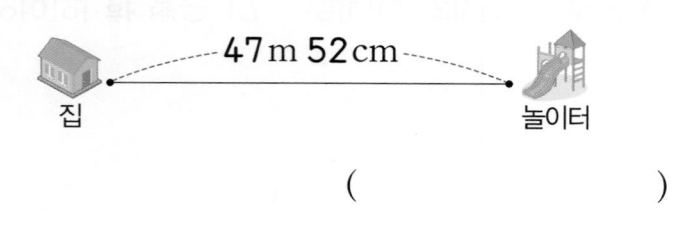

47 m 52 cm

집    놀이터

(                    )

**12** 경은이가 거실 긴 쪽의 길이를 다음과 같은 나무막대로 재었더니 3번이었습니다. 거실 긴 쪽의 길이는 몇 m 몇 cm일까요?

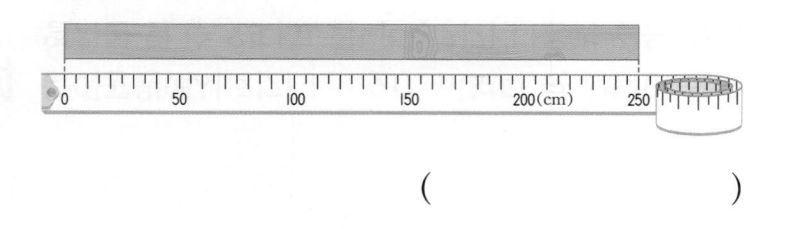

(                    )

**13** 다음은 수현이의 몸의 부분의 길이를 잰 것입니다. 수현이가 양팔 사이의 길이로 4번 재고, 뼘으로 2번 더 잰 길이는 몇 m 몇 cm일까요?

14 cm

1 m 15 cm

(                    )

**14** 상자를 한 개 포장하는 데 색 테이프가 1 m 26 cm 필요합니다. 태민이가 길이가 6 m 33 cm인 색 테이프로 상자를 두 개 포장했다면 남은 색 테이프의 길이는 몇 m 몇 cm일까요?

(                    )

**15** 분홍색 리본의 길이는 몇 m 몇 cm일까요?

4 m 17 cm          2 m 83 cm

1 m 50 cm

(                    )

**16** 주현이의 걸음으로 4번 잰 거리는 2 m입니다. 주현이가 같은 걸음으로 걸어서 20 m를 어림하려면 몇 걸음을 걸어야 할까요?

(                    )

**17** 집에서 약국을 지나 학교로 가는 거리는 집에서 학교로 바로 가는 거리보다 몇 m 몇 cm 더 멀까요?

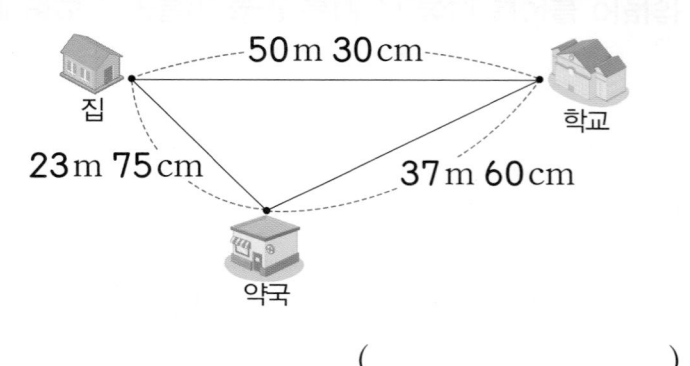

50 m 30 cm

집          학교

23 m 75 cm      37 m 60 cm

약국

(                    )

**18** 어느 달리기 트랙의 길이를 줄넘기로 재면 약 6번이고, 우산으로 재면 약 12번입니다. 줄넘기의 길이는 우산으로 몇 번 잰 길이와 같을까요?

(                    )

**19** 서술형 수정이가 가지고 있는 철사로 버스 긴 쪽의 길이를 재었더니 4번이었습니다. 버스 긴 쪽의 길이가 8 m라면 철사의 길이는 몇 cm인지 풀이 과정을 쓰고 답을 구해 보세요.

풀이

답

**20** 서술형 길이가 1 m 72 cm인 대나무 2개를 그림과 같이 28 cm만큼 겹치게 이어 붙였습니다. 이어 붙인 대나무의 전체 길이는 몇 m 몇 cm인지 풀이 과정을 쓰고 답을 구해 보세요.

28 cm

풀이

답

**01** 둘 중 더 짧은 시간에 ○표 하세요.

| 3시간 17분 | 200분 |
|:---:|:---:|
| ( ) | ( ) |

**02** 오른쪽은 기찬이가 일어난 시각입니다. 기찬이는 동생이 일어난 지 40분 후에 일어났다면 동생이 일어난 시각은 몇 시 몇 분일까요?

( )

[03~05] 어느 해 8월의 달력입니다. 물음에 답하세요.

### 8월

| 일 | 월 | 화 | 수 | 목 | 금 | 토 |
|:---:|:---:|:---:|:---:|:---:|:---:|:---:|
| | | 1 | 2 | 3 | 4 | 5 |
| 6 | 7 | 8 | 9 | | | |

**03** 재민이는 토요일마다 수영을 배우러 갑니다. 재민이가 8월에 수영을 배우러 가는 날짜를 모두 써 보세요.

( )

**04** 이 해의 7월 28일은 무슨 요일일까요?

( )

**05** 8월의 마지막 날은 무슨 요일일까요?

( )

**06** 서윤이가 박물관에 들어간 시각과 나온 시각입니다. 서윤이는 박물관에 몇 시간 몇 분 동안 있었을까요?

| 들어간 시각 | 오전 11시 20분 |
|:---:|:---:|
| 나온 시각 | 오후 2시 30분 |

( )

**07** 재희가 1시 30분에 전화로 피자를 주문했습니다. 피자는 주문 후 25분 만에 완성되어 바로 배달이 시작되며, 배달원이 가게에서 재희네 집까지 오는 데는 10분이 걸립니다. 재희네 집에 피자가 도착하는 시각은 몇 시 몇 분일까요?

( )

**08** 다음 중 잘못된 것은 어느 것일까요? ( )

① 2주일 6일=20일
② 30일=4주일 2일
③ 1년 4개월=14개월
④ 20개월=1년 8개월
⑤ 50시간=2일 2시간

**09** 핸드볼 경기가 2시 40분에 시작되어 다음과 같이 경기를 했습니다. 경기가 끝난 시각은 몇 시 몇 분일까요?

| 전반전 경기 시간 | 30분 |
|:---:|:---:|
| 휴식 시간 | 10분 |
| 후반전 경기 시간 | 30분 |

( )

**10** 경서의 동생은 태어난 지 20개월 되었고, 한나의 동생은 태어난 지 1년 6개월 되었습니다. 둘 중 누구의 동생이 먼저 태어났을까요?

( )

**11** 상우와 진영이가 그림 그리기를 시작한 시각과 끝난 시각입니다. 그림을 더 오랫동안 그린 사람은 누구일까요?

|  | 시작한 시각 | 끝난 시각 |
|---|---|---|
| 상우 | 4시 10분 전 | 5시 20분 |
| 진영 | 2시 20분 | 4시 15분 |

(　　　　　　　　　)

**12** 경식이는 일주일에 두 번씩 2주 동안 기타를 배웠습니다. 하루 수업 시간이 40분일 때 경식이가 기타를 배운 시간은 모두 몇 시간 몇 분일까요?

(　　　　　　　　　)

**13** 지금 시각은 7시 32분입니다. 지금 시각에서 시계의 긴바늘이 세 바퀴 돈 후의 시각을 오른쪽 시계에 나타내 보세요.

**14** 장난감 가게에서 장난감을 산 지 70일 후까지 무료로 고장난 장난감을 수리해 주고 있습니다. 이 가게에서 6월 1일에 장난감을 샀다면 몇 월 며칠까지 무료로 수리 받을 수 있을까요?

(　　　　　　　　　)

**15** 효진이의 생일은 10월 10일입니다. 아빠의 생신은 효진이보다 16일 빠릅니다. 올해 효진이의 생일이 화요일이라면 올해 아빠의 생신은 몇 월 며칠 무슨 요일일까요?

(　　　　　　　　　)

**16** 베트남 하노이의 시각이 오후 5시 2분일 때 서울의 시각은 같은 날 오후 7시 2분입니다. 서울의 시각이 오전 11시 40분일 때 하노이의 시각을 구해 보세요.

( 오전 , 오후 ) ☐ 시 ☐ 분

**17** 1시간에 1분씩 느려지는 시계가 있습니다. 이 시계의 시각을 오늘 오후 3시에 정확하게 맞추어 놓았습니다. 내일 오전 3시에 이 시계가 가리키는 시각은 오전 몇 시 몇 분일까요?

(　　　　　　　　　)

**18** 동현이의 시계가 7시 24분을 가리키고 있습니다. 시각을 맞추기 위해서 긴바늘을 시계 반대 방향으로 두 바퀴 반 돌렸다면 동현이가 맞춘 시각은 몇 시 몇 분일까요?

(　　　　　　　　　)

**19** 서술형 영민이는 4시 55분부터 숙제를 하기 시작했습니다. 숙제를 끝내고 거울에 비친 시계를 보니 오른쪽과 같았다면 영민이가 숙제를 한 시간은 몇 시간 몇 분인지 풀이 과정을 쓰고 답을 구해 보세요.

풀이 _____

_____

_____

답 _____

**20** 서술형 옷 가게에서 9월 16일부터 10월 마지막 날까지 가격을 할인해 주고 있습니다. 이 옷 가게의 할인 기간은 모두 며칠인지 풀이 과정을 쓰고 답을 구해 보세요.

풀이 _____

_____

_____

답 _____

# 교내 경시 5단원 표와 그래프

| 이름 | 점수 |
|---|---|

[01~05] 연주네 모둠 학생들이 고리를 각각 4번씩 던져서 고리를 걸면 ○표, 걸지 못하면 ×표를 하여 나타냈습니다. 물음에 답하세요.

| 순서(째) / 이름 | 1 | 2 | 3 | 4 |
|---|---|---|---|---|
| 연주 | × | ○ | ○ | × |
| 지석 | ○ | ○ | × | ○ |
| 태은 | × | × | ○ | × |
| 희아 | ○ | ○ | ○ | × |

**01** 학생들이 건 고리의 수를 세어 표로 나타내 보세요.

학생별 건 고리의 수

| 이름 | 연주 | 지석 | 태은 | 희아 | 합계 |
|---|---|---|---|---|---|
| 수(개) | | | | | |

**02** 학생별 건 고리의 수를 △를 이용하여 그래프로 나타내 보세요.

학생별 건 고리의 수

| 4 | | | | |
|---|---|---|---|---|
| 3 | | | | |
| 2 | | | | |
| 1 | | | | |
| 수(개) / 이름 | 연주 | 지석 | 태은 | 희아 |

**03** 표와 그래프 중 학생별 건 고리의 수의 합을 알아보기 편리한 것은 무엇일까요?

( )

**04** 네 명의 학생 중 모둠별 고리 던지기 대회에 나갈 대표를 두 명 뽑는다면, 누구와 누구를 뽑는 것이 좋을까요?

( )

**05** 고리를 한 번 걸 때 10점씩 얻기로 했다면 점수를 가장 많이 얻은 학생과 가장 적게 얻은 학생의 점수 차는 몇 점일까요?

( )

[06~08] 현빈이가 오늘 수집한 재활용품을 종류별로 분리배출하여 그래프로 나타냈습니다. 물음에 답하세요.

종류별 재활용품 수

| 6 | | | ○ | |
|---|---|---|---|---|
| 5 | ○ | | ○ | |
| 4 | ○ | ○ | ○ | |
| 3 | ○ | ○ | ○ | ○ |
| 2 | ○ | ○ | ○ | ○ |
| 1 | ○ | ○ | ○ | ○ |
| 수(개) / 재활용품 | 종이 | 캔 | 플라스틱 | 유리 |

**06** 가장 많이 모은 재활용품부터 차례로 써 보세요.

( )

**07** 이 그래프의 가로와 세로의 항목을 바꾸어 그래프로 다시 나타내려면 가로에 적어도 몇 개까지 나타낼 수 있어야 할까요?

( )

**08** 현빈이가 오늘 수집한 재활용품은 모두 몇 개일까요?

( )

[09~10] 주희네 모둠 학생들이 좋아하는 간식을 조사하여 표와 그래프로 나타냈습니다. 물음에 답하세요.

좋아하는 간식별 학생 수

| 간식 | 떡볶이 | 어묵 | 피자 | 치킨 | 과일 | 합계 |
|---|---|---|---|---|---|---|
| 학생 수(명) | 4 | | 2 | | | 14 |

좋아하는 간식별 학생 수

| 4 | ○ | | | | |
|---|---|---|---|---|---|
| 3 | ○ | ○ | | | |
| 2 | ○ | ○ | | | ○ |
| 1 | ○ | ○ | | | ○ |
| 학생 수(명) / 간식 | 떡볶이 | 어묵 | 피자 | 치킨 | 과일 |

**09** 표와 그래프를 완성해 보세요.

**10** 표와 그래프 중에서 가장 많은 학생들이 좋아하는 간식을 알아보기 더 편리한 것은 어느 것일까요?

( )

[11~16] 석주네 학교 합창단에서 4개월 동안 연습 시간에 지각한 사람을 조사하여 그래프로 나타냈습니다. 물음에 답하세요.

월별 지각한 학생 수

| 5 | ○ | | | |
|---|---|---|---|---|
| 4 | ○ | ○ △ | | △ |
| 3 | ○ △ | ○ △ | | △ ○ |
| 2 | ○ △ | ○ | △ | △ ○ |
| 1 | ○ △ | ○ △ | ○ △ | ○ △ |
| 학생 수(명) / 월 | 7월 | 8월 | 9월 | 10월 |

○: 남학생
△: 여학생

**11** 가장 많은 남학생이 지각한 월은 몇 월일까요?

( )

**12** 지각한 여학생이 3명보다 많은 월을 모두 찾아 써 보세요.

( )

**13** 지각한 남학생 수와 여학생 수의 차가 가장 큰 월은 몇 월일까요?

( )

**14** 지각한 학생이 가장 적은 월은 몇 월일까요?

( )

**15** 남학생과 여학생을 구분하지 않고 월별 지각한 학생 수를 그래프로 나타내려고 합니다. 세로에 학생 수를 나타내려면 세로에 적어도 몇 명까지 나타낼 수 있어야 할까요?

( )

**16** 4개월 동안 지각한 남학생과 여학생은 각각 몇 명인지 구해 보세요.

남학생 ( )
여학생 ( )

[17~19] 어느 해의 월별 공휴일 수를 조사하여 표로 나타냈습니다. 물음에 답하세요.

월별 공휴일 수

| 월 | 1월 | 2월 | 3월 | 4월 | 5월 | 6월 |
|---|---|---|---|---|---|---|
| 공휴일 수(일) | | 4 | 5 | 5 | | 5 |

| 월 | 7월 | 8월 | 9월 | 10월 | 11월 | 12월 |
|---|---|---|---|---|---|---|
| 공휴일 수(일) | 5 | 5 | 4 | 10 | 4 | 6 |

**17** 이 해의 공휴일이 모두 69일이고 1월과 5월의 공휴일 수가 같을 때 표를 완성해 보세요.

**18** 월별 공휴일 수를 △를 이용하여 그래프로 나타내려고 합니다. 세로를 10칸으로 정해 세로에 공휴일 수를 10일까지 나타내 그래프를 완성한다면 모두 몇 개의 △를 그리게 될까요?

( )

**19** 서술형

공휴일이 가장 적은 계절은 언제인지 풀이 과정을 쓰고 답을 구해 보세요. (단 3월부터 5월까지를 봄, 6월부터 8월까지를 여름, 9월부터 11월까지를 가을, 12월부터 2월까지를 겨울로 생각합니다.)

풀이 _____

_____

답 _____

**20** 서술형

민정이네 반 학생들이 좋아하는 꽃을 조사하여 표로 나타냈습니다. 튤립을 좋아하는 학생이 장미를 좋아하는 학생보다 3명 더 많을 때, 장미를 좋아하는 학생은 몇 명인지 풀이 과정을 쓰고 답을 구해 보세요.

좋아하는 꽃별 학생 수

| 꽃 | 장미 | 튤립 | 국화 | 백합 | 합계 |
|---|---|---|---|---|---|
| 학생 수(명) | | | 4 | 5 | 26 |

풀이 _____

_____

답 _____

01 규칙에 따라 만든 무늬입니다. 빈칸에 알맞게 색칠해 보세요.

02 규칙에 따라 계단 모양의 표를 완성해 보세요.

```
 1
 2 3
 3   5
 4 5 6
 5 6 7   9
 6 7   9
```

[03~04] 덧셈표를 보고 물음에 답하세요.

| + | 1 | 3 | 5 | 7 | 9 |
|---|---|---|---|---|---|
| 1 | 2 | 4 | 6 | 8 | 10 |
| 3 | 4 | 6 | 8 | 10 | 12 |
| 5 | 6 | 8 | 10 | 12 | 14 |
| 7 | 8 | 10 | 12 | 14 | 16 |
| 9 | 10 | 12 | 14 | 16 | 18 |

03 파란색 화살표 위에 있는 수들과 같은 수가 순서대로 있는 칸에 빗금을 치고, 빗금 친 수들의 규칙을 써 보세요.

규칙 ............................................................

04 분홍색 화살표 위에 있는 수들과 같은 규칙으로 수를 뛰어 세어 보세요.

80 □ □ □ □

05 전통 창살 무늬의 일부입니다. 규칙에 따라 무늬를 완성해 보세요.

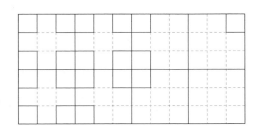

06 은영이는 아파트의 엘리베이터를 타고 12층에 올라가려고 합니다. 은영이가 눌러야 할 버튼은 어느 것인지 기호를 써 보세요.

(　　　　　)

07 곱셈표를 완성하고, 홀수인 칸에는 빨간색, 짝수인 칸에는 파란색을 칠해 보세요.

| × | 3 | 4 | 5 | 6 | 7 |
|---|---|---|---|---|---|
| 4 |  |  |  |  |  |
| 5 |  |  |  |  |  |
| 6 |  |  |  |  |  |
| 7 |  |  |  |  |  |
| 8 |  |  |  |  |  |

08 규칙에 따라 시각을 순서대로 나타낸 것입니다. 다음에 올 시계에 알맞은 시각을 구해 보세요.

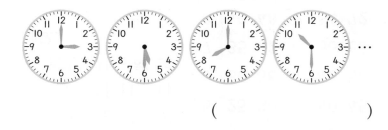

(　　　　　)

09 규칙에 따라 모양을 늘어놓은 것입니다. 빈칸에 알맞은 모양을 그리고 색칠해 보세요.

10 학교 신발장에 규칙에 따라 번호가 붙어 있습니다. 이 신발장에서 ★ 모양으로 표시한 칸의 번호를 써 보세요.

|  |  |  | 19 | 13 | 7 | 1 |
|---|---|---|---|---|---|---|
|  | ★ |  | 20 | 14 | 8 | 2 |
|  |  |  |  | 15 | 9 | 3 |
|  |  |  |  |  | 10 | 4 |
|  |  |  |  |  |  | 5 |
|  |  |  |  |  |  | 6 |

(　　　　　)

**11** 달력의 일부분이 찢어져 있습니다. 이번 월의 26일은 무슨 요일일까요?

| 일 | 월 | 화 | 수 | 목 | 금 | 토 |
|---|---|---|---|---|---|---|
|  |  |  | 1 | 2 | 3 | 4 |
| 5 | 6 | 7 | 8 | 9 |  |  |

( )

**12** 덧셈표의 빈칸을 모두 채워 보세요. (단, 덧셈표에서 색칠된 가로줄과 세로줄의 수는 같습니다.)

| + |  |  |  |  |  |
|---|---|---|---|---|---|
|  | 8 |  |  |  |  |
|  |  | 10 |  |  |  |
|  |  |  | 12 |  |  |
|  |  |  |  | 14 |  |
|  |  |  |  |  | 16 |

**13** 규칙에 따라 세 가지 색깔의 구슬을 꿰고 있습니다. 30째로 꿰어야 할 구슬은 무슨 색깔일까요?

( )

**14** 다음은 어느 해 9월의 달력입니다. 동그라미로 표시한 두 수의 합은 30이 됩니다. 달력에서 합이 30이 되는 두 수를 하나 더 찾아 써 보세요. (단, 답은 여러 가지가 될 수 있습니다.)

9월

| 일 | 월 | 화 | 수 | 목 | 금 | 토 |
|---|---|---|---|---|---|---|
|  |  |  | 1 | 2 | 3 | 4 |
| 5 | 6 | 7 | ⑧ | 9 | 10 | 11 |
| 12 | 13 | 14 | 15 | 16 | 17 | 18 |
| 19 | 20 | 21 | ㉒ | 23 | 24 | 25 |
| 26 | 27 | 28 | 29 | 30 |  |  |

( )

**15** 규칙에 따라 수를 늘어놓았습니다. ☐ 안에 알맞은 수를 써넣으세요.

3, 4, 6, 9, 13, 18, ☐

**16** 규칙에 따라 수수깡을 놓고 있습니다. 수수깡 22개를 사용하여 만든 모양은 몇째에 놓일까요?

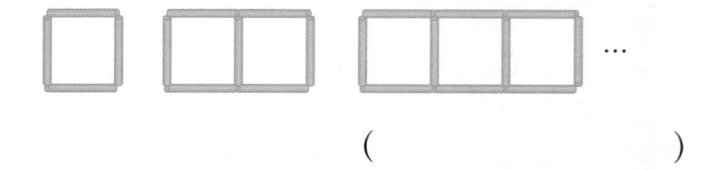

( )

**17** 규칙에 따라 쌓기나무를 쌓고 있습니다. 5층으로 쌓은 모양에는 쌓기나무를 몇 개 쌓았을까요?

( )

**18** 오른쪽 곱셈표의 화살표 위에 있는 수들의 규칙을 찾아 11×11은 얼마인지 구해 보세요.

| × | 5 | 6 | 7 | 8 | 9 |
|---|---|---|---|---|---|
| 5 | 25 | 30 | 35 | 40 | 45 |
| 6 | 30 | 36 | 42 | 48 | 54 |
| 7 | 35 | 42 | 49 | 56 | 63 |
| 8 | 40 | 48 | 56 | 64 | 72 |
| 9 | 45 | 54 | 63 | 72 | 81 |

( )

**19** 서술형 색종이 9장을 바닥에 놓아 오른쪽 무늬를 만들려고 합니다. 오른쪽 무늬를 7개 만들려면 빨간색 색종이는 노란색 색종이보다 몇 장 더 필요한지 풀이 과정을 쓰고 답을 구해 보세요.

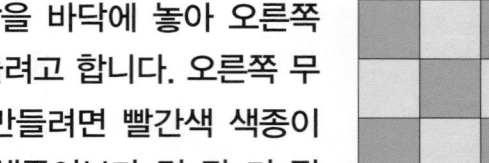

풀이

답

**20** 서술형 규칙에 따라 바둑돌을 놓고 있습니다. 일곱째 모양에는 바둑돌이 몇 개 놓이는지 풀이 과정을 쓰고 답을 구해 보세요.

풀이

답

# 수능형 사고력을 기르는 2학기 TEST 1회

점수

이름

**01** 다음 조건을 모두 만족하는 네 자리 수를 구해 보세요.

- 천의 자리 숫자는 3이고 백의 자리 숫자는 천의 자리 숫자의 2배입니다.
- 일의 자리 숫자는 8이고 십의 자리 숫자는 일의 자리 숫자의 반입니다.

( )

**[02~03]** 유라네 반 학생 20명이 좋아하는 꽃을 조사하여 그래프로 나타냈습니다. 물음에 답하세요.

좋아하는 꽃별 학생 수

| 6 | | | ○ | | |
|---|---|---|---|---|---|
| 5 | | ○ | ○ | | |
| 4 | ○ | ○ | ○ | | |
| 3 | ○ | ○ | ○ | | ○ |
| 2 | ○ | ○ | ○ | | ○ |
| 1 | ○ | ○ | ○ | | ○ |
| 학생 수(명) / 꽃 | 장미 | 백합 | 개나리 | 진달래 | 해바라기 |

**02** 진달래 칸을 채워 그래프를 완성해 보세요.

**03** 가장 많은 학생들이 좋아하는 꽃은 가장 적은 학생들이 좋아하는 꽃보다 몇 명이 더 좋아할까요?

( )

**04** 3890에서 500씩 적어도 몇 번 뛰어 세어야 6700보다 큰 수가 될까요?

( )

**05** 오른쪽 그림에서 4단 곱셈구구의 곱의 일의 자리 숫자를 찾아 순서대로 곧은 선으로 이었을 때 만들어진 도형을 선을 따라 모두 자르면 삼각형이 몇 개 생길까요?

( )

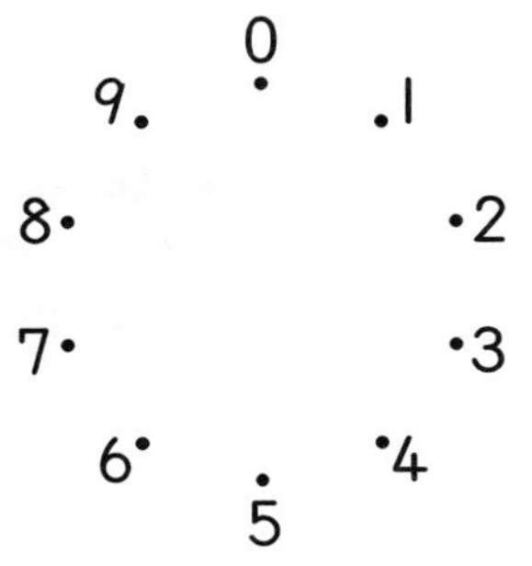

**06** 시계의 긴바늘은 이틀 동안 몇 바퀴를 돌까요?

( )

**07** 서연이가 피아노 대회에 나가기 위해 피아노 연습을 7주 동안 하고 3일을 더 했습니다. 서연이가 피아노 연습을 한 기간은 모두 며칠일까요?

( )

**08** 원 4개, 삼각형 2개, 사각형 5개가 있습니다. 이 도형들의 변의 수의 합은 모두 몇 개일까요?

( )

**09** 1부터 9까지의 수 중에서 □ 안에 들어갈 수 있는 수는 모두 몇 개일까요?

7484 < 7□91

( )

**10** 대나무의 길이는 3 m이고, 빗자루의 길이는 150 cm입니다. 화단 긴 쪽의 길이를 대나무로 쟀더니 3번이었습니다. 화단 긴 쪽의 길이를 빗자루로 재면 몇 번일까요?

( )

**11** 어느 해 11월의 달력입니다. 이 해 성탄절은 무슨 요일일까요?

└ 12월 25일

11월

| 일 | 월 | 화 | 수 | 목 | 금 | 토 |
|---|---|---|---|---|---|---|
| | 1 | 2 | 3 | 4 | 5 | 6 |
| 7 | 8 | 9 | 10 | | | |

( )

**12** 규칙에 따라 바둑돌을 늘어놓고 있습니다. 일곱째 모양에는 몇 개의 바둑돌을 놓아야 할까요?

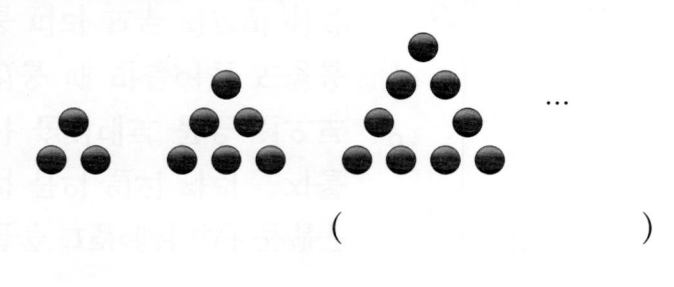

(        )

**13** 서준이의 하루 일과 시간을 조사하여 그래프로 나타냈습니다. 서준이가 아침 7시 10분에 일어난다면 서준이가 잠자리에 드는 시각은 몇 시 몇 분일까요?

서준이의 하루 일과 시간

| 시간(시간) \ 일과 | 학교 수업 | 운동 | 잠 | 독서 |
|---|---|---|---|---|
| 9 | | | ○ | |
| 8 | | | ○ | |
| 7 | | | ○ | |
| 6 | | | ○ | |
| 5 | | | ○ | |
| 4 | ○ | | ○ | |
| 3 | ○ | | ○ | |
| 2 | ○ | ○ | ○ | ○ |
| 1 | ○ | ○ | ○ | ○ |

➡ ( 오전 , 오후 ) [ ] 시 [ ] 분

**14** 크기가 같은 상자 10개를 쌓은 높이가 약 2 m입니다. 이 상자를 5000개 쌓은 높이는 약 몇 m가 될까요?

(        )

**15** 직선 도로 한쪽에 처음부터 끝까지 5 m 간격으로 9그루의 나무가 심어져 있습니다. 이 도로의 길이는 몇 m일까요? (단, 나무의 두께는 생각하지 않습니다.)

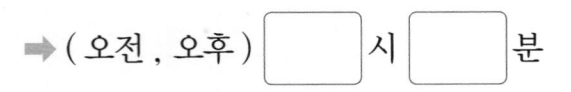

5 m 5 m  ...  5 m 5 m

(        )

**16** 다음과 같이 눈금만 있는 시계가 있습니다. 11시에 이 시계가 거울에 비친 모습은 1시를 나타냅니다. 실제 시각과 거울에 비친 시계의 시각이 2시간 차이 나는 시각을 모두 찾아 써 보세요.

실제 시각      거울에 비친 시각

(        )

**17** 세 사람이 함께 5일 동안 하면 끝낼 수 있는 일이 있습니다. 같은 일을 다섯 사람이 함께 한다면 며칠 만에 끝낼 수 있을까요? (단, 한 사람이 하루에 하는 일의 양은 같습니다.)

(        )

**18** 1분에 주하는 37 m 30 cm씩 걷고, 석희는 28 m 50 cm씩 걷습니다. 두 사람이 똑같이 2분 동안 걷는다면 누가 몇 m 몇 cm만큼 더 많이 걸을까요?

(        )

**19** 상자를 그림과 같이 리본으로 둘러서 감싸려고 합니다. 리본은 적어도 몇 m 몇 cm가 필요할까요? (단, 리본을 겹치지 않게 이어 붙입니다.)

45 cm

20 cm

(        )

**20** 같은 크기의 그림 6장을 누름 못을 사용하여 다음과 같이 게시판에 한 줄로 이어 붙이려고 합니다. 누름 못은 몇 개 필요할까요?

...

(        )

**01** 수 카드 4장을 한 번씩만 사용하여 네 자리 수를 만들려고 합니다. 만들 수 있는 수 중에서 천의 자리 숫자가 3인 가장 작은 네 자리 수를 구해 보세요.

| 4 | 3 | 7 | 0 |

( )

**02** ㉠과 ㉡의 곱은 얼마인지 구해 보세요.

$$6 \times 7 = 7 \times ㉠ \qquad 3 \times ㉡ = 8 \times 3$$

( )

**03** 몇씩 뛰어 센 수를 수직선에 나타낸 것입니다. ㉠이 나타내는 수를 구해 보세요.

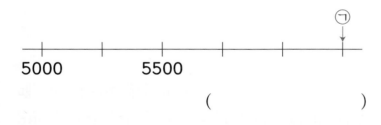

( )

**04** 승아가 8시에 출발하는 버스를 타기 위해 집에서부터 15분을 걸었더니 버스가 출발하기 5분 전에 정류장에 도착했습니다. 승아가 집에서 나온 시각은 몇 시 몇 분일까요?

( )

**05** 빈 꽃병 5개와 튤립 49송이가 있습니다. 꽃병 하나에 튤립을 9송이씩 꽂는다면 튤립은 몇 송이 남을까요?

( )

**06** 어느 해 9월의 날씨를 조사하여 표로 나타냈습니다. 맑은 날은 비 온 날보다 며칠 더 많을까요?

9월의 날씨

| 날씨 | 맑은 날 | 흐린 날 | 비 온 날 |
|---|---|---|---|
| 날수(일) | | 8 | 3 |

( )

**07** 은서와 성재가 다트를 각각 6번씩 던져 맞힌 횟수를 점수에 따라 조사하여 표로 나타냈습니다. 표를 보고 은서와 성재가 얻은 점수를 그래프로 나타내세요.

다트를 맞힌 횟수

| 점수(점) | 1 | 2 | 3 |
|---|---|---|---|
| 은서가 맞힌 횟수(번) | 5 | 0 | 1 |
| 성재가 맞힌 횟수(번) | 2 | 2 | 2 |

얻은 점수

| 성재 | | | | | | |
|---|---|---|---|---|---|---|
| 은서 | | | | | | |
| 이름＼점수(점) | 2 | 4 | 6 | 8 | 10 | 12 |

**08** 오늘은 3일이고 지금 시각은 오전 11시입니다. 지금 시각에서 시계의 짧은바늘이 네 바퀴를 돌면 며칠 몇 시가 될까요?

□ 일 ( 오전 , 오후 ) □ 시

**09** 규칙에 따라 색칠하려고 합니다. 마지막 모양에는 어느 곳에 색칠해야 하는지 기호를 써 보세요.

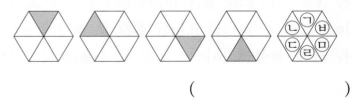

( )

**10** 나린이와 찬우가 가위바위보를 10번 하여 이기면 3점을 얻고 지면 1점을 잃기로 했습니다. 나린이가 4번 이겼다면 찬우의 점수는 몇 점일까요? (단, 비긴 경우는 없습니다.)

( )

**11** 규칙에 따라 수를 배열한 것입니다. 21째에 놓이는 수를 구해 보세요.

> 1, 2, 2, 3, 3, 3, 4, 4, 4, 4, …

( )

[12~13] 진서네 학교 2학년의 반별 남학생 수와 여학생 수를 조사하여 표로 나타냈습니다. 물음에 답하세요.

반별 남학생 수와 여학생 수

| 반 | 1반 | 2반 | 3반 | 4반 | 5반 | 합계 |
|---|---|---|---|---|---|---|
| 남학생 수(명) | 14 | 16 | | 15 | | 74 |
| 여학생 수(명) | 13 | | 15 | 12 | 15 | 69 |

**12** 3반의 남학생이 2반의 남학생보다 2명 더 적을 때, 5반의 남학생은 몇 명일까요?

( )

**13** 남학생 한 명과 여학생 한 명이 짝이 된다면 남학생이 항상 여학생과 짝이 될 수 있는 반을 모두 써 보세요.

( )

**14** 서울역에서 수원역까지 가는 버스가 터미널에서 매일 오전 9시 40분에 처음으로 출발하고, 그 후로 25분 간격으로 출발합니다. 서울역에서 수원역까지 가는 버스는 오전에 모두 몇 대 출발할까요?

( )

**15** 트랙을 10바퀴 돌아야 3000 m가 되는 쇼트트랙 경기장이 있습니다. 어떤 쇼트트랙 선수가 트랙을 돌다가 4500 m 지점에서 넘어졌다면 몇 바퀴를 돌고 넘어진 것일까요?

( )

**16** 아버지의 한 걸음의 길이는 약 65 cm입니다. 아버지께서 학교 정문에서 철봉까지 걸었더니 100걸음이었습니다. 학교 정문에서 철봉까지의 거리는 약 몇 m일까요?

( )

**17** 과일 가게에서 한 개의 가격이 다음과 같은 사과 5개와 배 몇 개를 사려고 합니다. 가격의 합이 8000원을 넘지 않으려면 배를 최대 몇 개까지 살 수 있을까요?

| 과일 | 사과 | 배 |
|---|---|---|
| 가격 | 700원 | 1100원 |

( )

**18** 은주가 산 입구에서 정상까지 등산로를 오르다가 전망대에서 본 안내문입니다. 전망대에서부터 정상까지 올라갔다가 같은 길로 다시 산 입구로 돌아오려면 앞으로 몇 m 몇 cm를 걸어야 할까요?

> 등산로 거리 안내
> • 산 입구에서 정상까지: 47 m 90 cm
> • 산 입구에서 전망대까지: 25 m

( )

**19** 길이가 60 m인 리본을 그림과 같이 두 도막으로 잘랐습니다. 자른 리본 조각을 서로 대어 보았더니 한쪽이 다른 한쪽보다 12 m 더 길었습니다. 자른 두 리본 조각 중 더 긴 리본 조각의 길이는 몇 m일까요?

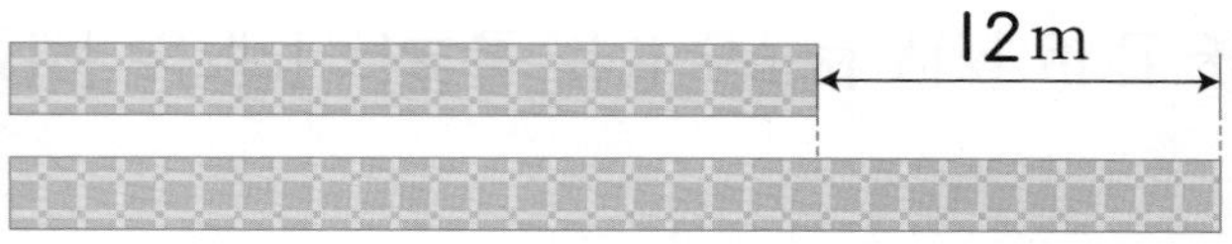

( )

**20** 길이가 4 m인 나무막대를 잘라 40 cm짜리 나무도막을 최대한 많이 만들려고 합니다. 나무막대를 한 번 자르는 데에 10분이 걸립니다. 나무막대를 3시 45분부터 자르기 시작했다면 다 자른 시각은 몇 시 몇 분일까요?

( )

상위권을 위한
사고력
생각하는 방법도
최상위!

# 수능까지 연결되는 독해 로드맵

디딤돌 독해력은 수능까지 연결되는 체계적인 라인업을 통하여

수능에서 요구하는 핵심 독해 원리에 대한 이해는 물론,

단계 별로 심화되며 연결되는 학습의 과정을 통해

깊이 있고 종합적인 독해 사고의 능력까지 기를 수 있도록 도와줍니다.

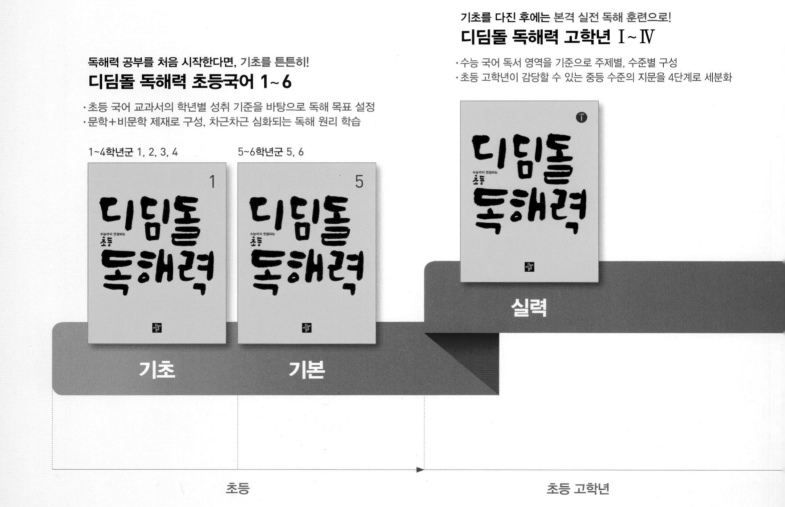

**기초를 다진 후에는 본격 실전 독해 훈련으로!**
## 디딤돌 독해력 고학년 Ⅰ~Ⅳ

· 수능 국어 독서 영역을 기준으로 주제별, 수준별 구성
· 초등 고학년이 감당할 수 있는 중등 수준의 지문을 4단계로 세분화

**독해력 공부를 처음 시작한다면, 기초를 튼튼히!**
## 디딤돌 독해력 초등국어 1~6

· 초등 국어 교과서의 학년별 성취 기준을 바탕으로 독해 목표 설정
· 문학+비문학 제재로 구성, 차근차근 심화되는 독해 원리 학습

1~4학년군 1, 2, 3, 4        5~6학년군 5, 6

실력

기초        기본

초등                                        초등 고학년

# 정답과 풀이

초등 **2·2**

# SPEED 정답 체크

## 1 네 자리 수

### ⊙ BASIC TEST

### 1 천, 몇천     11쪽

**1** (1) 900, 1000 (2) 990, 1010
**2** (1) 1000 (2) 400     **3** ㉡
**4** 7000개     **5** 8장     **6** ㉠

### 2 네 자리 수, 자릿값     13쪽

**1** 1000, 100, 10, 1 / 500, 30
**2** (1) 5049 (2) 7007 (3) 3608     **3** ㉡
**4** 4000     **5** 2000, 700, 2700
**6**
```
        5580
  +--+--+--+--+--+--+--+--+--+--+
5500      5600          5700
```

### 3 뛰어 세기, 수의 크기 비교하기     15쪽

**1** (1) 8097, 8107 (2) 3041, 3241
**2** 5063, 5963
**3** (1) < (2) > (3) =     **4** ㉡, ㉢, ㉠
**5** 5개     **6** 1420마리     **7** (1) 1 (2) 0

### 📋 MATH TOPIC     16~23쪽

**1-1** 6개     **1-2** 50봉지     **1-3** 8개
**2-1** 주스와 콜라, 주스와 코코아, 커피와 아이스티
**2-2** 3가지
**3-1** 9543     **3-2** 3660장     **3-3** 30개
**4-1** 3046     **4-2** 2359
**5-1** 1, 2, 3, 4     **5-2** 6개
**6-1** 7165, 7515     **6-2** 5040, 8040
**7-1** 4봉지     **7-2** 1000원     **7-3** 400원
**심화8** 8849, 8611, 에베레스트, K2 / 에베레스트, K2
**8-1** 카스피해, 탕가니카 호수, 바이칼 호수

### ⚡ LEVEL UP TEST     24~27쪽

**1** 20묶음     **2** 7840
**3**
```
         ㉠                    ㉡
         ↓                    ↓
  +++++++++++++++++++++++++++++++++++++
7500 7600 7700 7800 7900 8000 8100 8200
```
**4** 2042년     **5** 4853     **6** 4장
**7** 9개     **8** 8195     **9** 1000
**10** 6병     **11** 5개     **12** 7103

### 🔺 HIGH LEVEL     28쪽

**1** 13개     **2** 12가지

## 2 곱셈구구

### ⊙ BASIC TEST

### 1 2단, 5단, 3단, 6단 곱셈구구     33쪽

**1** 7, 14     **2**     / 4, 20

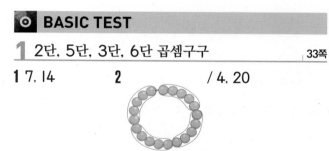

**3** 8, 24 / 4, 24     **4** 5, 15, 25, 40, 45에 ○표
**5**

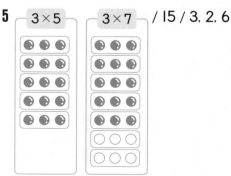

| 3×5 | 3×7 |
/ 15 / 3, 2, 6

**6** (1) 예 5, 3 (2) 예 2, 9

### 2 4단, 8단, 7단, 9단 곱셈구구     35쪽

**1** 8, 16     **2** 8, 5, 40     **3** (1) 4 (2) 7 (3) 9
**4** 2, 3, 5     **5** 63개
**6** (1) 예 4, 9 / 예 9, 4 (2) 예 4, 6 / 예 8, 3

## 3 I단 곱셈구구, 0의 곱　　　37쪽

**1** 4, 4　　　　**2** 0, 0

**3** ⑴ 4, 4　⑵ 3, 0　　　　**4** ㉢

**5** ⓔ 0 × 6은 0을 6번 더한 것이므로
0 + 0 + 0 + 0 + 0 + 0 = 0입니다.
따라서 0 × 6 = 0입니다.

**6** ⑴ I　⑵ 0　　　**7** I3점

## 4 곱셈표　　　39쪽

**1**

| × | 3 | 4 | 5 |
|---|---|---|---|
| 2 | 6 | 8 | I0 |
| 4 | I2 | I6 | 20 |
| 8 | 24 | 32 | 40 |

**2** 64에 ○표, 63

**3**

| × | 2 | 4 | 6 | 8 |
|---|---|---|---|---|
| 2 | 4 | 8 | I2 | I6 |
| 4 | 8 | I6 | 24 | 32 |
| 6 | I2 | 24 | 36 | 48 |
| 8 | I6 | 32 | 48 | 64 |

**4** ⓔ 4단 곱셈구구의 곱이므로 4씩 커지는 규칙이 있습니다.

**5**

| × | 3 | 4 | 5 | 6 | 7 | 8 | 9 |
|---|---|---|---|---|---|---|---|
| 3 | | I2 | | | ★ | | |
| 4 | | I6 | | | | | |
| 5 | | 20 | | | | | |
| 6 | I8 | 24 | | | | | |
| 7 | | 28 | | | | | |
| 8 | | 32 | | | | | |
| 9 | | | | | | | |

**6** ⓔ 일의 자리 수가 I씩 작아집니다.

## MATH TOPIC　　　40~47쪽

**1-1**

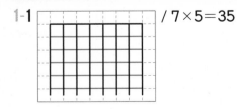

/ 7 × 5 = 35

**2-1** 3, 6　　　**2-2** 4, 4, 3

**3-1** 5 × 6 = 30, 6 × 5 = 30

**4-1** 20장　　**4-2** 45개　　**4-3** 53점

**5-1** I5점　　**5-2** 3점

**6-1** 4줄　　**6-2** 6줄

**7-1** 20, 88　　**7-2** 52, 65

심화**8** 2, I6 / I6　　　　**8-1** 42개

## LEVEL UP TEST　　　48~51쪽

**1**

**2** ⓔ

/ ⓔ 4 × 7 = 28

**3** ㉣　　　**4** 9개

**5**

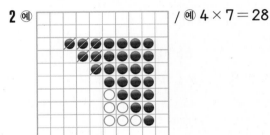

**6** I3　　　**7** 6명

**8** 2배　　　**9** 6개

**10** 42　　　**11** 7, 8, 9

**12**

| × | 6 | 7 | 8 | 9 | I0 | II |
|---|---|---|---|---|---|---|
| 6 | 36 | 42 | 48 | 54 | | 66 |
| 7 | 42 | 49 | 56 | 63 | | 77 |
| 8 | 48 | 56 | 64 | 72 | | 88 |
| 9 | 54 | 63 | 72 | 81 | | 99 |
| I0 | | | | | | II0 |
| II | | | | | | ★ |

/ I2I

## HIGH LEVEL　　　52쪽

**1** 5　　　**2** 2　　　**3** 27개

# 3 길이 재기

## ◎ BASIC TEST

### 1 1m 알아보기, 자로 길이 재기　　　57쪽

**1** 수아　　　**2** (1) 70 (2) 55

**3** (1) 3 (2) 620 (3) 5, 38

**4** ㉥, ㉠, ㉡, ㉢　　**5** 203, 2, 3

**6** 예 줄자를 사용하면 1m가 넘는 길이를 한 번에 잴 수 있습니다.

### 2 길이의 합, 길이의 차　　　59쪽

**1** (1) 7, 75 (2) 3, 33　　　**2** 3, 52

**3** 8m 40cm　　**4** 1m 52cm　　**5** 86m 27cm

**6** 1m 19cm

### 3 길이 어림하기　　　61쪽

**1** 예 의자의 높이, 바지의 길이 / 예 농구대의 높이, 줄넘기의 길이

**2** ㉥　　　**3** 약 2m

**4** (1) 80cm (2) 280cm (3) 80m

**5** 상호　　　**6** 8번

## MATH TOPIC　　　62~68쪽

**1-1** 0, 1, 2, 3　　**1-2** 5개　　**1-3** 3개

**2-1** (1) 4, 28 (2) 5, 80

**2-2** (1) (위에서부터) 50, 4 (2) (위에서부터) 5, 80

**3-1** 2m 69cm　**3-2** 4m 15cm

**4-1** 약국, 3m 4cm

**5-1** 9m 10cm　**5-2** 8m 82cm

**6-1** 10번　　**6-2** 2번

**심화7** 144, 91, 44 / 91, 44　　　**7-1** 5m 6cm

## LEVEL UP TEST　　　69~72쪽

**1** 약 3m　　**2** 민수　　　**3** ㉠, ㉢

**4** 9　　　**5** 7번　　　**6** 54m 20cm

**7** 6m　　**8** 20걸음　　**9** 3번

**10** 72m　　**11** 6m 10cm　　**12** 500원

## HIGH LEVEL　　　73쪽

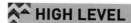

**1** 1m 80cm　　　**2** 12m, 18m

# 4 시각과 시간

## ◎ BASIC TEST

### 1 몇 시 몇 분 읽어 보기　　　79쪽

**1**

**2** (1)  (2)

**3** 12시 29분　　**4** 6, 45 / 7, 15　　**5** 수지

**6**

20분 전　　5시　　20분 후

### 2 1시간 알아보기　　　81쪽

**1** 8시 20분

**2** 1시　　2시 / 1, 10, 70

**3** (1) 180 (2) 110 (3) 2 (4) 3, 20

**4** 3시 55분　　**5** 4시간 15분　　**6** 6시 40분

### 3 하루의 시간　　　83쪽

**1** (왼쪽에서부터) 오전 7시, 운동, 오후 8시

**2** (1) 오후 (2) 오전 (3) 오전 (4) 오후

**3** (1) 30 (2) 3 (3) 2, 2

**4** 오전　　낮　　오후
6시　　12시　　6시

/ 5시간

**5** 오후 2시 17분　　　**6** 6시간

### 4 달력 알아보기　　　85쪽

**1** 5월 15일　　　**2** ②

**3** (1) 2030, 10, 17 (2) 2031, 10, 10

**4** (1) 15 (2) 26 (3) 1, 7 (4) 2, 6

**5** 23일　　　**6** 수요일

## MATH TOPIC 86~93쪽

**1-1** 9시 20분,  **1-2** 6시 10분 전

**2-1** 2시 50분  **2-2** 12시 45분  **2-3** 4시 20분

**3-1** 6시간 30분  **3-2** 4시간

**4-1** 오전 6시 53분  **4-2** 오후 6시 30분

**5-1** 14일  **5-2** 37일  **5-3** 12월 8일

**6-1** 월요일  **6-2** 토요일

**7-1** 오전 3시 15분  **7-2** 오후 2시 40분

**심화8** 5, 18 / 5, 18  **8-1** 오전 7시 30분

## LEVEL UP TEST 94~97쪽

**1** 연아  **2** 11시 40분

**3** 낮12 1 2 3 4 5 6 7 8 9 10 11 밤 12

1 2 3 4 5 6 7 8 9 10 11 낮 12

/ 9시간

**4** 현수, 2개월  **5** 오후 2시 10분  **6** 5시 50분

**7** 5월 12일 오전 3시 20분  **8** 42송이

**9** 일요일  **10** 7월 8일  **11** 264시간

**12** 오전 8시 25분

## HIGH LEVEL 98쪽

**1** 3시 25분  **2** 5시 12분  **3** 6번

# 5 표와 그래프

## BASIC TEST

### 1 표로 나타내기 103쪽

**1** 여름  **2** 3, 6, 2, 5, 16  **3** 5명

**4** 조사한 자료에 ○표  **5** ㉢

**6** 3, 2, 4, 3  **7** 4, 3, 2, 2, 1

### 2 그래프로 나타내기 105쪽

**1** ㉢, ㉠, ㉣

**2**

장래 희망별 학생 수

| 7 | | ○ | | |
|---|---|---|---|---|
| 6 | | ○ | | |
| 5 | ○ | ○ | | |
| 4 | ○ | ○ | | ○ |
| 3 | ○ | ○ | | ○ |
| 2 | ○ | ○ | ○ | ○ |
| 1 | ○ | ○ | ○ | ○ |
| 학생 수(명) / 장래 희망 | 선생님 | 의사 | 운동 선수 | 연예인 |

**3** 2, 4, 5, 1, 12  **4** 5명

**5**

좋아하는 우유의 맛별 학생 수

| 고구마 | △ | | | | |
|---|---|---|---|---|---|
| 바나나 | △ | △ | △ | △ | △ |
| 딸기 | △ | △ | △ | △ | |
| 초콜릿 | △ | △ | | | |
| 맛 / 학생 수(명) | 1 | 2 | 3 | 4 | 5 |

### 3 표와 그래프 107쪽

**1** 6명  **2** 21명

**3**

좋아하는 꽃별 학생 수

| 7 | | | | ○ |
|---|---|---|---|---|
| 6 | ○ | | | ○ |
| 5 | ○ | | ○ | ○ |
| 4 | ○ | | ○ | ○ |
| 3 | ○ | | ○ | ○ |
| 2 | ○ | | ○ | ○ |
| 1 | ○ | ○ | | ○ |
| 학생 수(명) / 꽃 | 장미 | 나팔꽃 | 튤립 | 무궁화 |

**4** 나팔꽃  **5** (1) 표 (2) 그래프

**6** 도일, 채아

## MATH TOPIC

**1-1** 12명

**2-1**

**태어난 계절별 학생 수**

| 학생 수(명) 계절 | 봄 | 여름 | 가을 | 겨울 |
|---|---|---|---|---|
| 7 | ○ | | | |
| 6 | ○ | | | ○ |
| 5 | ○ | | ○ | ○ |
| 4 | ○ | | ○ | ○ |
| 3 | ○ | ○ | ○ | ○ |
| 2 | ○ | ○ | ○ | ○ |
| 1 | ○ | ○ | ○ | ○ |

**3-1** 4명  **3-2** 5명  **4-1** 18개

**5-1** 수학

**심화6** 금요일, 일요일 / 금요일, 일요일

**6-1** 2명

## LEVEL UP TEST

**1**

**동전 던지기를 한 결과**

| 순서(째) 이름 | 1 | 2 | 3 | 4 | 5 |
|---|---|---|---|---|---|
| 가람 | △ | ○ | △ | △ | △ |
| 종현 | ○ | △ | ○ | △ | ○ |
| 유진 | ○ | △ | △ | △ | ○ |
| 재원 | △ | △ | △ | △ | △ |

**2**

**학생별 공을 넣은 횟수**

| 횟수(번) 이름 | 준수 | 서안 | 오혁 | 라희 |
|---|---|---|---|---|
| 6 | | ○ | | |
| 5 | | ○ | | ○ |
| 4 | | ○ | ○ | ○ |
| 3 | ○ | ○ | ○ | ○ |
| 2 | ○ | ○ | ○ | ○ |
| 1 | ○ | ○ | ○ | ○ |

**3** 기타, 드럼, 피아노, 바이올린

**4** 22명 / 19명

**5**

**태어난 계절별 학생 수**

| 계절 학생 수(명) | 1 | 2 | 3 | 4 | 5 | 6 | 7 | 8 |
|---|---|---|---|---|---|---|---|---|
| 겨울 | ○ | ○ | ○ | ○ | ○ | ○ | | |
| 가을 | ○ | ○ | ○ | ○ | ○ | ○ | ○ | |
| 여름 | ○ | ○ | ○ | ○ | | | | |
| 봄 | ○ | ○ | ○ | ○ | ○ | ○ | ○ | ○ |

**6** 1월

**7** 4, 10 /

**좋아하는 과일별 학생 수**

| 학생 수(명) 과일 | 사과 | 배 | 복숭아 | 포도 |
|---|---|---|---|---|
| 10 | | | ○ | ○ |
| 8 | | | ○ | ○ |
| 6 | ○ | | ○ | ○ |
| 4 | ○ | ○ | ○ | ○ |
| 2 | ○ | ○ | ○ | ○ |

**8** 6개  **9** 8명  **10** 3명

## HIGH LEVEL

**1** 20명  **2** 일본, 30명

# 6 규칙 찾기

## BASIC TEST

**1** 무늬에서 규칙 찾기  125쪽

**1** ●, ★  **2**   **3** 3, 1, 2, 2, 3

**4**   **5** (1) 1, 3, 1, 2  (2) ㄱ, ㄱ, ㄱ, ㄴ

**6**

## 2 덧셈표, 곱셈표에서 규칙 찾기 | 127쪽

**1** / ㉔ 15로 모두 같습니다.

| + | 3 | 6 | 9 | 12 |
|---|---|---|---|----|
| 3 | 6 | 9 | 12 | 15 |
| 6 | 9 | 12 | 15 | 18 |
| 9 | 12 | 15 | 18 | 21 |
| 12 | 15 | 18 | 21 | 24 |

**2**

| × | 4 | 5 | 6 | 7 | 8 |
|---|---|---|---|---|---|
| 4 | 16 | 20 | 24 | 28 | 32 |
| 5 | 20 | 25 | 30 | 35 | 40 |
| 6 | 24 | 30 | 36 | 42 | 48 |
| 7 | 28 | 35 | 42 | 49 | 56 |
| 8 | 32 | 40 | 48 | 56 | 64 |

**3** ㉔ 아래쪽으로 내려갈수록 5씩 커집니다.

**4**

| × | 3 | 5 | 7 | 9 |
|---|---|---|---|---|
| 3 |  |  |  |  |
| 5 |  |  | ○ |  |
| 7 |  | ★ |  |  |
| 9 |  |  |  |  |

**5** ㉔ $3 \times 3 = 9$, $5 \times 5 = 25$, $7 \times 7 = 49$, $9 \times 9 = 81$로 같은 수끼리의 곱입니다.

**6** 25

## 3 쌓은 모양에서 규칙 찾기, 생활에서 규칙 찾기 | 129쪽

**1** 7개

**2** ㉔ 쌓기나무의 수가 3개씩 늘어납니다.

**3** ㉢ 6

**4** ㉔ 4부터 6씩 커집니다.

**5**

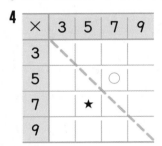

**6** ㉔ 오른쪽으로 갈수록 1씩 커집니다.

**1-1**

**2-1** (위에서부터) 12, 8 / 10, 20, 20
/ 12, 30, 40, 30, 12

**3-1** 3          **3-2** 10

**4-1** 여섯째     **5-1** 6

**심화6** 608 / 608          **6-1** 14D

## LEVEL UP TEST | 136~140쪽

**1** ㉤          **2** 47, 51, 55, 59          **3** 풀이 참조

**4** (위에서부터) 1, 2, 1, 2 / 4, 3, 4 / 1, 2, 4, 6 / 4, 5, 1

**5** 100          **6** 28개          **7** 6, 7

**8** 아홉째          **9** 21          **10** 흰색 바둑돌

## HIGH LEVEL | 141쪽

**1** 10장          **2** 6줄

## 교내 경시 문제

### 1. 네 자리 수 | 1~2쪽

| 01 3번 | 02 8808 | 03 8000원 |
|---|---|---|
| 04 4000개 | 05 60개 | 06 2017년 |
| 07 2841, 3141, 3341 | | |
| 08 8286, 팔천이백팔십육 | | 09 2084 |
| 10 4번, 3번 | | |

**11**

3170 ↓
|++++|++++|++++|++++|++++|
2800  2900  3000  3100  3200

| 12 5335 | 13 7500원 | 14 6601 |
|---|---|---|
| 15 4799 | 16 5912 | 17 0, 1, 2 |
| 18 11개 | 19 10개 | 20 4개 |

### 2. 곱셈구구 | 3~4쪽

| 01 24 | 02 2배 | 03 ㉢ |
|---|---|---|
| 04 1, 1, 1 | 05 ② | 06 54개 |
| 07 16개 | 08 $4 \times 7 = 28$, $7 \times 4 = 28$ | |

| | | |
|---|---|---|
| **09** 30살 | **10** 0 | **11** 13개 |
| **12** 18 | **13** 20점 | **14** 36 |
| **15** 77, 99 | **16** 1, 2, 3 | **17** 45개 |
| **18** 3 | **19** 4개 | **20** 48 |

## 3. 길이 재기
5~6쪽

| | | |
|---|---|---|
| **01** 약 3m | **02** 9개 | **03** 진아 |
| **04** 강희, 현우 | **05** 6번 | |
| **06** (위에서부터) 75, 2 | | **07** 2m 11cm |
| **08** 2m 70cm | **09** 5 | **10** 하진 |
| **11** 95m 4cm | **12** 7m 50cm | **13** 4m 88cm |
| **14** 3m 81cm | **15** 5m 50cm | **16** 40걸음 |
| **17** 11m 5cm | **18** 2번 | **19** 200cm |
| **20** 3m 16cm | | |

## 4. 시각과 시간
7~8쪽

| | |
|---|---|
| **01** ( ○ )( ) | **02** 7시 17분 |
| **03** 5일, 12일, 19일, 26일 | **04** 금요일 |
| **05** 목요일 | **06** 3시간 10분 | **07** 2시 5분 |
| **08** ③ | **09** 3시 50분 | **10** 경서 |
| **11** 진영 | **12** 2시간 40분 |
| **13** (시계) | **14** 8월 10일 |
| | **15** 9월 24일 일요일 |
| | **16** 오전 9분 40분 |
| **17** 오전 2시 48분 | **18** 4시 54분 |
| **19** 1시간 20분 | **20** 46일 |

## 5. 표와 그래프
9~10쪽

| | | |
|---|---|---|
| **01** 2, 4, 1, 3, 10 | **02** 풀이 참조 | **03** 표 |
| **04** 지석, 희아 | **05** 30점 | |
| **06** 플라스틱, 종이, 캔, 유리 | | **07** 6개 |
| **08** 18개 | **09** 3, 3, 2 / 풀이 참조 | |
| **10** 그래프 | **11** 7월 | **12** 8월, 9월 |
| **13** 9월 | **14** 10월 | **15** 8명 |
| **16** 13명, 12명 | **17** 8, 8 | **18** 69개 |

| | |
|---|---|
| **19** 여름 | **20** 7명 |

## 6. 규칙 찾기
11~12쪽

| | | |
|---|---|---|
| **01** (도형) | | |
| **02** (위에서부터) 4 / 7 / 8 / 8, 10, 11 | | |
| **03** 풀이 참조 / 예 6부터 2씩 커집니다. | | |
| **04** 84, 88, 92, 96 | | **05** 풀이 참조 |
| **06** ㉠ | **07** 풀이 참조 | **08** 1시 |
| **09** (원) | **10** 32 | **11** 일요일 |
| **12** 풀이 참조 | **13** 초록색 | **14** 예 9, 21 |
| **15** 24 | **16** 일곱째 | **17** 55개 |
| **18** 121 | **19** 7장 | **20** 36개 |

## 수능형 사고력을 기르는 2학기 TEST

### 1회
13~14쪽

| | | |
|---|---|---|
| **01** 3648 | **02** 풀이 참조 | **03** 4명 |
| **04** 6번 | **05** 5개 | **06** 48바퀴 |
| **07** 52일 | **08** 26개 | **09** 6개 |
| **10** 6번 | **11** 토요일 | **12** 21개 |
| **13** 오후 10시 10분 | | **14** 약 1000m |
| **15** 40m | **16** 1시, 5시, 7시, 11시 | |
| **17** 3일 | **18** 주하, 17m 60cm | |
| **19** 2m 60cm | **20** 14개 | |

### 2회
15~16쪽

| | | |
|---|---|---|
| **01** 3047 | **02** 48 | **03** 6250 |
| **04** 7시 40분 | **05** 4송이 | **06** 16일 |
| **07** 풀이 참조 | **08** 5일 오전 11시 | **09** ㉤ |
| **10** 14점 | **11** 6 | **12** 15명 |
| **13** 3반, 5반 | **14** 6대 | **15** 15바퀴 |
| **16** 약 65m | **17** 4개 | **18** 70m 80cm |
| **19** 36m | **20** 5시 15분 | |

# 정답과 풀이

## 1 네 자리 수

### ◎ BASIC TEST

**1 천, 몇천** 11쪽

1 (1) 900, 1000 (2) 990, 1010
2 (1) 1000 (2) 400  3 ㉡
4 7000개  5 8장  6 ㉠

1 (1) 수직선의 눈금 한 칸은 100을 나타냅니다.
  (2) 수직선의 눈금 한 칸은 10을 나타냅니다.

2 (1) 800보다 200만큼 더 큰 수는 1000입니다.
  (2) 1000은 600보다 400만큼 더 큰 수입니다.

3 ㉠ 1000, ㉡ 991, ㉢ 1000

> **보충 개념**
> 1000은 990보다 10만큼 더 큰 수입니다.

4 1000이 7개이면 7000이므로 클립은 모두 7000
  개입니다.

5 8000은 1000이 8개인 수입니다. 따라서 1000
  원짜리 지폐를 8장 내야 합니다.

6 주어진 수보다 1000이 대략 얼마나 더 큰 수인지
  알아봅니다.
  ㉠ 991보다 1만큼 더 작은 수는 990입니다. 1000
  은 990보다 10만큼 더 큰 수입니다.
  ㉡ 199보다 1만큼 더 큰 수는 200입니다. 1000은
  200보다 800만큼 더 큰 수입니다.
  ㉢ 919보다 1만큼 더 큰 수는 920입니다. 1000은
  920보다 80만큼 더 큰 수입니다.
  따라서 1000에 가장 가까운 수는 ㉠입니다.

**2 네 자리 수, 자릿값** 13쪽

1 1000, 100, 10, 1 / 500, 30
2 (1) 5049 (2) 7007 (3) 3608  3 ㉡
4 4000  5 2000, 700, 2700
6
```
        5580
         ↓
  +--+--+--+--+--+--+--+--+--+--+
 5500        5600           5700
```

1 8539는 1000이 8개, 100이 5개, 10이 3개, 1이
  9개인 수이므로 자릿값을 이용하여 덧셈식으로 나
  타내면 8539=8000+500+30+9입니다.

2 (1) 1000이 5개, 100이 0개, 10이 4개, 1이 9개
    이므로 5049입니다.
  (2) 1000이 7개, 100이 0개, 10이 0개, 1이 7개
    이므로 7007입니다.
  (3) 1000이 3개, 100이 6개, 10이 0개, 1이 8개
    이므로 3608입니다.

3 ㉠ 9는 일의 자리 숫자이므로 9를 나타냅니다.
  ㉡ 9는 천의 자리 숫자이므로 9000을 나타냅니다.
  ㉢ 9는 백의 자리 숫자이므로 900을 나타냅니다.
  따라서 9가 나타내는 수가 가장 큰 수는 ㉡입니다.

4 1000원짜리 3장 ➡ 3000원
  100원짜리 13개
  ➡ ┌ 100원짜리 10개 ➡ 1000원 ┐ 1300원
     └ 100원짜리 3개 ➡ 300원 ┘
  이므로 모두 4300원입니다.
  4300은 4000보다 300만큼 더 큰 수이고,
  5000보다 700만큼 더 작은 수이므로 4000과
  5000 중 4000에 더 가깝습니다.

5 100이 27개인 수는 100이 20개인 수와 100이 7
                      2000         700
  개인 수의 합과 같습니다.
  따라서 100이 27개인 수는 2700입니다.

> **보충 개념**
> 100이 10개이면 1000이므로 100이 20개이면 2000
> 입니다.

6 5500과 5600 사이가 작은 눈금 10칸이므로 작
  은 눈금 10칸은 100을 나타내고, 작은 눈금 한 칸은
  10을 나타냅니다. 5580은 5500보다 80만큼 더
  큰 수이므로 5500에서 작은 눈금 8칸만큼 오른쪽
  에 있습니다.

> **다른 풀이**
> 5580은 5600보다 20만큼 더 작은 수이므로 5600에
> 서 작은 눈금 2칸만큼 왼쪽에 있습니다.

**3 뛰어 세기, 수의 크기 비교하기** 15쪽

> **1** (1) 8097, 8107   (2) 304l, 324l
> **2** 5063, 5963   **3** (1) <   (2) >   (3) =
> **4** ㉡, ㉢, ㉠   **5** 5개   **6** 1420마리
> **7** (1) 1   (2) 0

**1** (1) 8067에서 8077로 10만큼 더 커졌으므로 수직선의 눈금 한 칸은 10을 나타냅니다. 8087에서 10씩 뛰어 세면 8087, 8097, 8107입니다.

(2) 2841에서 2941로 100만큼 더 커졌으므로 수직선의 눈금 한 칸은 100을 나타냅니다. 2941에서 100씩 뛰어 세면 2941, 3041, 3141, 3241입니다.

**2** 100만큼 더 큰 수는 백의 자리 수가 1만큼 더 커지고, 1000만큼 더 큰 수는 천의 자리 수가 1만큼 더 커집니다.
이때 900보다 100만큼 더 큰 수는 1000이므로 4963보다 100만큼 더 큰 수는 5063이 됩니다.

**3** (1) 자릿수가 다를 때에는 자릿수가 클수록 큰 수입니다.
$$\underset{\text{세 자리 수}}{872} < \underset{\text{네 자리 수}}{1003}$$

(2) 천의 자리 수가 같으므로 백의 자리 수를 비교합니다.
7683 > 7109

(3) 천, 백, 십, 일의 자리 수가 모두 같으므로 같은 수입니다.
4763 = 4763

**4** 세 수의 천의 자리 수를 비교하면 3 < 5이므로 ㉡이 가장 큰 수입니다. ㉠과 ㉢은 백의 자리 수도 같으므로 십의 자리 수를 비교하면 3505 < 3530으로 ㉢이 더 큽니다.
➡ ㉡ 5030 > ㉢ 3530 > ㉠ 3505

**5** 4000과 4005 사이가 눈금 5칸이므로 눈금 한 칸은 1을 나타냅니다. 수직선에 수를 나타내면 3998보다 크고 4004보다 작은 수는 3999, 4000,

4001, 4002, 4003으로 모두 5개입니다.

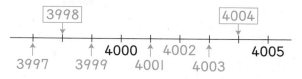

**6** 1370에서 10씩 5번 뛰어 셉니다.
1370, 1380, 1390, 1400, 1410, 1420
따라서 종이학은 모두 1420마리가 됩니다.

**7** (1) 8901은 1000이 8개, 100이 9개, 10이 0개, 1이 1개이므로 8901 = 8000 + 900 + 1입니다.

(2) $8901 > \underset{8900}{\underline{8000 + 900 + \square}}$ 에서
8000 + 900 + □가 8901보다 작으려면 □ 안에는 0이 들어가야 합니다.

---

**MATH TOPIC** 16~23쪽

> **1-1** 6개   **1-2** 50봉지   **1-3** 8개
> **2-1** 주스와 콜라, 주스와 코코아, 커피와 아이스티
> **2-2** 3가지
> **3-1** 9543   **3-2** 3660장   **3-3** 30개
> **4-1** 3046   **4-2** 2359
> **5-1** 1, 2, 3, 4   **5-2** 6개
> **6-1** 7165, 7515   **6-2** 5040, 8040
> **7-1** 4봉지   **7-2** 1000원   **7-3** 400원
> **심화8** 8849, 8611, 에베레스트, K2
> / 에베레스트, K2
> **8-1** 카스피해, 탕가니카 호수, 바이칼 호수

**1-1** 1000은 100이 10개이므로 종이학 1000마리를 유리병 한 개에 100마리씩 모두 담으려면 유리병이 10개 필요합니다.
유리병이 4개 있으므로 10 − 4 = 6(개) 더 필요합니다.

**1-2** 1000은 10이 100개이므로 사탕 1000개를 한 봉지에 10개씩 모두 담으면 100봉지가 됩니다.
지금까지 50봉지 담았으므로 앞으로
100 − 50 = 50(봉지)를 더 담아야 합니다.

**1-3** 500이 2개이면 1000이고 1000은 100이 10개입니다. 500원짜리 동전 2개를 모두 100원짜리로 바꾸면 100원짜리 동전 10개가 됩니다. 따라서 진영이가 100원짜리 동전을 2개 가졌으면 진우가 가진 100원짜리 동전은 10-2=8(개)입니다.

**2-1** 6000, 4000, 3000, 2000, 1000은 각각 1000이 6개, 4개, 3개, 2개, 1개인 수입니다.
6000원으로 두 가지 음료수를 주문해야 하므로 두 수의 합이 6이 되는 경우를 알아봅니다.
➡ 4+2=6, 3+3=6
· 4+2=6이므로 4000원짜리와 2000원짜리의 합은 6000원이 됩니다. ➡ 주스와 콜라, 주스와 코코아
· 3+3=6이므로 3000원짜리 두 개의 합은 6000원이 됩니다. ➡ 커피와 아이스티
따라서 주스와 콜라, 주스와 코코아, 커피와 아이스티를 주문할 수 있습니다.

**2-2** 4000원으로 향초를 두 개 사야 하므로 두 수의 합이 4가 되는 경우를 알아봅니다.
➡ 3+1=4, 2+2=4
· 3+1=4이므로 3000원짜리와 1000원짜리의 합은 4000원이 됩니다. ➡ ㉢과 ㉠, ㉣과 ㉠
· 2+2=4이므로 2000원짜리 두 개의 합은 4000원이 됩니다. ➡ ㉡ 두 개
따라서 4000원을 모두 사용하여 두 개의 향초를 사는 방법은 모두 3가지입니다.

**3-1** 100이 45개인 수
┌ 100이 40개 ➡ 1000이 4개
└ 100이 5개
1000이 5개, 100이 45개, 10이 4개, 1이 3개인 수는 1000이 5+4=9(개), 100이 5개, 10이 4개, 1이 3개인 수와 같으므로 9543입니다.

**3-2** 100이 13개인 수
┌ 100이 10개 ➡ 1000이 1개
└ 100이 3개

10이 36개인 수
┌ 10이 30개 ➡ 100이 3개
└ 10이 6개
1000장씩 2상자, 100장씩 13묶음, 10장씩 36묶음은 1000장씩 2+1=3(상자), 100장씩 3+3=6(묶음), 10장씩 6묶음과 같으므로 3660장입니다.

**3-3** 100이 51개인 수
┌ 100이 50개 ➡ 1000이 5개 ┐ 5100
└ 100이 1개 ┘
100원짜리 동전 51개는 5100원입니다. 5400원은 5100원보다 300원 더 많으므로 10원짜리 동전의 금액의 합은 300원입니다. 300은 10이 30개이므로 10원짜리 동전은 30개입니다.

**4-1** 카드의 수의 크기를 비교하면 0<3<4<6<7입니다. 0은 천의 자리에 올 수 없으므로 둘째로 작은 수 3을 천의 자리에 놓고, 가장 작은 수 0을 백의 자리에, 셋째로 작은 수 4를 십의 자리에, 넷째로 작은 수 6을 일의 자리에 놓습니다.
따라서 만들 수 있는 가장 작은 네 자리 수는 3046입니다.

**4-2** 카드의 수의 크기를 비교하면 2<3<5<8<9이므로 만들 수 있는 가장 작은 네 자리 수는 2358입니다.
이때 만들 수 있는 둘째로 작은 수는 천, 백, 십의 자리 숫자는 그대로 놓고 일의 자리에 다섯째로 작은 수 9를 놓은 2359입니다.

**5-1** 천의 자리 수를 비교하여 5284>□379가 되려면 5>□이어야 합니다. ➡ 1, 2, 3, 4
만약 천의 자리 수가 같다면 백의 자리 수를 비교해 보아야 하므로 □ 안에 5도 들어갈 수 있는지 확인합니다. □ 안에 5를 넣으면 5284<5379이므로 □ 안에 5는 들어갈 수 없습니다.
따라서 □ 안에 들어갈 수 있는 수를 모두 구하면 1, 2, 3, 4입니다.

**5-2** 천의 자리 수가 같으므로 백의 자리 수를 비교하여
6455<6□75가 되려면 4<□이어야 합니다.
➡ 5, 6, 7, 8, 9
만약 백의 자리 수도 같다면 십의 자리 수를 비교해
보아야 하므로 □ 안에 4도 들어갈 수 있는지 확
인합니다. □ 안에 4를 넣으면 6455<6475이
므로 □ 안에 4도 들어갈 수 있습니다.
따라서 □ 안에 들어갈 수 있는 수는 4, 5, 6, 7,
8, 9로 모두 6개입니다.

**6-1** 7265에서 눈금 두 칸만큼 뛰어 세면 7365이므
로 눈금 두 칸은 100을 나타냅니다. 100은 50이
2개인 수이므로 눈금 한 칸의 크기는 50입니다.
㉠은 7265에서 50씩 두 번 거꾸로 뛰어 센 수이
므로 7265보다 100만큼 더 작은 수인 7165입
니다.
㉡은 7465보다 50만큼 더 큰 수이므로 7515입
7465, 7475, 7485, 7495, 7505, 7515
니다.

**6-2** 540에서 눈금 두 칸만큼 뛰어 세면 3540이므로
눈금 두 칸은 3000을 나타냅니다. 3000은 1500
이 2개인 수이므로 눈금 한 칸의 크기는 1500입
니다. ㉠은 3540보다 1500만큼 더 큰 수이므로
5040입니다. ㉡은 6540보다 1500만큼 더 큰
수이므로 8040입니다.

**7-1** 5000이 넘지 않을 때까지 1200씩 뛰어 센 횟수
를 알아봅니다.
1200, 2400, 3600, 4800, 6000이므로
1봉지   2봉지   3봉지   4봉지
사탕을 4봉지까지 살 수 있습니다.

**7-2** 1500씩 6번 뛰어 세어 봅니다.
1500, 3000, 4500, 6000, 7500, 9000이
므로 배 6개를 사려면 9000원이 필요합니다.
9000은 8000보다 1000만큼 더 큰 수이므로
1000원이 부족합니다.

**7-3** 8000이 처음으로 넘을 때까지 1400씩 뛰어 센
횟수를 알아봅니다.
1400, 2800, 4200, 5600, 7000, 8400
1송이  2송이  3송이  4송이  5송이  6송이
이므로 돈을 남기지 않으려면 장미를 적어도 6송이
사야 합니다. 8400은 8000보다 400만큼 더
큰 수이므로 적어도 400원이 더 필요합니다.

**8-1** 천의 자리 수가 모두 같으므로 백의 자리 수를 비
교하면 1025가 가장 작고 1642가 가장 큽니다.
1025<14■0<1642이므로 얕은 호수부터 차
례로 쓰면 카스피해, 탕가니카 호수, 바이칼 호수입
니다.

---

## ◥◣ LEVEL UP TEST

24~27쪽

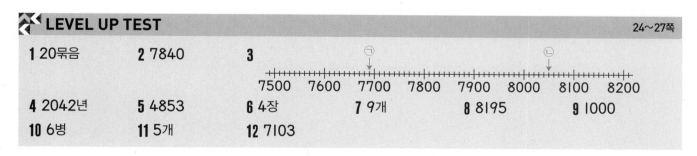

**1** 20묶음   **2** 7840   **3**

**4** 2042년   **5** 4853   **6** 4장   **7** 9개   **8** 8195   **9** 1000
**10** 6병   **11** 5개   **12** 7103

---

16쪽 1번의 변형 심화 유형

**1** 접근 ≫ 10이 100개이면 1000입니다.

10이 100개이면 1000이므로 김은 모두 1000장입니다.
1000은 100이 10개인 수이므로 1000장을 100장씩 묶으면 10묶음이 됩니다.
100은 50이 2개인 수이므로 100장씩 한 묶음은 50장씩 2묶음과 같습니다.

> 해결 전략
> (10이 100개인 수)
> =(100이 10개인 수)
> =(50이 20개인 수)

따라서 100장씩 10묶음은 50장씩 20묶음이므로
김 1000장을 50장씩 묶으면 모두 20묶음이 됩니다.

> **지도 가이드**
> 100은 50이 2개인 수라는 것을 알아도 1000은 50이 20개인 수라는 것을 한번에 이해하
> 기는 어려울 수 있습니다. 100에서부터 100씩 늘려가며 100, 200, 300, ...., 1000은 각각
> 50이 몇 개인 수인지 알아보도록 도와주세요. 100장은 50장씩 2묶음이므로 200장은 50
> 장씩 4묶음이고, 300장은 50장씩 6묶음, 400장은 50장씩 8묶음, 500장은 50장씩 10
> 묶음, ...., 1000장은 50장씩 20묶음입니다.

**서술형**

## 2 접근 ≫ 100이 ■▲개인 수는 1000이 ■개, 100이 ▲개인 수입니다.

(예) 100이 47개이면 1000이 4개, 100이 7개이고, 10이 14개이면 100이 1개, 10
이 4개입니다. 1000이 3개, 100이 47개, 10이 14개인 수는 1000이 3+4(개),
100이 7+1(개), 10이 4개인 수와 같습니다. 따라서 1000이 7개, 100이 8개,
10이 4개이므로 7840입니다.

| 채점 기준 | 배점 |
|---|---|
| 100이 47개인 수, 10이 14개인 수를 각각 구했나요? | 2점 |
| 1000이 3개, 100이 47개, 10이 14개인 수를 구했나요? | 3점 |

## 3 접근 ≫ 수직선의 큰 눈금을 보고 작은 눈금 한 칸의 크기를 알아봅니다.

큰 눈금의 수가 7500, 7600, 7700, ...으로 100씩 늘어나므로 큰 눈금 한 칸은
100을 나타냅니다. 큰 눈금이 작은 눈금 10개로 나누어져 있으므로 작은 눈금 한 칸
은 10을 나타냅니다.
㉠ 7000+600+90=7690은 7600보다 90만큼 더 큰 수이므로 7600에서
작은 눈금 9칸만큼 오른쪽에 있습니다. ㉡ 8000에서 10씩 5번 뛰어 센 수는 8000
보다 50만큼 더 큰 수이므로 8000에서 작은 눈금 5칸만큼 오른쪽에 있습니다.

> **보충 개념**
> 수직선에서 오른쪽에 있을수
> 록 큰 수, 왼쪽에 있을수록 작
> 은 수예요.

> **주의**
> 큰 눈금과 작은 눈금을 잘 구
> 별하도록 해요.

> **다른 풀이**
> 작은 눈금 한 칸의 크기는 10입니다. ㉠ 7690은 7700보다 10만큼 더 작은 수이므로
> 7700에서 작은 눈금 한 칸만큼 왼쪽에 있습니다. ㉡ 8050은 8100보다 50만큼 더 작은 수
> 이므로 8100에서 작은 눈금 5칸만큼 왼쪽에 있습니다.

## 4 접근 ≫ 4년에 한 번이므로 4씩 뛰어 세어 봅니다.

동계올림픽은 4년에 한 번씩 개최되므로 2022년에서 4씩 뛰어 센 해마다 열립니
다. 2022에서 2040이 넘을 때까지 4씩 뛰어 세어 보면
2022, 2026, 2030, 2034, 2038, 2042입니다.
따라서 2040년 이후 처음으로 동계올림픽이 개최되는 해는 2042년입니다.

> **보충 개념**
> 4씩 뛰어 세면 일의 자리 수
> 가 4씩 커져요.

> **주의**
> 동계올림픽이 열린 연도에서
> 부터 뛰어 세어야 해요.

**5** 19쪽 4번의 변형 심화 유형
**접근 》 먼저 천의 자리 수를 알아봅니다.**

4000보다 크고 5000보다 작은 네 자리 수는 천의 자리 숫자가 4입니다.
천의 자리 숫자가 4이므로 백, 십, 일의 자리에 나머지 세 장의 카드를 놓아 가장 큰
네 자리 수를 만들어 봅니다. 나머지 카드의 수의 크기를 비교하면 8>5>3이므로
만들 수 있는 가장 큰 수는 4853입니다.

> **보충 개념**
> 4000보다 크고 5000보다
> 작은 네 자리 수는 4001부
> 터 4999까지예요.

> **해결 전략**
> 천의 자리 숫자를 알아본 다
> 음, 나머지 카드를 이용해 가
> 장 큰 네 자리 수를 만들어요.

**6** 18쪽 3번의 변형 심화 유형
**접근 》 전체 금액이 얼마인지 알아봅니다.**

500원짜리  4개 ➡ 2000원
100원짜리 17개 ➡ 1700원
 10원짜리 30개 ➡  300원
               4000원

저금통 안에 들어 있는 동전은 모두 4000원입니다. 4000은 1000이 4개이므로
4000원을 모두 1000원짜리 지폐로 바꾸면 4장이 됩니다.

> **보충 개념**
> 500이 2개인 수 ➡ 1000
> 500이 4개인 수 ➡ 2000

**7** **접근 》 4837부터 1씩 뛰어 세면서 찾아봅니다.**

4837과 4919 사이의 네 자리 수는 4838, 4839, 4840, ..., 4918입니다.
이 중에서 일의 자리 숫자가 8인 수를 찾아보면 4838, 4848, 4858, 4868,
4878, 4888, 4898, 4908, 4918로 모두 9개입니다.

> **보충 개념**
> 4838에서 10씩 뛰어 센 수
> 는 모두 일의 자리 숫자가 8
> 이에요.

**다른 풀이**
4837보다 크고 4919보다 작은 네 자리 수 중에서 일의 자리 숫자가 8인 수는 4838에
서 4918까지 10씩 뛰어 센 수들입니다. 따라서 4838, 4848, 4858, 4868, 4878,
4888, 4898, 4908, 4918로 모두 9개입니다.

**서술형**
**8** **접근 》 어떤 수를 먼저 구합니다.**

예 어떤 수에서 큰 수로 300씩 4번 뛰어 세어 9275가 되었으므로 어떤 수는 작은
수로 9275에서 300씩 4번 뛰어 세어 구합니다. 9275, 8975, 8675, 8375,
8075이므로 어떤 수는 8075입니다.
따라서 8075에서 큰 수로 30씩 4번 뛰어 세면 8075, 8105, 8135, 8165,
8195입니다.

| 채점 기준 | 배점 |
| --- | --- |
| 어떤 수를 구했나요? | 3점 |
| 바르게 뛰어 센 수를 구했나요? | 2점 |

## 9  21쪽 6번의 변형 심화 유형

**접근 ≫ 수직선에서 눈금 한 칸의 크기를 알아봅니다.**

1531에서 눈금 두 칸만큼 뛰어 세면 2031이므로 눈금 두 칸은 500을 나타냅니다. 500은 250이 2개이므로 눈금 한 칸의 크기는 250입니다.

㉠은 1531에서 250씩 한 번 뛰어 센 수이므로 1531보다 250만큼 더 큰 수인 1781입니다. ㉡은 2031에서 250씩 3번 뛰어 세면 2031, 2281, 2531, 2781이므로 2781입니다. 따라서 ㉡이 나타내는 수 2781은 ㉠이 나타내는 수 1781보다 1000만큼 더 큽니다.

**보충 개념**
500
➡ 100이 4개, 50이 2개
➡ ┌ 100이 2개, 50이 1개
   └ 100이 2개, 50이 1개

> **다른 풀이**
> 눈금 한 칸의 크기는 250입니다. ㉡은 ㉠에서 250씩 4번 뛰어 센 수이므로 ㉡이 나타내는 수는 ㉠이 나타내는 수보다 1000만큼 더 큽니다.
> 250, 500, 750, 1000

## 10  22쪽 7번의 변형 심화 유형

**접근 ≫ 먼저 생수 10병의 가격을 따져 봅니다.**

440이 10개인 수는 4400이므로 440원짜리 생수 10병의 가격은 4400원입니다. 콜라 한 병의 가격이 900원이므로 4400에서 10000을 넘지 않을 때까지 900씩 뛰어 세어 봅니다.

4400, 5300, 6200, 7100, 8000, 8900, 9800
　　　1병　2병　3병　4병　5병　6병

6번 뛰어 세었으므로 콜라는 6병까지 주문할 수 있습니다.

**보충 개념**
440이 10개인 수
┌ 400이 10개 ➡ 4000
└ 40이 10개 ➡ 　400
　　　　　　　　 4400

**주의**
9800보다 900만큼 더 큰 수는 10000을 넘어요.

## 11  20쪽 5번의 변형 심화 유형

**접근 ≫ 천, 백, 십, 일의 자리 순서로 비교합니다.**

두 수의 천의 자리 수가 같으므로 백의 자리 수를 비교하여 8▲95 > 85▲7이 되려면 ▲ > 5이어야 합니다. ➡ 6, 7, 8, 9

만약 백의 자리 수도 서로 같다면 십의 자리 수를 비교해 보아야 하므로 ▲에 5도 들어갈 수 있는지 확인합니다. ▲에 5를 넣으면 8595 > 8557이므로 ▲에 5도 들어갈 수 있습니다.

따라서 ▲에 들어갈 수 있는 수는 5, 6, 7, 8, 9로 모두 5개입니다.

**주의**
반드시 백의 자리 수도 서로 같은 경우를 확인하도록 해요.

## 12

**접근 ≫ 먼저 몇씩 뛰어 세었는지 알아봅니다.**

5003, 5303, 5603, ...으로 300씩 커지므로 300씩 뛰어 센 것입니다. 7000에 가까운 수가 나올 때까지 5903부터 300씩 뛰어 세어 보면 5903, 6203, 6503, 6803, 7103이므로 6803과 7103 중에 7000에 더 가까운 수를 찾습니다. 6803은 7000보다 대략 200만큼 더 작은 수이고, 7103은 7000보다 대략 100만큼 더 큰 수이므로 뛰어 센 수 중 7000에 가장 가까운 수는 7103입니다.

**해결 전략**
5903부터 300씩 뛰어 세어 보고, 7000에 가까운 두 수 중 더 가까운 수를 찾아요.

수의 순서를 이해해야 6803과 7103 중 어떤 수가 7000에 더 가까운지 알 수 있습니다. 아직 네 자리 수끼리의 뺄셈을 배우지 않았으므로 수직선 위에 두 수의 대략적인 위치를 나타내거나 두 수가 얼마 정도 차이 나는지 어림해 보는 것이 좋습니다. 6803이 7000보다 몇백쯤 더 작은지, 7103이 7000보다 몇백쯤 더 큰지 생각해 보도록 도와주세요.

6803            7103

6800  6900  (7000)  7100  7200

## ▲▲ HIGH LEVEL

28쪽

**1** 13개                          **2** 12가지

---

**1** 26쪽 7번의 변형 심화 유형

**접근 »** 9860부터 1씩 뛰어 세면서 찾아봅니다.

9860보다 크고 9910보다 작은 네 자리 수는 9861, 9862, 9863, ..., 9909입니다. 이 중에서 숫자 0이 들어 있는 수를 찾아보면 9870, 9880, 9890, 9900, 9901, 9902, 9903, 9904, 9905, 9906, 9907, 9908, 9909입니다.

따라서 9860보다 크고 9910보다 작은 네 자리 수 중에서 숫자 0이 들어 있는 수는 모두 13개입니다.

보충 개념
네 자리 수에서 숫자 0은 백, 십, 일의 자리에 들어갈 수 있어요.

주의
십의 자리 숫자가 0인 경우를 빠트리지 않도록 해요.

**2** **접근 »** ■가 어떤 수인지에 따라 ▲에 들어갈 수 있는 수도 달라집니다.

천의 자리 수를 비교하여 ■229>8▲37이 되려면 ■>8이어야 합니다.
➡ ■=9
만약 천의 자리 수가 8로 같다면 백의 자리 수를 비교해 보아야 하므로 ■에 8이 들어가는 경우도 생각해 봅니다.

• ■가 9일 때 9229>8▲37이므로 백의 자리 수인 ▲에는 0부터 9까지 어떤 수가 들어가도 됩니다. 이때 ■와 ▲에 들어갈 두 수의 짝을 (■, ▲)로 나타내면 (9, 0), (9, 1), (9, 2), (9, 3), (9, 4), (9, 5), (9, 6), (9, 7), (9, 8), (9, 9)입니다.
➡ 10가지

• ■가 8일 때 8229>8▲37이 되려면 천의 자리 수가 같으므로 백의 자리 수를 비교하여 2>▲이어야 합니다. 백의 자리 수가 2로 같다면 십의 자리 수를 비교해 보아야 하므로 ▲에 2가 들어가는 경우를 생각해 보면 8229<8237로 ▲ 안에 2는 들어갈 수 없습니다. 이때 ■와 ▲에 들어갈 두 수의 짝을 (■, ▲)로 나타내면 (8, 0), (8, 1)입니다. ➡ 2가지

따라서 (■, ▲)는 모두 10+2=12(가지)입니다.

해결 전략
■가 9일 때와 8일 때 ▲에는 각각 어떤 수가 들어갈 수 있는지 알아봐요.

# 2 곱셈구구

## 1 2단, 5단, 3단, 6단 곱셈구구                    33쪽

**1** 7, 14        **2** 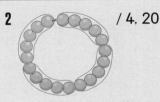 / 4, 20

**3** 8, 24 / 4, 24    **4** 5, 15, 25, 40, 45에 ○표

**5** 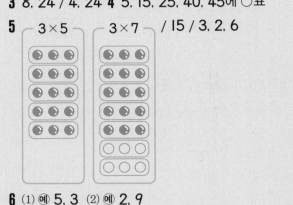  / 15 / 3, 2, 6

**6** (1) 예 5, 3 (2) 예 2, 9

**1** 단추 하나에 구멍이 2개씩 있고 단추가 모두 7개 있습니다.
➡ 2 × 7 = 14

**2** 구슬이 색깔별로 5개씩 있고 모두 4가지 색깔이 있습니다.
➡ 5 × 4 = 20

**3** 딸기를 3개씩 묶으면 8묶음입니다.
➡ 3 × 8 = 24
딸기를 6개씩 묶으면 4묶음입니다.
➡ 6 × 4 = 24

**4** 주어진 수들 중에서 5 × 1 = 5, 5 × 3 = 15,
5 × 5 = 25, 5 × 8 = 40, 5 × 9 = 45가 5단
곱셈구구의 곱입니다.

**5** 3 × 7은 3 × 5보다 3씩 2묶음 더 많게 그려야 하므로 6만큼 더 큽니다.

**6** (1) 예 3 × 5 = 15, 5 × 3 = 15
(2) 예 2 × 9 = 18, 3 × 6 = 18, 6 × 3 = 18,
9 × 2 = 18

## 2 4단, 8단, 7단, 9단 곱셈구구                    35쪽

**1** 8, 16        **2** 8, 5, 40        **3** (1) 4 (2) 7 (3) 9

**4** 2, 3, 5      **5** 63개

**6** (1) 예 4, 9 / 예 9, 4 (2) 예 4, 6 / 예 8, 3

**1** 4 × 2 = 8, 4 × 4 = 16
또는 8 × 1 = 8, 8 × 2 = 16

**2** 문어 한 마리의 다리는 8개이고 문어가 모두 5마리 있습니다.
➡ 8 × 5 = 40

**3** 곱하는 두 수의 순서를 바꾸어도 곱은 같습니다.

**4** 파란색 별은 7개씩 2줄이므로 곱셈식으로 나타내면
7 × 2이고, 노란색 별은 7개씩 3줄이므로 곱셈식
으로 나타내면 7 × 3입니다. 7 × 2와 7 × 3의 합
은 7 × 5입니다.

**5** 한라봉이 한 상자에 9개씩 7상자 있습니다.
➡ 9 × 7 = 63(개)

**6** (1) 예 4 × 9 = 36, 6 × 6 = 36, 9 × 4 = 36
(2) 예 3 × 8 = 24, 4 × 6 = 24, 6 × 4 = 24,
8 × 3 = 24

## 3 1단 곱셈구구, 0의 곱                    37쪽

**1** 4, 4        **2** 0, 0

**3** (1) 4, 4 (2) 3, 0        **4** ㉢

**5** 예 0 × 6은 0을 6번 더한 것이므로
0 + 0 + 0 + 0 + 0 + 0 = 0입니다.
따라서 0 × 6 = 0입니다.

**6** (1) 1 (2) 0        **7** 13점

**1** 사과를 1개씩 접시 4개에 담았습니다.
➡ 1 × 4 = 4

**2** 0 × 5 = 0

**4** ㉠ 8 × 0 = 0, ㉡ 0 × 1 = 0, ㉢ 6 + 0 = 6

**6** (1) 몇과 어떤 수를 곱해서 어떤 수 자신이 나오려면
Ⅰ과 곱해야 합니다.

(2) 어떤 수와 몇을 곱해서 0이 나오려면 0과 곱해야
합니다.

**7** 0점에 2번 멈췄으므로 0 × 2 = 0(점)
Ⅰ점에 3번 멈췄으므로 Ⅰ × 3 = 3(점)
2점에 5번 멈췄으므로 2 × 5 = 10(점)
➡ 0 + 3 + 10 = 13(점)

## 4 곱셈표

39쪽

**1**

| × | 3 | 4 | 5 |
|---|---|---|---|
| 2 | 6 | 8 | 10 |
| 4 | 12 | 16 | 20 |
| 8 | 24 | 32 | 40 |

**2** 64에 ○표, 63

**3**

| × | 2 | 4 | 6 | 8 |
|---|---|---|---|---|
| 2 | 4 | 8 | 12 | 16 |
| 4 | 8 | 16 | 24 | 32 |
| 6 | 12 | 24 | 36 | 48 |
| 8 | 16 | 32 | 48 | 64 |

**4** 예 4단 곱셈구구의 곱이므로 4씩 커지는 규칙이 있습니다.

**5**

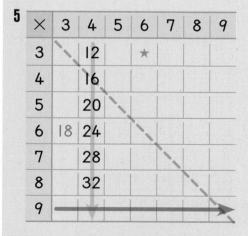

| × | 3 | 4 | 5 | 6 | 7 | 8 | 9 |
|---|---|---|---|---|---|---|---|
| 3 | | 12 | | ★ | | | |
| 4 | | 16 | | | | | |
| 5 | | 20 | | | | | |
| 6 | 18 | 24 | | | | | |
| 7 | | 28 | | | | | |
| 8 | | 32 | | | | | |
| 9 | | | | | | | |

**6** 예 일의 자리 수가 Ⅰ씩 작아집니다.

**1** 2, 4, 8단 곱셈구구를 이용하여 곱셈표를 완성합니다.

다른 풀이
3, 4, 5단 곱셈구구를 이용하여 곱셈표를 완성합니다.

**2** 7 × 9 = 63

**3**

| × | 2 | ㉢ | 6 | ㉣ |
|---|---|---|---|---|
| ㉠ | 4 | | | |
| 4 | | 16 | | |
| ㉡ | | | 36 | |
| 8 | | | | 64 |

㉠ × 2 = 4에서 2 × 2 = 4이므로 ㉠ = 2입니다.
㉡ × 6 = 36에서 6 × 6 = 36이므로 ㉡ = 6입니다.
4 × ㉢ = 16에서 4 × 4 = 16이므로 ㉢ = 4입니다.
8 × ㉣ = 64에서 8 × 8 = 64이므로 ㉣ = 8입니다.
㉠, ㉡, ㉢, ㉣에 각각 2, 6, 4, 8을 쓰고 나머지 칸을 채웁니다.

**5** ★이 있는 칸에는 3 × 6의 곱이 들어갑니다. 점선을 따라 접었을 때 만나는 칸에는 6 × 3의 곱이 들어갑니다. 따라서 6 × 3 = 18입니다.

다른 풀이
점선을 따라 접었을 때 만나는 수들은 서로 같습니다. ★이 있는 칸에는 3 × 6 = 18이 들어가므로 ★과 만나는 칸에도 18이 들어갑니다.

**6** 9단 곱셈구구의 곱에서 십의 자리 수는 Ⅰ씩 커지고, 일의 자리 수는 Ⅰ씩 작아집니다.

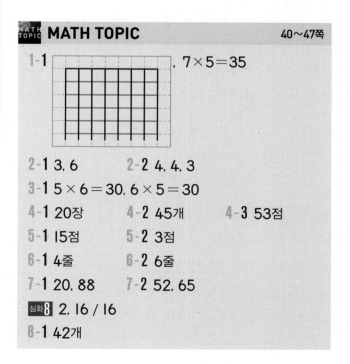

## MATH TOPIC

40~47쪽

**1-1**

, 7 × 5 = 35

**2-1** 3, 6 **2-2** 4, 4, 3

**3-1** 5 × 6 = 30, 6 × 5 = 30

**4-1** 20장 **4-2** 45개 **4-3** 53점

**5-1** 15점 **5-2** 3점

**6-1** 4줄 **6-2** 6줄

**7-1** 20, 88 **7-2** 52, 65

심화8 2, 16 / 16

**8-1** 42개

**1-1** 한 줄에 **7**칸이 있으므로 가로선을 **1**줄 그을 때마다 사각형이 **7**개씩 늘어납니다. 보기 에서 사각형의 수는 **7**씩 **2**묶음이므로 곱셈식으로 나타내면 $7 \times 2 = 14$입니다.

가로선을 **5**줄 그으면 **2**줄보다 **3**줄만큼 더 생기므로 사각형이 $7 \times 3 = 21$(개) 더 많이 만들어집니다.

➡ $14 + 21 = 35$(개)

만들어진 사각형의 수는 **7**씩 **5**묶음이므로 곱셈식으로 나타내면 $7 \times 5 = 35$입니다.

**2-1** ・$8 \times 5$는 8을 5번 더한 수이므로 $\underset{\text{8을 3번 더한 수}}{8 \times 2}$와 $\underset{\text{8을 2번 더한 수}}{8 \times 3}$의 합과 같습니다.

➡ ■$=3$

・8단 곱셈구구의 곱은 8씩 커지므로 $8 \times 5$는 $8 \times 6$에서 8을 뺀 수와 같습니다. ➡ ▲$=6$

**2-2** ・4단 곱셈구구의 곱은 4씩 커지므로 $4 \times 9$는 $4 \times 8$에 4를 더한 수와 같습니다. ➡ ■$=4$

・$4 \times 9$는 4를 9번 더한 수이므로 4를 8번 더하고 4를 한 번 더 더한 수와 같습니다. ➡ ▲$=4$

・$4 \times 9$는 4를 9번 더한 수이므로 $\underset{\text{4를 3번 더한 수}}{4 \times 3}$을 세 번 더한 것과 같습니다. ➡ ●$=3$

**3-1** 수 카드를 두 장씩 골라 두 수의 곱을 각각 구해 봅니다.

$5 \times 0 = 0$, $5 \times 3 = 15$, $5 \times 6 = 30$,
$0 \times 3 = 0$, $0 \times 6 = 0$, $3 \times 6 = 18$

주어진 수 카드를 한 번씩 모두 사용하여 만들 수 있는 곱셈식은 $5 \times 6 = 30$입니다. 곱하는 두 수의 순서를 바꾸어도 곱은 같으므로 곱셈식을 2개 만들면 $5 \times 6 = 30$, $6 \times 5 = 30$이 됩니다.

**4-1** 세잎클로버 한 개의 잎은 **3**장이므로 세잎클로버 4개의 잎은 $3 \times 4 = 12$(장)이고, 네잎클로버 한 개의 잎은 4장이므로 네잎클로버 2개의 잎은 $4 \times 2 = 8$(장)입니다.

따라서 미라가 찾은 클로버의 잎은 모두 $12 + 8 = 20$(장)입니다.

**4-2** 분홍색 구슬은 한 상자에 5개씩 3상자이므로 $5 \times 3 = 15$(개)이고,

하늘색 구슬은 한 상자에 6개씩 5상자이므로 $6 \times 5 = 30$(개)입니다.

따라서 인혜가 가지고 있는 구슬은 모두 $15 + 30 = 45$(개)입니다.

**4-3** 3점짜리 붙임딱지를 3장 받았으므로 $3 \times 3 = 9$(점), 4점짜리 붙임딱지를 6장 받았으므로 $4 \times 6 = 24$(점), 5점짜리 붙임딱지를 4장 받았으므로 $5 \times 4 = 20$(점)입니다.

따라서 윤주가 받은 점수는 모두 $9 + 24 + 20 = 53$(점)입니다.

**5-1** 4점짜리 과녁을 맞혀서 얻은 점수는 $4 \times 2 = 8$(점), 1점짜리 과녁을 맞혀서 얻은 점수는 $1 \times 7 = 7$(점), 0점짜리 과녁을 맞혀서 얻은 점수는 $0 \times 1 = 0$(점)입니다.

따라서 은지가 얻은 점수는 모두 $8 + 7 + 0 = 15$(점)입니다.

**5-2** 승우가 1점짜리와 0점짜리 과녁을 맞혀서 얻은 점수는 각각 $1 \times 5 = 5$(점), $0 \times 4 = 0$(점)이므로 합해서 $5 + 0 = 5$(점)입니다. 승우가 모두 23점을 얻었으므로 6번 맞힌 과녁을 □점짜리라고 하면 □점짜리 과녁을 맞혀서 얻은 점수는 $23 - 5 = 18$(점)입니다. □점짜리 과녁을 6번 맞혀서 얻은 점수는 □$\times 6 = 18$이고, $3 \times 6 = 18$이므로 □$=3$입니다. 따라서 승우가 6번 맞힌 것은 3점짜리 과녁입니다.

**6-1** 파프리카가 한 줄에 8개씩 3줄이므로 $8 \times 3 = 24$(개)입니다.

6단 곱셈구구에서 곱이 24가 되는 경우를 알아보면 $6 \times 4 = 24$이므로 한 줄에 6개씩 놓으면 4줄이 됩니다.

**6-2** 생선이 한 줄에 7마리씩 8줄이므로 $7 \times 8 = 56$(마리) 있었는데 이 중에서 2마리를 고양이가 먹었으므로 남은 생선은 $56 - 2 = 54$(마리)입니다. 9단 곱셈구구에서 곱이 54가 되는 경우를 알아보면 $9 \times 6 = 54$이므로 한 줄에 9마리씩 놓으면 6줄이 됩니다.

**7-1**

| × | 0 | 1 | 2 | 3 | 4 | 5 | 6 | 7 | 8 | 9 | 10 | 11 |
|---|---|---|---|---|---|---|---|---|---|---|----|----|
| 2 | 0 | 2 | 4 | 6 | 8 | 10 | 12 | 14 | 16 | ★ | ㉠ | |
| 8 | 0 | 8 | 16 | 24 | 32 | 40 | 48 | 56 | 64 | 72 | ▲ | ㉡ |

첫째 줄은 2단 곱셈구구의 곱이므로 오른쪽으로 갈수록 2씩 커집니다. ★은 2 × 9 = 18이고 ㉠은 ★보다 한 칸 오른쪽에 있으므로 18보다 2만큼 더 큰 수인 20입니다.

둘째 줄은 8단 곱셈구구의 곱이므로 오른쪽으로 갈수록 8씩 커집니다. ▲는 72보다 한 칸 오른쪽에 있으므로 72보다 8만큼 더 큰 수인 80이고, ㉡은 ▲보다 한 칸 오른쪽에 있으므로 80보다 8만큼 더 큰 수인 88입니다.

**7-2** 첫째 줄은 4단 곱셈구구의 곱이므로 오른쪽으로 갈수록 4씩 커집니다. 32부터 4씩 커지도록 빈칸에 수를 써넣으면 ㉠은 52입니다.

둘째 줄은 5단 곱셈구구의 곱이므로 오른쪽으로 갈수록 5씩 커집니다. 40부터 5씩 커지도록 빈칸에 수를 써넣으면 ㉡은 65입니다.

| × | 2 | 3 | 4 | 5 | 6 | 7 | 8 | 9 | 10 | 11 | 12 | 13 |
|---|---|---|---|---|---|---|---|---|----|----|----|----|
| 4 | 8 | 12 | 16 | 20 | 24 | 28 | 32 | 36 | 40 | 44 | 48 | ㉠ |
| 5 | 10 | 15 | 20 | 25 | 30 | 35 | 40 | 45 | 50 | 55 | 60 | ㉡ |

**8-1** 기본 통화를 하려면 10원짜리 동전이 5 + 2 = 7(개) 필요합니다.
따라서 6명의 친구와 각각 기본 통화를 하려면 10원짜리 동전이 7 × 6 = 42(개) 필요합니다.

---

## LEVEL UP TEST

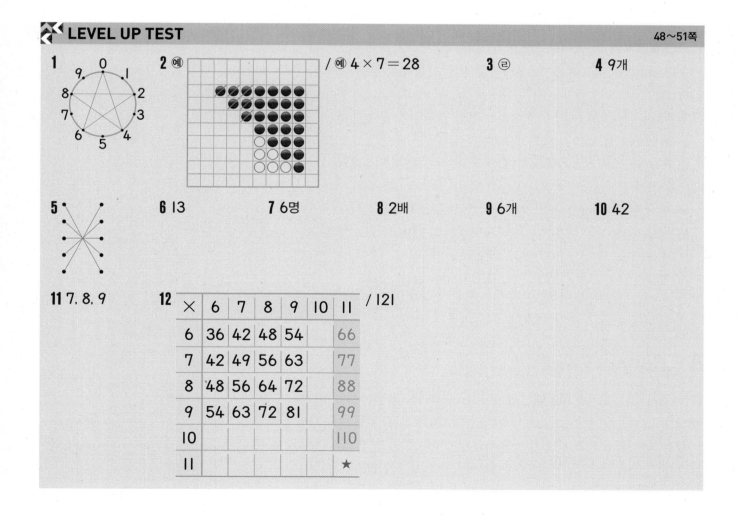

**1** (별 모양 그림)

**2** 예 / 예 4 × 7 = 28

**3** ㉣

**4** 9개

**5** (선 그림)

**6** 13

**7** 6명

**8** 2배

**9** 6개

**10** 42

**11** 7, 8, 9

**12** / 121

| × | 6 | 7 | 8 | 9 | 10 | 11 |
|---|---|---|---|---|----|----|
| 6 | 36 | 42 | 48 | 54 | | 66 |
| 7 | 42 | 49 | 56 | 63 | | 77 |
| 8 | 48 | 56 | 64 | 72 | | 88 |
| 9 | 54 | 63 | 72 | 81 | | 99 |
| 10 | | | | | | 110 |
| 11 | | | | | | ★ |

# 1 접근 ≫ 6단 곱셈구구의 곱을 알아봅니다.

| × | 1 | 2 | 3 | 4 | 5 | 6 | 7 | 8 | 9 |
|---|---|---|---|---|---|---|---|---|---|
| 6 | 6 | 12 | 18 | 24 | 30 | 36 | 42 | 48 | 54 |

6단 곱셈구구의 곱의 일의 자리 숫자는 6, 2, 8, 4, 0, 6, 2, 8, 4입니다.

# 2 접근 ≫ 바둑돌을 옮겨서 사각형 모양이 되도록 놓습니다.

바둑돌을 해답과 같이 옮겨서 사각형 모양으로 만들면 4개씩 7줄이 됩니다.
따라서 바둑돌의 수를 곱셈식으로 나타내면 $4 \times 7 = 28$입니다.

**보충 개념**
사각형 모양으로 놓으면 몇 개씩 몇 줄인지 알 수 있어요.

### 다른 풀이

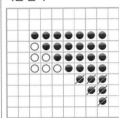

바둑돌을 그림과 같이 옮겨서 사각형 모양으로 만들면 7개씩 4줄이 됩니다. 따라서 바둑돌의 수를 곱셈식으로 나타내면 $7 \times 4 = 28$입니다.

# 3 41쪽 2번의 변형 심화 유형
접근 ≫ 구슬을 색깔별로 묶어서 여러 가지 방법으로 곱을 구해 봅니다.

구슬을 색깔별로 묶으면 6개씩 4묶음입니다. 전체 구슬 수를 구하는 방법은 다음과 같습니다.

㉠ 6씩 4묶음이므로 6을 네 번 더하면 전체 구슬 수가 됩니다.
　➡ $6 + 6 + 6 + 6 = 24$
㉡ 6의 4배이므로 $6 \times 4$를 구하면 전체 구슬 수가 됩니다. ➡ $6 \times 4 = 24$
㉢ 6단 곱셈구구는 6씩 커지므로 $6 \times 4$는 $6 \times 3$에 6을 더한 수와 같습니다.
　➡ $6 \times 3 + 6 = 6 \times 4 = 24$
㉣ $6 \times 4$는 6을 4번 더한 수이므로 $\underset{\text{6을 두 번 더한 수}}{6 \times 2}$를 두 번 더한 것과 같습니다.
　➡ $6 \times 2 + 6 \times 2 = 6 \times 4 = 24$
㉣에서 $6 \times 2$를 세 번 더한다고 했으므로 옳지 않은 것은 ㉣입니다.

**주의**
$6 \times 2$를 세 번 더하면
$6 \times 6$이 돼요.

# 4 접근 ≫ 0과 어떤 수의 곱은 항상 0이 됩니다.

$0 \times$ (어떤 수) $= 0$이기 때문에 □ 안에 어떤 수를 넣어도 곱은 0이 됩니다.
➡ $0 \times 1 = 0$, $0 \times 2 = 0$, $0 \times 3 = 0$, $0 \times 4 = 0$, $0 \times 5 = 0$, $0 \times 6 = 0$,
　$0 \times 7 = 0$, $0 \times 8 = 0$, $0 \times 9 = 0$
따라서 □ 안에 들어갈 수 있는 수는 1부터 9까지 모두 9개입니다.

**보충 개념**
예) $0 \times 3 = 0$
➡ $\underset{\text{3번}}{0 + 0 + 0 = 0}$
0은 아무리 여러 번 더해도 0이에요.

## 5 접근 >> 3 × 10은 3을 10번 더한 수와 같습니다.

3 × 10은 3을 10번 더한 수와 같으므로 3에 곱해진 수들의 합이 10이 되면 두 곱의 합이 3 × 10이 됩니다. 합이 3 × 10이 되는 경우는 다음과 같습니다.

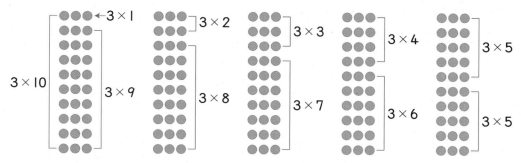

따라서 3 × 1과 3 × 9, 3 × 2와 3 × 8, 3 × 3과 3 × 7, 3 × 4와 3 × 6, 3 × 5 와 3 × 5를 각각 잇습니다.

## 서술형 6 접근 >> 어떤 수를 먼저 구합니다.

㉠ 어떤 수를 □라 하면 □ × 6 = 42이고 7 × 6 = 42이므로 □ = 7입니다. 어떤 수가 7이므로 바르게 계산하면 7 + 6 = 13입니다.

| 채점 기준 | 배점 |
|---|---|
| 곱셈구구를 이용하여 어떤 수를 구했나요? | 3점 |
| 바르게 계산하면 얼마인지 구했나요? | 2점 |

**보충 개념**
□ × 6 = 42에서 □를 구할 때 곱하는 순서를 바꾸어 6 × □ = 42로 생각하여 구하면 더 편해요.

## 7 45쪽 6번의 변형 심화 유형
접근 >> 군밤의 전체 개수를 먼저 구합니다.

군밤이 한 봉지에 9개씩 4봉지 있으므로 모두 9 × 4 = 36(개)입니다.
36개의 군밤을 6개씩 □명이 먹어야 하므로 6 × □ = 36이 되어야 합니다. 6단 곱셈구구를 이용하여 알아보면 6 × 6 = 36이므로 □ = 6입니다. 따라서 군밤을 한 명이 6개씩 먹는다면 6명이 먹을 수 있습니다.

**해결 전략**
군밤을 먹을 수 있는 사람 수를 □로 생각하여 곱셈식을 만들어요.

## 8 접근 >> 3씩 묶을 때와 6씩 묶을 때 묶음의 수를 비교해 봅니다.

**방법 1** 3개씩 연결한 연결 모형이 8개이므로 연결 모형은 모두 3 × 8 = 24(개)입니다.
➡ ■ = 8

**방법 2** 6개씩 연결한 연결 모형이 4개이므로 연결 모형은 모두 6 × 4 = 24(개)입니다.
➡ ▲ = 4

따라서 8은 4의 2배이므로 ■는 ▲의 2배입니다.

**보충 개념**
한 묶음 안의 수가 2배가 되면 묶음의 수는 반으로 줄어들어요.
$$3 \times 8 = 24$$
2배 ↓  ↓ 반
$$6 \times 4 = 24$$

**9** <sup>44쪽 5번의 변형 심화 유형</sup>
**접근 ≫ 각자 화살을 몇 개씩 넣었는지 알아봅니다.**

재호가 넣은 화살의 수를 □개라고 하면 $5 \times □ = 30$이고 $5 \times 6 = 30$이므로 재호가 넣은 화살은 6개입니다. 같은 방법으로 연수가 넣은 화살의 수를 △개라고 하면 $5 \times △ = 40$이고 $5 \times 8 = 40$이므로 연수가 넣은 화살은 8개입니다. 각자 화살을 10개씩 던졌으므로 재호가 넣지 못한 화살은 $10 - 6 = 4$(개)이고, 연수가 넣지 못한 화살은 $10 - 8 = 2$(개)입니다. 따라서 항아리에 들어가지 않은 화살은 모두 $4 + 2 = 6$(개)입니다.

**10** **접근 ≫ 구하려는 수가 몇보다 크고 몇보다 작은지 알아봅니다.**

$8 \times 5 = 40$보다 크고 $7 \times 7 = 49$보다 작은 수 중 6단 곱셈구구의 곱을 찾습니다.
➡ $6 \times 7 = 42$, $6 \times 8 = 48$
이 중에서 십의 자리 숫자가 일의 자리 숫자보다 큰 수는 42입니다.

> **해결 전략**
> 구하려는 수의 범위를 먼저 알아보고 6단 곱셈구구를 이용해서 구해요.

<sup>서술형</sup> **11** **접근 ≫ 두 수가 모두 주어진 왼쪽의 곱을 먼저 구합니다.**

⑩ $4 \times 8 = 32$이므로 5단 곱셈구구의 곱 중에서 32보다 큰 수를 찾습니다.
➡ $5 \times 7 = 35$, $5 \times 8 = 40$, $5 \times 9 = 45$
따라서 □ 안에 들어갈 수 있는 수는 7, 8, 9입니다.

> **해결 전략**
> 구할 수 있는 쪽의 곱을 구한 다음 5단 곱셈구구를 이용해 곱의 크기를 비교해요.

| 채점 기준 | 배점 |
|---|---|
| $4 \times 8$의 곱을 구했나요? | 2점 |
| 5단 곱셈구구를 이용하여 □ 안에 들어갈 수 있는 수를 모두 구했나요? | 3점 |

**12** <sup>46쪽 7번의 변형 심화 유형</sup>
**접근 ≫ ■단 곱셈구구의 곱은 ■씩 커집니다.**

첫째 줄은 오른쪽으로 갈수록 6씩 커지므로 54부터 6씩 커지도록 빈칸에 수를 써넣으면 ①=66입니다. 둘째 줄은 오른쪽으로 갈수록 7씩 커지므로 63부터 7씩 커지도록 빈칸에 수를 써넣으면 ②=77입니다. 같은 방법으로 ③=88, ④=99입니다.
①, ②, ③, ④, ⑤가 있는 세로줄은 아래로 내려갈수록 66, 77, 88, 99, ...로 11씩 커지므로 99부터 11씩 커지도록 빈칸에 수를 써넣으면 ⑤=$99 + 11 = 110$이고, ★=$110 + 11 = 121$입니다.

| × | 6 | 7 | 8 | 9 | 10 | 11 |
|---|---|---|---|---|---|---|
| 6 | 36 | 42 | 48 | 54 | 60 | ①66 |
| 7 | 42 | 49 | 56 | 63 | 70 | ②77 |
| 8 | 48 | 56 | 64 | 72 | 80 | ③88 |
| 9 | 54 | 63 | 72 | 81 | 90 | ④99 |
| 10 | | | | | | ⑤110 |
| 11 | | | | | | ★ |

| 1 5 | 2 2 | 3 27개 |

---

# 1
**접근 ≫ 덧셈식을 곱셈식으로 바꾸어 생각합니다.**

■＋■＋■＋■＋■＋■＋■는 ■를 7번 더한 수이므로 ■×7로 나타낼 수 있습니다. ➡ ■×7＝3■

곱하는 두 수의 순서를 바꾸어도 곱은 같으므로 ■×7＝3■를 7×■＝3■로 바꾸어 나타냅니다. ■에 1부터 9까지의 수를 넣어 7×■＝3■가 되는 경우를 찾아보면 7×5＝35이므로 ■＝5입니다.

> **해결 전략**
> 덧셈식을 곱셈식으로 바꾼 다음 곱하는 두 수의 순서를 바꾸어 ■를 구해요.

# 2
**접근 ≫ 곱해서 24가 되는 두 수를 생각해 봅니다.**

곱셈구구에서 곱이 24가 되는 두 수를 모두 찾아봅니다.
➡ 3×8＝24, 4×6＝24, 6×4＝24, 8×3＝24

이때 어떤 두 수가 3과 8이면 두 수의 합이 3＋8＝11이 되고, 어떤 두 수가 4와 6이면 두 수의 합이 4＋6＝10이 됩니다. 즉 곱이 24이고 합이 10인 두 수는 4와 6이므로 두 수의 차는 6－4＝2입니다.

> **다른 풀이**
> 합이 10이 되는 두 수를 모두 찾아봅니다. ➡ 1＋9＝10, 2＋8＝10, 3＋7＝10,
> 4＋6＝10, 5＋5＝10, 6＋4＝10, 7＋3＝10, 8＋2＝10, 9＋1＝10
> 각각의 경우 두 수의 곱을 구해 보면 1×9＝9, 2×8＝16, 3×7＝21, 4×6＝24,
> 5×5＝25입니다. 즉 곱이 24이고 합이 10인 두 수는 4와 6이므로 두 수의 차는
> 6－4＝2입니다.

> **지도 가이드**
> 더해서 10이 되는 두 수를 먼저 찾는 것보다 곱해서 24가 되는 두 수를 먼저 찾고 그중 더해서 10이 되는 두 수를 찾는 것이 간단합니다.

> **해결 전략**
> 곱해서 24가 되는 두 수를 찾고, 그중 더해서 10이 되는 두 수를 찾아요.

> **주의**
> 차를 구할 때는 큰 수에서 작은 수를 빼요.

# 3
**접근 ≫ 포장하고 남은 수를 이용하여 사탕의 수를 생각해 봅니다.**

사탕을 30개까지 넣을 수 있으므로 사탕의 수는 30을 넘지 않습니다. 사탕을 5개씩 포장하면 2개가 남으므로 사탕의 수는 5단 곱셈구구의 곱보다 2만큼 더 큰 수입니다.
➡ 5＋2＝7, 10＋2＝12, 15＋2＝17, 20＋2＝22, 25＋2＝27
   5×1    5×2    5×3    5×4    5×5

사탕을 8개씩 포장하면 3개가 남으므로 사탕의 수는 8단 곱셈구구의 곱보다 3만큼 더 큰 수입니다. ➡ 8＋3＝11, 16＋3＝19, 24＋3＝27
   8×1    8×2    8×3

두 경우에서 공통으로 찾을 수 있는 수는 27이므로 상자에 들어 있는 사탕은 27개입니다.

> **보충 개념**
> 5개씩 묶을 때 2개가 남았으므로 2개를 빼면 5개씩 남김 없이 묶을 수 있어요.

# 3 길이 재기

## ◉ BASIC TEST

### 1 1m 알아보기, 자로 길이 재기 57쪽

**1** 수아   **2** (1) 70 (2) 55
**3** (1) 3 (2) 620 (3) 5, 38
**4** ㉣, ㉠, ㉡, ㉢   **5** 203 / 2, 3
**6** 예) 줄자를 사용하면 1m가 넘는 길이를 한 번에 잴 수 있습니다.

**1** 1m=100cm이고, 100cm는 1cm로 100번 재거나 10cm로 10번 잰 길이입니다.

**2** 1m=100cm이므로 100cm에서 다른 한 조각의 길이를 빼면 나머지 한 조각의 길이를 구할 수 있습니다.
(1) 100−30=70이므로 나머지 한 조각의 길이는 70cm입니다.
(2) 100−45=55이므로 나머지 한 조각의 길이는 55cm입니다.

**3** 100cm=1m임을 이용하여 단위를 바꾸어 나타냅니다.
(1) 300cm=3m
(2) 6m 20cm=6m+20cm
$\qquad\qquad$ =600cm+20cm=620cm
(3) 538cm=500cm+38cm
$\qquad\qquad$ =5m+38cm=5m 38cm

**4** 모두 '몇 m 몇 cm'로 나타내 비교합니다.
㉠ 5m 8cm $\qquad$ ㉡ 4m 35cm
㉢ 4m 29cm $\qquad$ ㉣ 5m 12cm
➡ ㉣>㉠>㉡>㉢이므로 길이가 긴 것부터 차례로 기호를 쓰면 ㉣, ㉠, ㉡, ㉢입니다.

**다른 풀이**
모두 '몇 cm'로 나타내 비교합니다.
㉠ 508cm $\qquad$ ㉡ 435cm
㉢ 429cm $\qquad$ ㉣ 512cm
➡ ㉣>㉠>㉡>㉢이므로 길이가 긴 것부터 차례로 기호를 쓰면 ㉣, ㉠, ㉡, ㉢입니다.

**5** 줄자 끝의 눈금을 읽습니다.
➡ 밧줄의 길이: 203cm=200cm+3cm
$\qquad\qquad\qquad$ =2m+3cm
$\qquad\qquad\qquad$ =2m 3cm

**6** **다른 풀이**
예) 곧은 자로 1m가 넘는 길이를 재려면 자를 여러 번 옮겨 재어야 해서 불편합니다.

**보충 개념**
잰 길이는 300cm=3m로 같습니다.

### 2 길이의 합, 길이의 차 59쪽

**1** (1) 7, 75 (2) 3, 33 $\qquad$ **2** 3, 52
**3** 8m 40cm $\quad$ **4** 1m 52cm $\quad$ **5** 86m 27cm
**6** 1m 19cm

**1** m는 m끼리, cm는 cm끼리 계산합니다.
**보충 개념**
같은 수라도 단위에 따라 다른 길이를 나타냅니다.

**2** 5m 71cm−2m 19cm=3m 52cm

**3**
```
    3 m   60 cm         3 m   60 cm
+   4 m   80 cm     +   4 m   80 cm
    7 m  140 cm  ➡     8 m   40 cm
      =1m 40cm
```

**4** 324cm=3m 24cm이므로
3m 42cm>324cm>1m 90cm입니다.
가장 긴 길이와 가장 짧은 길이의 차를 구하면
3m 42cm−1m 90cm
=2m 142cm−1m 90cm=1m 52cm
입니다.

**해결 전략**
cm끼리 뺄 수 없으면 1m를 100cm로 바꾸어 계산합니다.

**5** (집에서 소방서를 거쳐 학교까지 가는 거리)
=(집에서 소방서까지의 거리)
$\qquad$ +(소방서에서 학교까지의 거리)
=50m 80cm+35m 47cm
=85m 127cm=86m 27cm

**6** $380\,cm = 3\,m\ 80\,cm$
(고무줄이 늘어난 길이)
$= 3\,m\ 80\,cm - 2\,m\ 61\,cm = 1\,m\ 19\,cm$

## 3 길이 어림하기
61쪽

**1** 예 의자의 높이, 바지의 길이 / 예 농구대의 높이, 줄넘
기의 길이

**2** ㉣          **3** 약 2m

**4** (1) 80cm   (2) 280cm   (3) 80m

**5** 상호          **6** 8번

**1** 내 키를 기준으로 하여 물건의 높이나 길이가 그것보
다 짧은 것, 긴 것을 각각 찾아봅니다.

**2** ㉠ 뼘, ㉡ 걸음, ㉢ 발 길이, ㉣ 손가락 너비
같은 길이를 잴 때 단위의 길이가 짧을수록 여러 번
재어야 합니다.
주어진 내 몸의 부분 중 가장 짧은 것은 ㉣이므로 가
장 여러 번 재어야 하는 것은 ㉣입니다.

**3** 10cm로 10번이면 100cm이므로 10cm로 20번
이면 200cm입니다. 시소의 길이는 약 10cm로
20번이므로 약 200cm = 2m입니다.

**4** (1) 식탁의 높이는 내 어깨보다 낮으므로
1m = 100cm보다 짧습니다. ➡ 약 80cm
(2) 농구대의 높이는 내 키의 2배 정도 되므로
3m = 300cm에 가깝습니다.
➡ 약 280cm
(3) 비행기의 길이는 운동장의 긴 쪽 길이 정도 되므
로 100m에 가깝습니다. ➡ 약 80m

**5** 실제 길이와 어림한 길이의 차가 작을수록 실제 높이
에 가깝게 어림한 것입니다.
실제 길이와 어림한 길이의 차를 각각 구해 봅니다.

- 현아: $1\,m\ 30\,cm - 1\,m\ 15\,cm = 15\,cm$
- 상호: $1\,m\ 24\,cm - 1\,m\ 15\,cm = 9\,cm$
- 진수: $1\,m\ 15\,cm - 99\,cm = 115\,cm - 99\,cm$
               $= 16\,cm$

$9\,cm < 15\,cm < 16\,cm$이므로 실제 높이에 가장 가
깝게 어림한 사람은 상호입니다.

**6** 두 걸음의 길이가 1m이므로 4m를 어림하려면 같
은 걸음으로 두 걸음씩 4번 ➡ $2 \times 4 = 8$(번) 재어
야 합니다.

## MATH TOPIC
62~68쪽

**1-1** 0, 1, 2, 3    **1-2** 5개      **1-3** 3개

**2-1** (1) 4, 28   (2) 5, 80

**2-2** (1) (위에서부터) 50, 4   (2) (위에서부터) 5, 80

**3-1** 2m 69cm   **3-2** 4m 15cm

**4-1** 약국, 3m 4cm

**5-1** 9m 10cm   **5-2** 8m 82cm

**6-1** 10번      **6-2** 2번

**심화7** 144, 91, 44 / 91, 44    **7-1** 5m 6cm

**1-1** $1\,m = 100\,cm$이므로 $8\,m\ 41\,cm = 841\,cm$입니
다. $8\,\square\,5\,cm < 8\,m\ 41\,cm$ ➡ $8\,\square\,5\,cm < 841\,cm$
이므로 $\square < 4$이어야 합니다.
$\square$ 안에 4를 넣으면 $845\,cm > 841\,cm$이므로 $\square$
안에 4는 들어갈 수 없습니다.
따라서 $\square$ 안에 들어갈 수 있는 수는 0, 1, 2, 3입
니다.

**1-2** $1\,m = 100\,cm$이므로 $3\,m\ 56\,cm = 356\,cm$입니
다. $3\,m\ 56\,cm < 3\,\square\,8\,cm$ ➡ $356\,cm < 3\,\square\,8\,cm$
이므로 $5 < \square$이어야 합니다.
$\square$ 안에 5를 넣으면 $356\,cm < 358\,cm$이므로 $\square$
안에 5도 들어갈 수 있습니다.
따라서 $\square$ 안에 들어갈 수 있는 수는 5, 6, 7, 8,
9로 모두 5개입니다.

**1-3** 1m=100cm이므로 9m 27cm=927cm입니다. 9m 27cm>9□0cm ➡ 927cm>9□0cm 이므로 2>□이어야 합니다.
□ 안에 2를 넣으면 927cm>920cm이므로 □ 안에 2도 들어갈 수 있습니다.
따라서 □ 안에 들어갈 수 있는 수는 0, 1, 2로 모두 3개입니다.

**2-1** (1) 52+★=80 ➡ 80−52=★, ★=28
●+3=7 ➡ 7−3=●, ●=4
(2) ★−45=35 ➡ 35+45=★, ★=80
9−●=4 ➡ 9−4=●, ●=5

**2-2** (1)
$$\begin{array}{r} 2\,\text{m}\ \boxed{\text{㉠}}\,\text{cm} \\ +\ \boxed{\text{㉡}}\,\text{m}\ 59\,\text{cm} \\ \hline 7\,\text{m}\quad\ 9\,\text{cm} \end{array}$$
㉠+59=109 ➡ 109−59=㉠, ㉠=50
1+2+㉡=7, 3+㉡=7
➡ 7−3=㉡, ㉡=4

> **해결 전략**
> cm끼리의 계산에서 ㉠+59=9가 되는 ㉠은 없으므로 ㉠+59=109가 되어야 합니다.

(2)
$$\begin{array}{r} \boxed{\text{㉠}}\,\text{m}\ 60\,\text{cm} \\ -\ 3\,\text{m}\ \boxed{\text{㉡}}\,\text{cm} \\ \hline 1\,\text{m}\ 80\,\text{cm} \end{array}$$
160−㉡=80 ➡ 160−80=㉡, ㉡=80
㉠−1−3=1, ㉠−4=1
➡ 1+4=㉠, ㉠=5

> **해결 전략**
> cm끼리의 계산에서 60−㉡=80이 되는 ㉡은 없으므로 160−㉡=80이 되어야 합니다.

**3-1** (위쪽 리본의 길이)
=1m 55cm+4m 20cm=5m 75cm
위쪽 리본의 길이와 아래쪽 리본의 길이는 같으므로 아래쪽 리본의 길이도
5m 75cm입니다.
➡ (빗금 친 리본의 길이)
=5m 75cm−3m 6cm=2m 69cm

**3-2** (아래쪽 리본의 길이)
=4m 90cm+3m 40cm
=7m 130cm=8m 30cm
아래쪽 리본의 길이와 위쪽 리본의 길이는 같으므로 위쪽 리본의 길이도 8m 30cm입니다.
➡ (빗금 친 리본의 길이)
=8m 30cm−4m 15cm=4m 15cm

**4-1** (집 ➡ 약국 ➡ 놀이터)
=30m 19cm+26m 50cm=56m 69cm
(집 ➡ 경찰서 ➡ 놀이터)
=22m 45cm+37m 28cm
=59m 73cm
59m 73cm>56m 69cm이므로 두 거리의 차를 구하면
59m 73cm−56m 69cm=3m 4cm입니다. 따라서 약국을 거쳐 가는 거리가 3m 4cm 더 가깝습니다.

**5-1** (색 테이프 2장의 길이의 합)
=4m 75cm+4m 75cm
=8m 150cm=9m 50cm
겹치게 이어 붙인 색 테이프의 전체 길이는 색 테이프 2장의 길이의 합에서 겹쳐진 부분의 길이를 뺀 것과 같습니다.
➡ (이어 붙인 색 테이프의 전체 길이)
=(색 테이프 2장의 길이의 합)
−(겹쳐진 부분의 길이)
=9m 50cm−40cm=9m 10cm

**5-2** (색 테이프 3장의 길이의 합)
=3m 24cm+3m 24cm+3m 24cm
=9m 72cm
(겹쳐진 부분의 길이의 합)
=45cm+45cm=90cm
➡ (이어 붙인 색 테이프의 전체 길이)
=(색 테이프 3장의 길이의 합)
−(겹쳐진 부분의 길이의 합)
=9m 72cm−90cm
=8m 172cm−90cm=8m 82cm

**6-1** 언니의 한 뼘은 약 15cm이고 책장의 긴 쪽 길이는
언니의 뼘으로 8번이므로 책장의 긴 쪽 길이는
$$15+15+15+15+15+15+15+15=120$$
<br>8번
➡ 약 120cm입니다.
소희의 한 뼘은 약 12cm이고 120=12+12+
12+12+12+12+12+12+12+12이므로
<br>10번
소희가 뼘으로 같은 길이를 재면 10번입니다.

**6-2** 준수의 양팔 사이의 길이는 약 1m 14cm이고 방
의 짧은 쪽 길이는 준수의 양팔 사이의 길이로 3번
이므로 방의 짧은 쪽 길이는 약

1m 14cm+1m 14cm+1m 14cm
=3m 42cm입니다.
형의 양팔 사이의 길이는 약 1m 71cm이고
3m 42cm=1m 71cm+1m 71cm이므로
<br>2번
형이 양팔 사이의 길이로 같은 길이를 재면 2번입니다.

**7-1** (2009년의 기록)
= (2003년의 기록)+24cm
= 4m 82cm+24cm=4m 106cm
= 5m 6cm

---

## ⬖ LEVEL UP TEST　　　　　　　　　　　　　　　　69~72쪽

| **1** 약 3m | **2** 민수 | **3** ㉠, ㉢ | **4** 9 | **5** 7번 | **6** 54m 20cm |
|---|---|---|---|---|---|
| **7** 6m | **8** 20걸음 | **9** 3번 | **10** 72m | **11** 6m 10cm | **12** 500원 |

**1** 접근 》 구하려는 높이 안에 1m가 몇 번 들어가는지 알아봅니다.

바닥에서 수민이 어깨까지의 높이가 약 1m이
고, 이는 정글짐의 작은 사각형 2칸의 높이와
같습니다. 즉 정글짐의 작은 사각형 2칸의 높이
는 약 1m입니다. 구해야 할 높이는 정글짐의 작
은 사각형 6칸의 높이와 같으므로 어림하면 약
3m가 됩니다.

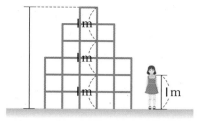

해결 전략
2칸이 약 1m이면, 4칸이 약
2m, 6칸이 약 3m예요.

**2** 접근 》 한 걸음의 길이가 짧을수록 여러 번 걸어야 합니다.

같은 길이를 잴 때 잰 걸음 수가 많을수록 한 걸음의 길이가 짧습니다. 걸음 수를 비
교해 보면 55>50>46>40이므로 민수가 가장 많습니다. 따라서 한 걸음의 길
이가 가장 짧은 사람은 민수입니다.

## 3 접근 >> 트럭의 높이가 터널보다 높으면 지나갈 수 없습니다.

주어진 길이의 단위를 '몇 m 몇 cm'로 같게 하여 비교해 봅니다.

㉠ $600\,cm=6\,m$  ㉡ $4\,m\ 53\,cm$  ㉢ $5\,m\ 37\,cm$  ㉣ $410\,cm=4\,m\ 10\,cm$

터널의 높이는 $5\,m$이므로 높이가 $5\,m$보다 높은 트럭은 터널을 지나갈 수 없습니다.
따라서 터널을 지나갈 수 없는 것은 $5\,m$보다 높은 ㉠과 ㉢입니다.

보충 개념
$5\,m$를 기준으로 짧은 길이부터 차례로 써 보면
$410\,cm<4\,m\ 53\,cm$
$<5\,m<5\,m\ 37\,cm$
$<600\,cm$예요.

---

서술형

## 4 62쪽 1번의 변형 심화 유형
접근 >> 주어진 덧셈식을 먼저 계산합니다.

(예)

$$\begin{array}{r} 4\,m\ \ 51\,cm \\ +\ 3\,m\ \ 90\,cm \\ \hline 7\,m\ 141\,cm \end{array} \Rightarrow \begin{array}{r} 4\,m\ \ 51\,cm \\ +\ 3\,m\ \ 90\,cm \\ \hline 8\,m\ \ 41\,cm \end{array}$$

$4\,m\ 51\,cm+3\,m\ 90\,cm<\square\,m \Rightarrow 8\,m\ 41\,cm<\square\,m$이므로 $\square$ 안에는 $8$보다 큰 수가 들어갈 수 있습니다.

따라서 $\square$ 안에 들어갈 수 있는 수 중에서 가장 작은 수는 $9$입니다.

해결 전략
cm끼리의 합이 $100\,cm$를 넘으므로 $100\,cm$를 $1\,m$로 생각하여 계산해요.

| 채점 기준 | 배점 |
| --- | --- |
| $4\,m\ 51\,cm$와 $3\,m\ 90\,cm$의 합을 구했나요? | 3점 |
| $\square$ 안에 들어갈 수 있는 가장 작은 수를 구했나요? | 2점 |

---

## 5 접근 >> 단위 길이를 잰 횟수만큼 더하면 잰 길이가 됩니다.

잰 길이가 $2\,m=200\,cm$를 넘을 때까지 팔 길이를 여러 번 더해 봅니다.
2번 잰 길이: $30+30=60\,(cm)$
3번 잰 길이: $30+30+30=90\,(cm)$
4번 잰 길이: $30+30+30+30=120\,(cm)$
5번 잰 길이: $30+30+30+30+30=150\,(cm)$
6번 잰 길이: $30+30+30+30+30+30=180\,(cm)$
7번 잰 길이: $30+30+30+30+30+30+30=210\,(cm) \Rightarrow 2\,m\ 10\,cm$
따라서 적어도 7번을 재어야 $2\,m$를 넘습니다.

---

## 6 65쪽 4번의 변형 심화 유형
접근 >> 학교에서 약국까지의 거리를 먼저 구합니다.

(학교에서 약국까지의 거리)
$=$(집에서 약국까지의 거리)$-$(집에서 학교까지의 거리)
$=43\,m\ 60\,cm-33\,m=10\,m\ 60\,cm$
(학교에서 약국을 들러 집에 가는 거리)
$=$(학교에서 약국까지의 거리)$+$(약국에서 집까지의 거리)
$=10\,m\ 60\,cm+43\,m\ 60\,cm=53\,m\ 120\,cm=54\,m\ 20\,cm$

보충 개념
$$\begin{array}{r} 43\,m\ 60\,cm \\ -\ 33\,m \\ \hline 10\,m\ 60\,cm \end{array}$$

**서술형 7** 접근 ≫ 단위 길이를 잰 횟수만큼 더하면 잰 길이가 됩니다.

㉠ 밧줄의 한끝이 줄자의 눈금 0에 맞춰져 있으므로 끝의 눈금을 읽으면 밧줄의 길이는 150 cm＝1 m 50 cm입니다.

마을버스의 긴 쪽 길이는 1 m 50 cm짜리 밧줄로 4번 잰 길이와 같으므로 1 m 50 cm를 4번 더한 것과 같습니다.

$$\underset{4번}{1\,m\,50\,cm+1\,m\,50\,cm+1\,m\,50\,cm+1\,m\,50\,cm}=4\,m+200\,cm$$
$$=4\,m+2\,m=6\,m$$

따라서 마을버스의 긴 쪽 길이는 6 m입니다.

| 채점 기준 | 배점 |
|---|---|
| 밧줄의 길이를 알았나요? | 1점 |
| 마을버스의 긴 쪽 길이는 몇 m인지 구했나요? | 4점 |

**보충 개념**
밧줄의 길이를 두 번 더하면
1 m 50 cm＋1 m 50 cm
＝3 m이므로 4번 더하면
3 m＋3 m＝6 m가 돼요.

**8** 67쪽 6번의 변형 심화 유형
접근 ≫ 8 m는 2 m로 몇 번 잰 거리인지 알아봅니다.

$2\times4=8$이므로 8 m는 2 m로 4번 잰 거리입니다. 2 m는 성준이의 5걸음과 같으므로 성준이의 걸음으로 8 m를 어림하려면 5걸음씩 4번 걸어야 합니다.
따라서 성준이가 8 m를 어림하려면 $5\times4=20$(걸음)을 걸어야 합니다.

**보충 개념**
5걸음 ➡ 2 m
10걸음 ➡ 4 m
15걸음 ➡ 6 m
20걸음 ➡ 8 m

**9** 접근 ≫ 지팡이와 파라솔의 길이를 각각 단위로 하여 길이를 어림합니다.

지팡이의 길이는 120 cm＝1 m 20 cm이므로 지팡이로 5번 잰 길이는
$$\underset{5번}{1\,m\,20\,cm+1\,m\,20\,cm+1\,m\,20\,cm+1\,m\,20\,cm+1\,m\,20\,cm}$$
＝5 m 100 cm＝6 m입니다.
파라솔의 길이는 2 m이고 6 m＝$\underset{3번}{2\,m+2\,m+2\,m}$이므로 같은 길이를 파라솔로 재면 3번입니다.

**보충 개념**
같은 길이를 재어도 단위의 길이에 따라 잰 횟수가 달라져요.

**10** 접근 ≫ 나무 사이의 간격이 몇 군데인지 알아봅니다.

10그루의 나무가 처음부터 끝까지 나란히 심어져 있으므로 나무와 나무 사이의 간격은 10－1＝9(군데)입니다. 나무와 나무 사이의 간격이 일정하게 8 m이므로 도로의 길이는 $8\times9=72$ (m)입니다.

**보충 개념**
■그루의 나무가 나란히 심어져 있을 때 나무와 나무 사이의 간격은 (■－1)군데예요.

## 11 접근 ≫ 전체 길이에서 사용한 길이를 뺀 만큼이 남습니다.

30m 중 17m 80cm가 남았으므로 30m와 17m 80cm의 차만큼을 사용했습니다.

$$
\begin{array}{r}
30\ \text{m} \\
-\ 17\ \text{m}\ \ 80\ \text{cm} \\
\hline
\end{array}
\quad\Rightarrow\quad
\begin{array}{r}
29\ \text{m}\ \ 100\ \text{cm} \\
-\ 17\ \text{m}\ \ \ 80\ \text{cm} \\
\hline
12\ \text{m}\ \ \ 20\ \text{cm}
\end{array}
$$

> **해결 전략**
> cm끼리 뺄 수 없으므로 1m를 100cm로 생각하여 계산해요.

장갑 한 켤레를 만드는 데 사용한 털실은 12m 20cm입니다. 장갑 한 켤레는 두 짝이므로 장갑 한 짝을 만드는 데 사용한 털실은 12m 20cm의 반만큼입니다.

12m=6m+6m이므로 12m의 반은 6m이고 20cm=10cm+10cm이므로 20cm의 반은 10cm입니다.

따라서 장갑 한 짝을 만드는 데 사용한 털실은 6m 10cm입니다.

## 12 접근 ≫ 75걸음은 15걸음씩 몇 번인지 생각해 봅니다.

75=15+15+15+15+15이므로 75걸음은 15걸음씩 5번입니다.
         └──5번──┘

연주가 15걸음 뛴 거리는 10m이므로 15걸음씩 5번을 뛰면 10m씩 5번 뛰게 됩니다. 즉 연주가 75걸음 뛴 거리는 10m+10m+10m+10m+10m=50m입니다.
                                        └─────5번─────┘

1m당 10원을 기부할 수 있으므로 50m를 뛴 연주는 500원을 기부할 수 있습니다.

> **해결 전략**
> 연주의 75걸음이 몇 m인지 어림한 다음 기부할 수 있는 금액을 구해요.

> **보충 개념**
> 1m ➡ 10원
> 10m ➡ 100원
> 50m ➡ 500원

---

### ◢◣◤ HIGH LEVEL                                                    73쪽

| | |
|---|---|
| **1** 1m 80cm | **2** 12m, 18m |

**1** 접근 >> 큰 눈금 한 칸의 길이를 먼저 알아봅니다.

큰 눈금 5칸의 길이가 50 cm이고 큰 눈금 사이의 간격이 모두 같으므로 큰 눈금 한
칸의 길이는 10 cm입니다.
줄넘기의 길이는 큰 눈금 18칸이므로 10 cm가 18번입니다.
➡ 180 cm＝1 m 80 cm

보충 개념
10 cm가 10번 ➡ 100 cm
10 cm가 18번 ➡ 180 cm

**2** 접근 >> 두 도막의 길이의 합은 자르기 전 전체 리본의 길이와 같습니다.

두 리본 도막 중 한 도막이 다른 도막보다 6 m 더 길므로 짧은 도막의 길이를 $\square$ m
라고 하면 긴 도막의 길이는 $\square$ m＋6 m입니다.
자르기 전의 길이가 30 m이므로 두 리본 도막의 길이의 합은 30 m가 되어야 합니다.
$\square$ m＋$\square$ m＋6 m＝30 m, $\square$ m＋$\square$ m＝24 m이고 12＋12＝24이므로
짧은 도막     긴 도막
$\square$＝12입니다.
따라서 짧은 도막의 길이는 12 m이고, 긴 도막의 길이는 12 m＋6 m＝18 m입니다.

해결 전략
한 도막의 길이를 $\square$로 생각
하여 두 도막의 길이의 합을
구하는 식을 만들어요.

보충 개념
12 m＋18 m＝30 m가
돼요.

**연필 없이 생각 톡** ⓘ          **74쪽**

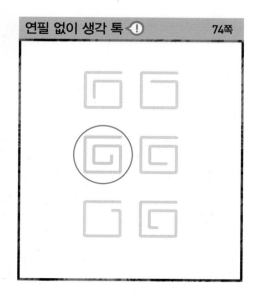

# 4 시각과 시간

## ⊙ BASIC TEST

### 1 몇 시 몇 분 읽어 보기
79쪽

**1** [선잇기 그림]
**2** (1) [시계 그림] (2) [시계 그림]
**3** 12시 29분  **4** 6. 45 / 7. 15
**5** 수지
**6** [시계 그림 3개]
20분 전 → 5시 → 20분 후

**1** 짧은바늘이 숫자 3과 4 사이를 가리키고, 긴바늘이 숫자 8을 가리킵니다.
➡ 3시 40분 ➡ 3:40
짧은바늘이 숫자 9와 10 사이를 가리키고, 긴바늘이 숫자 7에서 작은 눈금으로 2칸 더 간 곳을 가리킵니다.
➡ 9시 37분 ➡ 9:37
짧은바늘이 숫자 5와 6 사이를 가리키고, 긴바늘이 숫자 9에서 작은 눈금으로 1칸 더 간 곳을 가리킵니다.
➡ 5시 46분 ➡ 5:46

**2** (1) 35분은 긴바늘이 숫자 7을 가리키도록 그립니다.
(2) 52분은 긴바늘이 숫자 10에서 작은 눈금으로 2칸 더 간 곳을 가리키도록 그립니다.

**3** 짧은바늘이 숫자 12와 1 사이에 있으므로 12시이고 긴바늘이 숫자 6에서 작은 눈금으로 1칸 덜 간 곳을 가리키므로 29분입니다. ➡ 12시 29분

> **보충 개념**
> 긴바늘이 숫자 6을 가리키면 30분이고, 숫자 6에서 작은 눈금으로 한 칸 덜 간 곳을 가리키면 30−1=29(분)입니다.

**4** 시계가 나타내는 시각은 6시 45분입니다.
6시 45분에서 7시가 되려면 15분이 더 지나야 하므로 7시 15분 전입니다.

**5** 윤아는 9시 5분에 도착했고, 수지는 9시 10분 전인 8시 50분에 도착했으므로 먼저 도착한 사람은 수지입니다.

> **보충 개념**
> 9시 10분 전에서 9시가 되려면 10분이 더 지나야 합니다.

**6** 5시가 되기 20분 전은 4시 40분입니다.
➡ 짧은바늘이 숫자 4와 5 사이를 가리키고, 긴바늘이 숫자 8을 가리키도록 그립니다.
5시에서 20분 후는 5시 20분입니다.
➡ 짧은바늘이 숫자 5와 6 사이를 가리키고, 긴바늘이 숫자 4를 가리키도록 그립니다.

### 2 1시간 알아보기
81쪽

**1** 8시 20분
**2**  / 1. 10. 70
**3** (1) 180 (2) 110 (3) 2 (4) 3. 20
**4** 3시 55분  **5** 4시간 15분  **6** 6시 40분

**1** 긴바늘은 한 시간에 한 바퀴를 돕니다.
주어진 시각이 6시 20분이므로 긴바늘이 두 바퀴 돈 후의 시각은 6시 20분에서 2시간 뒤인 8시 20분입니다.

**2** 1시부터 2시 10분까지는 1시간 10분입니다.
1시간 10분=60분+10분=70분

**3** (1) 3시간=60분+60분+60분=180분
(2) 1시간 50분=60분+50분=110분
(3) 120분=60분+60분=2시간
(4) 200분=60분+60분+60분+20분
=3시간 20분

**4** 그림을 그리기 시작한 시각은 2시 25분입니다.
2시 25분 —1시간 후→ 3시 25분 —30분 후→ 3시 55분
따라서 그림 그리기를 마친 시각은 3시 55분입니다.

**5** 채희는 동물원에 1시 45분에 들어가서 6시에 나왔습니다.

1시 45분 $\xrightarrow{\text{4시간 후}}$ 5시 45분 $\xrightarrow{\text{15분 후}}$ 6시
따라서 채희는 동물원에 4시간 15분 동안 있었습니다.

**6** 성준이는 7시 10분이 되기 30분 전부터 피자를 먹었습니다.

7시 10분 $\xrightarrow{\text{10분 전}}$ 7시 $\xrightarrow{\text{20분 전}}$ 6시 40분
따라서 피자를 먹기 시작한 시각은 6시 40분입니다.

### 3 하루의 시간
83쪽

> **1** (왼쪽에서부터) 오전 7시, 운동, 오후 8시
> **2** (1) 오후 (2) 오전 (3) 오전 (4) 오후
> **3** (1) 30 (2) 3 (3) 2, 2
> **4** 오전 6시 ─── 낮 12시 ─── 오후 6시
> 　　　／5시간
> **5** 오후 2시 17분　　　**6** 6시간

**1** 아침 식사를 시작하는 시각은 오전 7시입니다.
오후 2시에 시작하는 활동은 운동입니다.
독서를 시작하는 시각은 오후 8시입니다.

**2** 밤 12시부터 낮 12시까지는 오전이고, 낮 12시부터 밤 12시까지는 오후입니다.

> **보충 개념**
> 새벽이나 아침은 오전이고, 낮이나 저녁은 오후입니다.

**3** (1) 1일 6시간=24시간+6시간=30시간
(2) 72시간=24시간+24시간+24시간=3일
(3) 50시간=24시간+24시간+2시간
　　　　=2일 2시간

**4** 기차에 탄 시각은 오전 10시이고, 기차에서 내린 시각은 오후 3시입니다. 오전 10시부터 오후 3시까지는 5시간입니다.

**5** 짧은바늘은 하루에 두 바퀴 돕니다. 지금 시각이 오후 2시 17분이므로 짧은바늘이 두 바퀴 돈 후는 하루 뒤인 다음날 오후 2시 17분입니다.

**6** 비가 어제 오후 8시부터 오늘 오전 2시까지 내렸습니다.

오후 8시 $\xrightarrow{\text{4시간 후}}$ 밤 12시 $\xrightarrow{\text{2시간 후}}$ 오전 2시
따라서 비가 6시간 동안 내렸습니다.

### 4 달력 알아보기
85쪽

> **1** 5월 15일　　　**2** ②
> **3** (1) 2030. 10. 17 (2) 2031. 10. 10
> **4** (1) 15 (2) 26 (3) 1, 7 (4) 2, 6
> **5** 23일　　　**6** 수요일

**1** 연희의 생일이 5월 8일이고 8+7=15이므로 지수의 생일은 5월 15일입니다.

**2** ① 31일　　② 28일(29일)　　③ 31일
④ 30일　　⑤ 31일

**3** (1) 1주일은 7일이므로 2030년 10월 10일에서 1주일 후는 2030년 10월 17일입니다.

**4** (1) 1년 3개월=12개월+3개월=15개월
(2) 2년 2개월=12개월+12개월+2개월
　　　　　　=26개월
(3) 19개월=12개월+7개월=1년 7개월
(4) 30개월=12개월+12개월+6개월
　　　　　=2년 6개월

**5** 6월은 30일까지 있으므로 6월 28일부터 6월 마지막 날까지는 3일이고, 7월 1일부터 7월 20일까지는 20일입니다. 따라서 6월 28일부터 7월 20일까지는 모두 3+20=23(일)입니다.

**6** 3일에서 20일 후는 23일입니다.
23일, 16일, 9일은 모두 같은 요일이고 9일은 수요일이므로 23일도 수요일입니다.

> **다른 풀이**
> 3일이 목요일이므로 3일에서 7+7+7=21(일) 후도 목요일입니다. 따라서 20일 후는 수요일입니다.

## MATH TOPIC

**1-1** 9시 20분,

**1-2** 6시 10분 전

**2-1** 2시 50분  **2-2** 12시 45분  **2-3** 4시 20분

**3-1** 6시간 30분  **3-2** 4시간

**4-1** 오전 6시 53분

**4-2** 오후 6시 30분

**5-1** 14일  **5-2** 37일  **5-3** 12월 8일

**6-1** 월요일  **6-2** 토요일

**7-1** 오전 3시 15분

**7-2** 오후 2시 40분

**심화8** 5. 18 / 5. 18

**8-1** 오전 7시 30분

---

**1-1** 짧은바늘이 숫자 9와 10 사이를 가리키므로 9시이고, 긴바늘이 숫자 4를 가리키므로 20분입니다. 따라서 시계가 가리키는 시각은 9시 20분입니다. 9시 20분이 되도록 시계에 바늘을 알맞게 그려 넣습니다.

**1-2** 짧은바늘이 숫자 5와 6 사이를 가리키므로 5시이고, 긴바늘이 숫자 10을 가리키므로 50분입니다. 따라서 시계가 가리키는 시각은 5시 50분이므로 6시 10분 전입니다.

**2-1** 4시 10분 $\xrightarrow{\text{I시간 전}}$ 3시 10분 $\xrightarrow{\text{20분 전}}$ 2시 50분
따라서 숙제를 시작한 시각은 2시 50분입니다.

**2-2** 축구를 끝낸 시각은 2시 15분입니다.
2시 15분 $\xrightarrow{\text{I시간 전}}$ I시 15분 $\xrightarrow{\text{30분 전}}$ 12시 45분
따라서 축구를 시작한 시각은 12시 45분입니다.

**2-3** 100분=60분+40분=I시간 40분
6시 $\xrightarrow{\text{I시간 전}}$ 5시 $\xrightarrow{\text{40분 전}}$ 4시 20분
따라서 피아노 연습을 시작한 시각은 4시 20분입니다.

**3-1** 오전 10시 30분 $\xrightarrow{\text{I시간 후}}$ 오전 11시 30분 $\xrightarrow{\text{30분 후}}$ 낮 12시 $\xrightarrow{\text{5시간 후}}$ 오후 5시
따라서 놀이공원에 있었던 시간은
I시간+30분+5시간=6시간 30분입니다.

**3-2** 오후 11시 30분 $\xrightarrow{\text{30분 후}}$ 밤 12시 $\xrightarrow{\text{3시간 후}}$ 오전 3시 $\xrightarrow{\text{30분 후}}$ 오전 3시 30분
따라서 별을 관찰한 시간은
30분+3시간+30분=3시간+60분=4시간입니다.

> **보충 개념**
> 밤 11시 30분은 오후이고, 새벽 3시 30분은 오전입니다.

**4-1** 긴바늘이 한 바퀴 돌면 I시간이 지난 것이므로 긴바늘이 4바퀴 돌면 4시간이 지난 것입니다.
따라서 오전 2시 53분에서 긴바늘이 4바퀴 돈 후의 시각은 4시간 후인 오전 6시 53분입니다.

**4-2** 짧은바늘이 한 바퀴 돌면 12시간이 지난 것입니다.
따라서 오전 6시 30분에서 짧은바늘이 한 바퀴 돈 후의 시각은 12시간 후인 오후 6시 30분입니다.

> **보충 개념**
> 오전 ■시 ▲분에서 12시간이 지나면 같은 날 오후 ■시 ▲분이 됩니다.

**5-1** 4월은 30일까지 있으므로 4월 21일부터 4월 마지막 날까지는 10일입니다.
30−20=10(일)
5월 1일부터 5월 4일까지는 4일이므로 4월 21일부터 5월 4일까지는 모두 10+4=14(일)입니다.

**5-2** 8월은 31일까지 있으므로 8월 10일부터 8월 마지막 날까지는 22일입니다.
31−9=22(일)
9월 1일부터 9월 15일까지는 15일이므로 8월 10일부터 9월 15일까지는 모두 22+15=37(일)입니다.

**5-3** 10월은 31일까지 있으므로 10월 30일부터 10월 마지막 날까지는 2일입니다. 11월은 30일까지 있으므로 10월 30일부터 11월 30일까지는

2+30=32(일)입니다. 영화가 40일 동안 상영되므로 영화는 12월 1일부터 40−32=8(일) 동안 더 상영됩니다. 따라서 이 영화는 12월 8일까지 상영됩니다.

**6-1** 9월은 30일까지 있고

30일, 23일, 16일, 9일, 2일은 모두 같은 요일입
　　 −7　 −7　 −7　 −7

니다. 9월 2일이 금요일이므로 9월 30일도 금요일입니다.

개천절은 10월 3일이고 9월 30일에서 3일 후입니다. 9월 30일이 금요일이므로 9월 30일에서 3일 후인 10월 3일은 월요일입니다.
　　　　　　토 ― 일 ― 월

**6-2** 7월은 31일까지 있고

31일, 24일, 17일, 10일, 3일은 모두 같은 요일
　　 −7　 −7　 −7　 −7

입니다. 7월 3일이 금요일이므로 7월 31일도 금요일입니다.

광복절은 8월 15일이고 7월 31일에서 15일 후입니다. 7월 31일이 금요일이고 15=7+7+1이므로 7월 31일에서 15일 후는 7월 31일에서 1일 후와 같은 요일인 토요일입니다.

**7-1** 어제 오후 10시부터 오늘 오전 3시까지는 5시간입니다.

이 시계는 1시간에 3분씩 빨라지므로 5시간 후에는 3×5=15(분) 빨라집니다.

따라서 오전 3시에 이 시계는 15분 빨라진 오전 3시 15분을 가리킵니다.

**7-2** 오전 11시부터 오후 3시까지는 4시간입니다.

이 시계는 1시간에 5분씩 느려지므로 4시간 후에는 5×4=20(분) 느려집니다.

따라서 오후 3시에 이 시계는 20분 느려진 오후 2시 40분을 가리킵니다.

> **보충 개념**
> 빨라지는 시계: 정확한 시각 이후를 가리킵니다.
> 느려지는 시계: 정확한 시각 이전을 가리킵니다.

**8-1** 초등학생의 평균 수면 시간은 8시간~9시간 30분이므로 오후 10시에 잠들었다면 8시간~9시간 30분 후인 오전 6시~오전 7시 30분에 일어나야 합니다. 따라서 진호는 늦어도 오전 7시 30분에 일어났습니다.

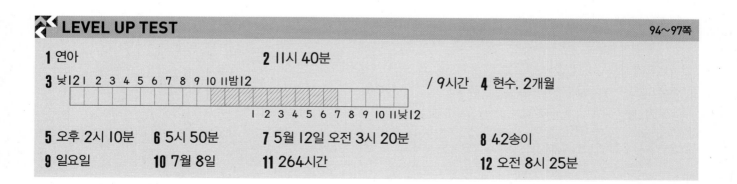

## ◆◆ LEVEL UP TEST                                                94~97쪽

**1** 연아　　　　　　　　　**2** 11시 40분

**3** 낮12 1 2 3 4 5 6 7 8 9 10 11밤12　　　　　　／ 9시간　**4** 현수, 2개월

　　　1 2 3 4 5 6 7 8 9 10 11낮12

**5** 오후 2시 10분　　**6** 5시 50분　　**7** 5월 12일 오전 3시 20분　　**8** 42송이

**9** 일요일　　**10** 7월 8일　　**11** 264시간　　**12** 오전 8시 25분

# 1 접근 》 두 사람이 책을 읽은 시간을 각각 구합니다.

- 연아: 2시 30분 $\xrightarrow{1시간 후}$ 3시 30분 $\xrightarrow{30분 후}$ 4시 $\xrightarrow{10분 후}$ 4시 10분

  연아는 1시간 40분 동안 책을 읽었습니다.

- 종우: 4시 35분 $\xrightarrow{1시간 후}$ 5시 35분 $\xrightarrow{25분 후}$ 6시

  종우는 1시간 25분 동안 책을 읽었습니다.

따라서 책을 더 오랫동안 읽은 사람은 연아입니다.

보충 개념
책을 읽은 시간이 길수록 오랫동안 읽은 거예요.

# 2 접근 》 1교시부터 4교시까지 차례로 시작한 시각과 끝난 시각을 알아봅니다.

|  | 시작한 시각 | 끝난 시각 |
|---|---|---|
| 1교시 | 8시 50분 | 9시 25분 |
| 2교시 | 9시 35분 | 10시 10분 |
| 3교시 | 10시 20분 | 10시 55분 |
| 4교시 | 11시 5분 | 11시 40분 |

따라서 4교시가 끝나는 시각은 11시 40분입니다.

주의
쉬는 시간 10분을 꼭 생각해요.

# 3 <small>88쪽 3번의 변형 심화 유형</small>
접근 》 어제 오후와 오늘 오전을 연결하여 생각합니다.

오후의 시간표를 보면 오후 10시에 잠자리에 들고, 오전의 시간표를 보면 오전 7시에 일어나는 것을 알 수 있습니다.

오후 10시 $\xrightarrow{2시간 후}$ 밤 12시 $\xrightarrow{7시간 후}$ 오전 7시

따라서 솔아가 하루에 잠을 자는 시간은 모두 2+7=9(시간)입니다.

보충 개념
밤 12시부터 낮 12시까지는 오전이고, 낮 12시부터 밤 12시까지는 오후예요.

# 서술형 4 접근 》 주어진 기간을 '몇 개월'로 같게 하여 비교합니다.

⑩ 1년=12개월이므로 2년 8개월=12개월+12개월+8개월=32개월입니다. 현수는 피아노를 32개월 동안 배웠고 예지는 30개월 동안 배웠으므로 현수가 32-30=2(개월) 더 배웠습니다.

| 채점 기준 | 배점 |
|---|---|
| 2년 8개월을 '몇 개월'로 나타냈나요? | 3점 |
| 피아노를 누가 몇 개월 더 배웠는지 구했나요? | 2점 |

**다른 풀이**
주어진 기간을 '몇 년 몇 개월'로 같게 하여 비교합니다.
12개월=1년이므로 30개월=12개월+12개월+6개월=2년 6개월입니다. 현수는 피아노를 2년 8개월 동안 배웠고, 예지는 2년 6개월 동안 배웠으므로 현수가 2개월 더 배웠습니다.

해결 전략
주어진 기간을 서로 같은 단위로 나타내 비교해요.

# 5

접근 ≫ 앞차가 출발한 지 몇 분 후에 다음 차가 출발하는지 알아봅니다.

첫차가 오전 **7**시 **30**분에 출발하고, 둘째 버스가 오전 **8**시 **20**분에 출발하므로 버스는 **50**분 간격으로 출발합니다. 셋째, 넷째, 다섯째, ... 버스의 출발 시각을 순서대로 알아보면 다음과 같습니다.

➡ 오전 **9**시 **10**분, 오전 **10**시, 오전 **10**시 **50**분, 오전 **11**시 **40**분, 오후 **12**시 **30**분, 오후 **1**시 **20**분, 오후 **2**시 **10**분, ...

따라서 이 버스를 오후 **2**시 이후에 탈 수 있는 가장 빠른 시각은 오후 **2**시 **10**분입니다.

# 6

87쪽 2번의 변형 심화 유형

접근 ≫ 공항에 도착해야 하는 시각을 먼저 알아봅니다.

비행기는 **8**시에 출발하고 비행기가 출발하기 **30**분 전에 공항에 도착하려면 공항에 도착해야 하는 시각은 **8**시가 되기 **30**분 전인 **7**시 **30**분입니다.

집에서 공항까지 가는 데 **1**시간 **40**분이 걸리므로 집에서 나와야 하는 시각은 **7**시 **30**분이 되기 **1**시간 **40**분 전입니다.

**7**시 **30**분 $\xrightarrow{\text{1시간 전}}$ **6**시 **30**분 $\xrightarrow{\text{40분 전}}$ **5**시 **50**분

따라서 비행기가 출발하기 **30**분 전에 공항에 도착하려면 늦어도 **5**시 **50**분에 집에서 나와야 합니다.

# 7

89쪽 4번의 변형 심화 유형

접근 ≫ 시계의 짧은바늘은 하루에 두 바퀴 돕니다.

시계의 짧은바늘이 세 바퀴 돈 것은 두 바퀴 돌고 한 바퀴 더 돈 것과 같습니다. **5**월 **10**일 오후 **3**시 **20**분에서 짧은바늘이 두 바퀴 돌면 하루가 지난 것이므로 다음 날인 **5**월 **11**일 오후 **3**시 **20**분이 됩니다. **5**월 **11**일 오후 **3**시 **20**분에서 짧은바늘이 한 바퀴 더 돌면 **12**시간이 흐른 것이므로 다음 날인 **5**월 **12**일 오전 **3**시 **20**분이 됩니다.

> **보충 개념**
> 시계의 짧은바늘은 **12**시간에 한 바퀴 돌아요.

> **해결 전략**
> 오후 ■시 ▲분에서 **12**시간이 지나면 다음날 오전 ■시 ▲분이 돼요.

# 8

서술형

접근 ≫ **10**월, **11**월이 각각 며칠까지 있는지 생각해 봅니다.

㉠ **10**월은 **31**일까지 있으므로 **10**월 **20**일부터 **10**월 마지막 날까지는 **12**일입니다.
**11**월은 **30**일까지 있으므로 **10**월 **20**일부터 **11**월 마지막 날까지는 모두 **12**＋**30**＝**42**(일)입니다.
매일 종이꽃을 한 송이씩 접었으므로 접은 종이꽃은 모두 **42**송이입니다.

> **주의**
> **10**월 **20**일부터 **10**월 **31**일까지는 **31**－**19**＝**12**(일)이에요.
> └• **20**일 전날

| 채점 기준 | 배점 |
|---|---|
| **10**월, **11**월의 날수를 알고 있나요? | 1점 |
| **10**월 **20**일부터 **11**월 마지막 날까지의 날수를 구했나요? | 3점 |
| **10**월 **20**일부터 **11**월 마지막 날까지 접은 종이꽃은 모두 몇 송이인지 구했나요? | 1점 |

**9** 91쪽 6번의 변형 심화 유형
접근 ≫ 4월 마지막 날의 요일을 알아봅니다.

4월은 30일까지 있고 5월 1일은 금요일이므로 4월 30일은 목요일입니다.

30일, 23일, 16일, 9일, 2일은 모두 같은 요일이고 4월 30일이 목요일이므로
　　 −7　 −7　 −7　 −7

4월 2일도 목요일입니다.

식목일은 4월 5일이고 4월 2일에서 3일 후입니다. 4월 2일이 목요일이므로 4월
2일에서 3일 후인 4월 5일은 일요일입니다.
　　　　　　 금ー토ー일

**10** 90쪽 5번의 변형 심화 유형
접근 ≫ 3월, 4월, 5월, 6월이 각각 며칠까지 있는지 생각해 봅니다.

3월 31일의 다음 날은 4월 1일이고, 4월은 30일, 5월은 31일, 6월은 30일까지 있습니다. 각 월의 날수를 모두 더하면 30＋31＋30＝91(일)이므로 동생이 태어난 날에서 91일 후는 6월 30일이고, 99일 후는 6월 30일에서 99−91＝8(일) 후가 됩니다. 따라서 동생의 백일잔치는 6월 30일에서 8일 후인 7월 8일에 하게 됩니다.

> 보충 개념
> 6월 30일의 다음 날은 7월 1일이에요.

**11** 접근 ≫ 먼저 제조일자로부터 유통 기한까지 모두 며칠인지 알아봅니다.

8월은 31일까지 있고 8월 31일의 다음 날은 9월 1일입니다.

〈제조일자〉　　　　　　　　　　　　　〈유통 기한〉
8월 29일　　2일 후→　8월 31일　　9일 후→　9월 9일
오전 5시 25분　　　오전 5시 25분　　　오전 5시 25분

따라서 우유가 제조일자로부터 유통될 수 있는 기간은 2＋9＝11(일)입니다.

하루는 24시간이므로 11일은

24＋24＋24＋24＋24＋24＋24＋24＋24＋24＋24＝264(시간)입니다.

> 해결 전략
> 유통될 수 있는 기간이 모두 며칠인지 구한 다음, 며칠을 몇 시간으로 바꾸어 나타내요.

**12** 접근 ≫ 서울과 로마의 시각이 얼마나 차이나는지 알아봅니다.

서울이 오전 11시 40분일 때 로마는 같은 날 오전 4시 40분이므로 로마의 시각이 서울의 시각보다 7시간 늦습니다. 따라서 서울이 오후 3시 25분일 때 로마의 시각은 오후 3시 25분이 되기 7시간 전인 오전 8시 25분입니다.

> 보충 개념
> 로마의 시각은 서울의 시각이 되기 7시간 전을 가리켜요.

---

### ▲▲ HIGH LEVEL
98쪽

| **1** 3시 25분 | **2** 5시 12분 | **3** 6번 |
|---|---|---|

# 1 
96쪽 7번의 변형 심화 유형
**접근 》 시계의 긴바늘은 한 시간에 한 바퀴 돕니다.**

시계의 긴바늘을 시계 반대 방향으로 한 바퀴 돌리면 시각이 한 시간 앞으로 당겨지고, 반 바퀴 돌리면 30분 앞으로 당겨집니다.

먼저 긴바늘을 시계 반대 방향으로 세 바퀴 돌리면 3시간 앞으로 당겨지므로 6시 55분이 되기 3시간 전인 3시 55분이 됩니다.

여기서 긴바늘을 시계 반대 방향으로 반 바퀴 더 돌리면 30분 앞으로 당겨지므로 새로 맞춘 시각은 3시 55분이 되기 30분 전인 3시 25분입니다.

> **보충 개념**
> 긴바늘은 한 시간에 한 바퀴 돌기 때문에 30분에는 반 바퀴 돕니다.

# 2
**접근 》 먼저 몇 분인지 알아봅니다.**

시계의 긴바늘이 숫자 2에서 작은 눈금 2칸 더 간 곳을 가리키므로 긴바늘이 나타내는 시각은 12분입니다. 짧은바늘이 숫자 5에 가까이 있는 경우는 다음과 같이 두 가지가 있습니다.

> ┌ 숫자 4와 5 사이를 가리키는 경우 ➡ 4시 몇 분
> └ 숫자 5와 6 사이를 가리키는 경우 ➡ 5시 몇 분

두 경우에 각각 짧은바늘이 어떤 숫자에 더 가까운지 알아봅니다. 만약 4시 12분이라면 짧은바늘이 숫자 5보다 4에 더 가깝고, 5시 12분이라면 짧은바늘이 숫자 6보다 5에 더 가깝습니다. 따라서 시계의 짧은바늘이 숫자 5에 가장 가까이 있으므로 시계가 나타내는 시각은 5시 12분입니다.

> **해결 전략**
> 짧은바늘이 숫자 5에 가까운 두 가지 경우 중 더 가까운 경우를 찾아요.

# 3
**접근 》 시계의 긴바늘이 한 바퀴 돌 때 짧은바늘은 숫자 눈금 한 칸만큼 갑니다.**

시계의 긴바늘과 짧은바늘이 겹쳐지는 경우를 알아봅니다.

오후 3시부터 4시까지 ➡ 숫자 3과 4 사이에서 한 번
오후 4시부터 5시까지 ➡ 숫자 4와 5 사이에서 한 번
오후 5시부터 6시까지 ➡ 숫자 5와 6 사이에서 한 번
오후 6시부터 7시까지 ➡ 숫자 6과 7 사이에서 한 번
오후 7시부터 8시까지 ➡ 숫자 7과 8 사이에서 한 번
오후 8시부터 9시까지 ➡ 숫자 8과 9 사이에서 한 번

따라서 오후 3시부터 오후 9시까지 시계의 긴바늘과 짧은바늘은 6번 겹쳐집니다.

# 5 표와 그래프

## ⓞ BASIC TEST

### 1 표로 나타내기     103쪽

**1** 여름      **2** 3, 6, 2, 5, 16   **3** 5명
**4** 조사한 자료에 ○표      **5** ㉢
**6** 3, 2, 4, 3      **7** 4, 3, 2, 2, 1

**1** 조사한 자료에서 경서의 항목을 찾습니다.

**2** • 봄: 수현, 진석, 진아 ➡ 3명
  • 여름: 민규, 정수, 호경, 정훈, 경서, 미진 ➡ 6명
  • 가을: 진영, 명민 ➡ 2명
  • 겨울: 상훈, 아윤, 다정, 준영, 은하 ➡ 5명
  합계는 3＋6＋2＋5＝16(명)입니다.

**3** 표에서 겨울을 좋아하는 학생은 5명입니다.

**4** 누가 어떤 계절을 좋아하는지 알아볼 수 있는 것은 조사한 자료입니다.

**5** 좋아하는 계절은 봄, 여름, 가을, 겨울로 4가지이고, 태어난 달은 1, 2, 3, 4, 5, 6, 7, 8, 9, 10, 11, 12월로 12가지가 정해져 있으므로 손을 들어 조사할 수 있습니다. 좋아하는 운동은 어떤 종류가 나올지 모르기 때문에 손을 들어 조사할 수 없습니다.

> **보충 개념**
> 조사할 항목의 가지 수가 정해지지 않은 경우에는 손을 들어 조사할 수 없습니다.

**6** 학생에 따라 ○의 수를 세어서 표로 나타냅니다.

문제를 푼 결과

| 문제 번호<br>이름 | 1번 | 2번 | 3번 | 4번 | 5번 | |
|---|---|---|---|---|---|---|
| 시연 | ○ | ○ | ○ | × | × | → 3개 |
| 민우 | ○ | × | ○ | × | × | → 2개 |
| 태경 | ○ | ○ | × | ○ | ○ | → 4개 |
| 정아 | ○ | ○ | × | ○ | × | → 3개 |
| | ↓ | ↓ | ↓ | ↓ | ↓ | |
| | 4명 | 3명 | 2명 | 2명 | 1명 | |

**7** 문제에 따라 ○의 수를 세어서 표로 나타냅니다.

### 2 그래프로 나타내기     105쪽

**1** ㉢, ㉠, ㉣
**2**

장래 희망별 학생 수

| 7 | | ○ | | |
|---|---|---|---|---|
| 6 | | ○ | | |
| 5 | ○ | ○ | | |
| 4 | | | | ○ |
| 3 | | | | ○ |
| 2 | ○ | | ○ | ○ |
| 1 | ○ | ○ | ○ | ○ |
| 학생 수(명)<br>장래 희망 | 선생님 | 의사 | 운동<br>선수 | 연예인 |

**3** 2, 4, 5, 1, 12   **4** 5명
**5**

좋아하는 우유의 맛별 학생 수

| 고구마 | △ | | | | |
|---|---|---|---|---|---|
| 바나나 | △ | △ | △ | △ | △ |
| 딸기 | △ | △ | △ | | |
| 초콜릿 | △ | △ | | | |
| 맛<br>학생 수(명) | 1 | 2 | 3 | 4 | 5 |

**2** 장래 희망별 학생 수만큼 아래에서부터 ○를 그립니다.

**3** 자료를 빠뜨리거나 두 번 세지 않도록 표시를 하면서 세어 봅니다.

**4** 좋아하는 우유의 맛별 학생 수 중 바나나 맛을 좋아하는 학생 수가 5명으로 가장 많으므로 5명까지 나타낼 수 있어야 합니다.

**5** 학생 수를 나타낼 수 있도록 가로에 왼쪽에서부터 1, 2, 3, 4, 5를 쓰고, 맛별 학생 수만큼 왼쪽에서부터 △를 그립니다.

**1** 6명      **2** 21명

**3**

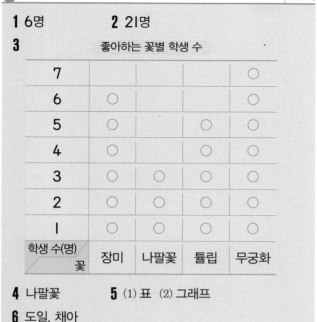

좋아하는 꽃별 학생 수

| 7 | | | | ○ |
|---|---|---|---|---|
| 6 | ○ | | | ○ |
| 5 | ○ | | ○ | ○ |
| 4 | ○ | | | ○ |
| 3 | ○ | ○ | | ○ |
| 2 | ○ | ○ | ○ | ○ |
| 1 | ○ | ○ | ○ | ○ |
| 학생 수(명) / 꽃 | 장미 | 나팔꽃 | 튤립 | 무궁화 |

**4** 나팔꽃      **5** (1) 표 (2) 그래프

**6** 도일, 채아

**1** 장미를 좋아하는 학생은 **6**명입니다.

**2** (조사한 전체 학생 수)=6+3+5+7=21(명)

**4** 그래프에서 ○가 가장 적은 것은 나팔꽃입니다.

**5** (1) 표의 합계를 보면 조사한 자료의 전체 수를 알 수 있습니다.

    (2) 그래프에서 ○의 수를 비교하면 가장 많은 항목을 한눈에 알 수 있습니다.

**6** 5권을 기준으로 가로로 선을 긋고 5권보다 많이 읽은 사람을 찾아봅니다. ➡ 도일, 채아

학생별 한 달 동안 읽은 책 수

| 8 | | | △ | |
|---|---|---|---|---|
| 7 | | | △ | |
| 6 | | | △ | △ |
| 5 | △ | | △ | △ |
| 4 | △ | △ | △ | △ |
| 3 | △ | △ | △ | △ |
| 2 | △ | △ | △ | △ |
| 1 | △ | △ | △ | △ |
| 책 수(권) / 이름 | 범수 | 민주 | 도일 | 채아 |

**1-1** 12명

**2-1**

태어난 계절별 학생 수

| 7 | ○ | | | |
|---|---|---|---|---|
| 6 | ○ | | | ○ |
| 5 | ○ | | ○ | ○ |
| 4 | ○ | | ○ | ○ |
| 3 | ○ | ○ | ○ | ○ |
| 2 | ○ | ○ | ○ | ○ |
| 1 | ○ | ○ | ○ | ○ |
| 학생 수(명) / 계절 | 봄 | 여름 | 가을 | 겨울 |

**3-1** 4명      **3-2** 5명      **4-1** 18개

**5-1** 수학

**심화6** 금요일, 일요일 / 금요일, 일요일

**6-1** 2명

**1-1** 조사한 학생 수가 모두 **31**명이므로 널뛰기를 하고 싶은 학생 수는 31−4−8−7=12(명)입니다. 학생 수를 비교해 보면 투호 **4**명, 제기차기 **8**명, 팽이치기 **7**명, 널뛰기 **12**명이므로 널뛰기를 하고 싶은 학생이 가장 많습니다. 학생 수 중 **12**명이 가장 많으므로 가로에 적어도 **12**명까지 나타낼 수 있어야 합니다.

**2-1** 태어난 계절별 ○의 수를 세어 봅니다. ➡ 봄: **7**명, 여름: **3**명, 겨울: **6**명 조사한 학생 수가 **21**명이므로 가을에 태어난 학생 수는 21−7−3−6=5(명)입니다. 따라서 가을 칸에 아래에서부터 ○를 **5**개 그립니다.

**3-1** (야구를 좋아하는 학생 수) =(수영을 좋아하는 학생 수)+2=4+2=6(명) ➡ (스키를 좋아하는 학생 수) =28−6−9−4−5=4(명)

**3-2** (영화관에 가고 싶은 학생 수)
　　　= (놀이공원에 가고 싶은 학생 수) − 3
　　　= 11 − 3 = 8(명)
　　➡ (농장에 가고 싶은 학생 수)
　　　　= 34 − 7 − 3 − 11 − 8 = 5(명)

**4-1** 가장 많이 모은 구슬은 △의 수가 가장 많은 초록색 구슬이고, 가장 적게 모은 구슬은 △의 수가 가장 적은 보라색 구슬입니다. 구슬 수를 나타내는 가로의 수가 3, 6, 9, ...이므로 가로 한 칸은 3개를 나타냅니다.
　　➡ 초록색 구슬: 30개, 보라색 구슬: 12개
　　따라서 초록색 구슬은 보라색 구슬보다
　　30 − 12 = 18(개) 더 많습니다.

> **다른 풀이**
> 초록색 구슬은 보라색 구슬보다 △의 수가 6개 더 많습니다. 이 그래프에서 △ 한 개는 3개를 나타내므로 초록색 구슬은 보라색 구슬보다 3 × 6 = 18(개) 더 많습니다.

**5-1** 좋아하는 수업 시간별 남학생 수와 여학생 수를 더해 봅니다.
　　➡ 국어: 2 + 4 = 6(명), 수학: 4 + 3 = 7(명),
　　　통합: 3 + 3 = 6(명), 창·체: 3 + 2 = 5(명)
　　따라서 석우네 반 학생들이 가장 좋아하는 수업 시간은 수학입니다.
　　　　　7명

**6-1** 윤하 칸에 ×가 4개이므로 윤하가 지난주에 TV를 본 시간은 4시간입니다. 4시간을 기준으로 세로로 선을 긋고 4시간보다 많이 본 사람을 찾아봅니다.
　　➡ 지난주에 윤하보다 TV를 본 시간이 더 많은 사람은 수지, 주혁으로 2명입니다.

> **보충 개념**
> 그래프를 보고 한눈에 크기를 비교할 수 있으므로 굳이 학생별 TV 시청 시간을 알아보지 않아도 돼요.

---

## ⬧ LEVEL UP TEST　　114~118쪽

**1** 동전 던지기를 한 결과

| 순서(째) \ 이름 | 1 | 2 | 3 | 4 | 5 |
|---|---|---|---|---|---|
| 가람 | △ | ○ | △ | △ | △ |
| 종현 | ○ | △ | ○ | △ | ○ |
| 유진 | ○ | △ | ○ | △ | ○ |
| 재원 | △ | △ | △ | △ | △ |

**2** 학생별 공을 넣은 횟수

| 횟수(번) | 준수 | 서안 | 오혁 | 라희 |
|---|---|---|---|---|
| 6 | | ○ | | |
| 5 | | ○ | | ○ |
| 4 | | ○ | ○ | ○ |
| 3 | ○ | ○ | ○ | ○ |
| 2 | ○ | | ○ | ○ |
| 1 | ○ | ○ | ○ | ○ |

**3** 기타, 드럼, 피아노, 바이올린

**4** 22명 / 19명

**5** 태어난 계절별 학생 수

| 계절 \ 학생 수(명) | 1 | 2 | 3 | 4 | 5 | 6 | 7 | 8 |
|---|---|---|---|---|---|---|---|---|
| 겨울 | ○ | ○ | ○ | ○ | ○ | ○ | | |
| 가을 | ○ | ○ | ○ | ○ | ○ | ○ | ○ | |
| 여름 | ○ | ○ | ○ | ○ | | | | |
| 봄 | ○ | ○ | ○ | ○ | ○ | ○ | ○ | ○ |

**6** 1월

좋아하는 과일별 학생 수

| 학생 수(명) / 과일 | 사과 | 배 | 복숭아 | 포도 |
|---|---|---|---|---|
| 10 | | | ○ | ○ |
| 8 | | | ○ | ○ |
| 6 | ○ | | ○ | ○ |
| 4 | ○ | ○ | ○ | ○ |
| 2 | ○ | ○ | ○ | ○ |

# 1
**접근 》 표를 보고 숫자 면이 나온 횟수를 확인합니다.**

동전 던지기를 한 결과

| 순서(째) / 이름 | 1 | 2 | 3 | 4 | 5 |
|---|---|---|---|---|---|
| 가람 | △ | ○ | △ | △ | △ |
| 종현 | ○ | △ | ○ | ㉠△ | ○ |
| 유진 | ㉡○ | △ | △ | △ | ○ |
| 재원 | △ | △ | △ | △ | △ |

순서를 나타내는 칸이 다섯째까지 있으므로 각자 동전을 5번씩 던진 것입니다. 표를 보면 종현이는 숫자 면이 2번 나왔으므로 ㉠에 △표, 유진이는 숫자 면이 3번 나왔으므로 ㉡에 ○표, 재원이는 숫자 면이 5번 나왔으므로 다섯 칸에 모두 △표 합니다.

**보충 개념**
동전을 5번씩 던졌으므로 그림 면이 나온 횟수와 숫자 면이 나온 횟수의 합이 5가 되어야 해요.

# 2
**접근 》 공을 각자 몇 번 넣었는지 알아봅니다.**

공을 8번씩 던졌으므로 각자 공을 넣은 횟수를 구하면 준수는 8−5=3(번), 서안이는 8−2=6(번), 오혁이는 8−4=4(번), 라희는 8−3=5(번)입니다.
따라서 공을 넣은 횟수를 그래프로 나타내면 ○를 준수 칸에 3개, 서안이 칸에 6개, 오혁이 칸에 4개, 라희 칸에 5개 그립니다.

**해결 전략**
공을 던진 횟수에서 공을 넣지 못한 횟수를 빼면 공을 넣은 횟수를 알 수 있어요.

**주의**
공을 넣지 못한 횟수를 그래프로 나타내지 않도록 해요.

# 3
**접근 》 ○의 수를 비교해 봅니다.**

그래프에서 ○가 많을수록 배우고 싶은 악기별 2반 학생 수가 많은 것입니다. 따라서 ○가 많은 것부터 차례로 쓰면 기타, 드럼, 피아노, 바이올린입니다.

**보충 개념**
그래프를 보고 한눈에 비교할 수 있으므로 굳이 악기별 학생 수를 세지 않아도 돼요.

**서술형**

## 4 접근 ≫ 학생 수를 반별로 세어 봅니다.

예 △의 수를 세어서 1반 학생들이 배우고 싶은 악기별 학생 수를 알아보면

피아노 4명, 기타 6명, 바이올린 5명, 드럼 7명입니다.

따라서 1반 학생은 모두 $4+6+5+7=22$(명)입니다.

○의 수를 세어서 2반 학생들이 배우고 싶은 악기별 학생 수를 알아보면

피아노 4명, 기타 7명, 바이올린 3명, 드럼 5명입니다.

따라서 2반 학생은 모두 $4+7+3+5=19$(명)입니다.

| 채점 기준 | 배점 |
|---|---|
| △의 수를 세어서 1반 학생 수를 구했나요? | 3점 |
| ○의 수를 세어서 2반 학생 수를 구했나요? | 2점 |

**보충 개념**
1반 학생 수는 △로, 2반 학생 수는 ○로 나타냈어요.

## 5 접근 ≫ 먼저 태어난 계절별 학생 수를 표로 나타내 봅니다.

태어난 월별 학생 수를 보고 3월, 4월, 5월을 봄, 6월, 7월, 8월을 여름, 9월, 10월, 11월을 가을, 12월, 1월, 2월을 겨울로 생각하여 태어난 계절별 학생 수를 표로 나타내면 다음과 같습니다.

태어난 계절별 학생 수

| 계절 | 봄 | 여름 | 가을 | 겨울 |
|---|---|---|---|---|
| 학생 수(명) | $1+4+3=8$ | $2+0+2=4$ | $2+4+1=7$ | $3+3+0=6$ |

즉 봄에 태어난 학생은 8명, 여름에 태어난 학생은 4명, 가을에 태어난 학생은 7명, 겨울에 태어난 학생은 6명입니다. 따라서 태어난 계절별 학생 수를 그래프로 나타내면 ○를 봄에 8개, 여름에 4개, 가을에 7개, 겨울에 6개 그립니다.

**주의**
학생 수를 가로로 나타냈으므로 ○를 왼쪽에서부터 오른쪽으로 채워 그려요.

## 6 112쪽 5번의 변형 심화 유형
접근 ≫ 남학생 수와 여학생 수를 모두 생각합니다.

월별로 감기에 걸린 남학생 수와 여학생 수를 더해 봅니다.

➡ 11월: $4+3=7$(명), 12월: $2+5=7$(명), 1월: $4+4=8$(명),
　2월: $3+3=6$(명)

따라서 가장 많은 학생이 감기에 걸린 달은 1월입니다.

8명

**보충 개념**
남학생 수는 ○로, 여학생 수는 △로 나타냈어요.

## 7 109쪽 2번의 변형 심화 유형
접근 ≫ 먼저 그래프를 보고 표의 빈칸을 채웁니다.

그래프를 보면 복숭아를 좋아하는 학생이 10명입니다. ➡ 표의 복숭아 칸에 10을 씁니다.

표를 보면 조사한 학생이 모두 30명이므로 배를 좋아하는 학생은

$30-6-10-10=4$(명)입니다. ➡ 표의 배 칸에 4를 씁니다.

그래프에서 학생 수를 나타내는 세로의 수가 2, 4, 6, ...이므로 세로 한 칸은 2명을 나타냅니다. 따라서 ○를 사과에 3개, 배에 2개, 포도에 5개 그려 그래프를 완성합니다.

6명  4명  10명

주의
그래프에 6명을 나타낼 때 ○를 6개 그리지 않도록 주의해요.

## 8 접근 ≫ 먼저 동물원에 가고 싶은 학생 수를 알아봅니다.

왼쪽 표를 보면 동물원에 가고 싶은 학생 수는 27명입니다. 동물원에 가고 싶은 학생들을 대상으로 보고 싶은 동물을 조사하였으므로 오른쪽 그래프에서 학생 수의 합이 27명이 되어야 합니다.

오른쪽 그래프에서 보고 싶은 동물별 학생 수를 알아보면 판다 8명, 거북 4명, 기린 6명, 호랑이 3명입니다. 즉 동물원에 가고 싶은 학생들 중 코끼리를 보고 싶은 학생은 $27-8-4-6-3=6$(명)입니다. 따라서 오른쪽 그래프의 찢어진 부분에는 ○가 6개 있어야 합니다.

## 9 접근 ≫ B형 환자가 수혈 받을 수 있는 혈액형을 알아봅니다.

O형 혈액은 다른 혈액형 환자에게도 수혈해 줄 수 있으므로 B형 환자는 B형 혈액뿐만 아니라 O형 혈액도 수혈 받을 수 있습니다. 즉 B형 환자에게 수혈해 줄 수 있는 사람은 B형이거나 O형인 사람입니다.

그래프를 보면 오늘 온 사람들 중 B형은 5명, O형은 3명입니다. 따라서 오늘 온 사람들 중 B형 환자에게 수혈해 줄 수 있는 사람은 모두 $5+3=8$(명)입니다.

## 10 110쪽 3번의 변형 심화 유형
접근 ≫ 정씨인 학생 수를 □명으로 생각합니다.

조사한 학생이 모두 29명이므로 성씨별 학생 수를 모두 더해서 29명이 되어야 합니다. 정씨인 학생 수를 □명이라고 하면 최씨는 정씨보다 1명 더 많으므로 최씨인 학생 수는 (□+1)명이라고 할 수 있습니다. 성씨별 학생 수를 모두 더하면
$3+6+5+1+7+$□$+$□$+1=29$, $23+$□$+$□$=29$, □$+$□$=6$이고
정씨  최씨
$6=3+3$이므로 □는 3입니다.
따라서 정씨인 학생은 3명입니다.

보충 개념
같은 수끼리 더해서 6이 되는 수는 3이에요.

다른 풀이
조사한 학생 수가 모두 29명이므로 성씨별 학생 수를 모두 더해서 29명이 되어야 합니다.
$29-3-6-5-1-7=7$이므로 (정씨)+(최씨)$=7$입니다. 두 수의 합이 7이 되는 경우는 $1+6=7$, $2+5=7$, $3+4=7$, $4+3=7$, $5+2=7$, $6+1=7$이 있습니다. 최씨가 정씨보다 1명 더 많으므로 정씨는 3명이고, 최씨는 4명이 됩니다. 따라서 정씨인 학생은 3명입니다.

**HIGH LEVEL**

**1** 20명 　　　　　　　**2** 일본, 30명

**1** 접근 ≫ 한 사람이 손을 두 번씩 들면 조사한 학생 수는 실제 학생 수의 2배가 됩니다.

한 사람이 손을 두 번씩 드는 것은 2배의 학생이 손을 한 번씩 든 것과 같습니다. 즉 조사한 학생 수는 실제 학생 수의 2배입니다. 조사한 전체 학생 수를 구하면
$9 + 13 + 10 + 8 = 40$(명)입니다.
따라서 현서네 반 학생은 40명의 반만큼인 20명입니다.

**2** 111쪽 4번의 변형 심화 유형
접근 ≫ 그래프의 세로 한 칸이 학생 수 몇 명을 나타내는지 알아봅니다.

영국에 가 보고 싶은 학생이 15명이고 그래프를 보면 영국에 △가 3개 있으므로
$5 \times 3 = 15$에서 그래프의 세로 한 칸은 학생 수 5명을 나타내는 것을 알 수 있습니다. 그래프에서 △가 가장 많은 것은 일본이므로 가장 많은 학생들이 가 보고 싶은 나라는 일본입니다. 그래프의 세로 한 칸은 학생 수 5명을 나타내고 일본에 △가 6개 있으므로 일본에 가 보고 싶은 학생은 $5 \times 6 = 30$(명)입니다.

> **보충 개념**
> △가 1개이면 5명, △가 2개 이면 10명, △가 3개이면 15 명, ...이에요.

**연필 없이 생각 톡** ❗ 120쪽

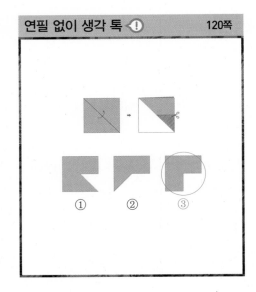

① 　　② 　　③

# 6 규칙 찾기

## ◉ BASIC TEST

### 1 무늬에서 규칙 찾기
125쪽

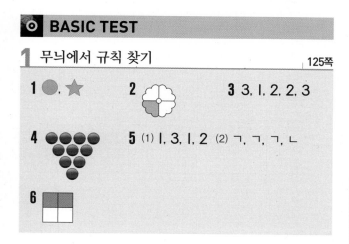

**1** ●, ★

**2** (꽃잎 모양)

**3** 3, 1, 2, 2, 3

**4** (바둑돌 삼각형 모양)

**5** (1) 1, 3, 1, 2  (2) ㄱ, ㄱ, ㄱ, ㄴ

**6** (색칠된 네모칸 모양)

---

**1** ●★● 모양이 반복되는 규칙입니다.

**2** 색칠한 칸이 왼쪽 위에서부터 시계 반대 방향으로 한 칸씩 움직이는 규칙입니다. 따라서 마지막 모양은 둘째 모양과 같게 색칠합니다.

**3** 규칙 ①, ②, ②, ③, ③, ③이 반복됩니다.
규칙 ╱ 방향으로 같은 숫자가 놓입니다.

**4** 바둑돌을 ▽ 모양이 되도록 윗줄에 1개씩 더 놓는 규칙입니다. 따라서 넷째 모양은 셋째 모양에서 맨 윗줄에 바둑돌을 4개 더 놓아야 합니다.

**5** (1) ★을 3, ☽을 1, ☀를 2로 나타내면
3, 1, 1, 2, 3, 1, 1, 2가 됩니다.
(2) ★을 ㄷ, ☽을 ㄱ, ☀를 ㄴ으로 나타내면
ㄷ, ㄱ, ㄱ, ㄴ, ㄷ, ㄱ, ㄱ, ㄴ이 됩니다.

**6** 색칠되는 칸이 시계 방향으로 한 칸부터 네 칸까지 한 칸씩 늘어나는 규칙입니다. 따라서 마지막 모양은 둘째 모양과 같게 색칠합니다.

---

### 2 덧셈표, 곱셈표에서 규칙 찾기
127쪽

**1**

| + | 3 | 6 | 9 | 12 |
|---|---|---|---|----|
| 3 | 6 | 9 | 12 | 15 |
| 6 | 9 | 12 | 15 | 18 |
| 9 | 12 | 15 | 18 | 21 |
| 12 | 15 | 18 | 21 | 24 |

/ 예 15로 모두 같습니다.

**2**

| × | 4 | 5 | 6 | 7 | 8 |
|---|---|---|---|---|---|
| 4 | 16 | 20 | 24 | 28 | 32 |
| 5 | 20 | 25 | 30 | 35 | 40 |
| 6 | 24 | 30 | 36 | 42 | 48 |
| 7 | 28 | 35 | 42 | 49 | 56 |
| 8 | 32 | 40 | 48 | 56 | 64 |

**3** 예 아래쪽으로 내려갈수록 5씩 커집니다.

**4**

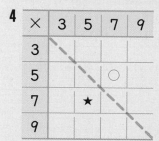

| × | 3 | 5 | 7 | 9 |
|---|---|---|---|---|
| 3 |   |   |   |   |
| 5 |   |   | ○ |   |
| 7 |   | ★ |   |   |
| 9 |   |   |   |   |

**5** 예 $3 \times 3 = 9$, $5 \times 5 = 25$, $7 \times 7 = 49$,
$9 \times 9 = 81$로 같은 수끼리의 곱입니다.

**6** 25

---

**1** $3 + 12 = 15$, $6 + 9 = 15$, $9 + 6 = 15$, $12 + 3 = 15$

**2** 가로와 세로의 수가 같으므로 가로로 둘째 줄의 수들과 세로로 둘째 줄의 수들은 같습니다.

**3** 빗금 친 수들은 5단 곱셈구구의 곱입니다.

> **다른 풀이**
> 예 위쪽으로 올라갈수록 5씩 작아집니다.

**4** $7 \times 5 = 35$, $5 \times 7 = 35$

> **보충 개념**
> 점선을 따라 접으면 만나는 수들은 서로 같습니다. 두 수의 순서를 바꾸어 곱해도 곱은 같기 때문입니다.

**5** 가로와 세로의 수가 각각 같은 칸이므로 같은 수끼리의 곱입니다.

**6** 곱셈표의 에서 같은 색깔로 표시된 두 수의 합은 ★+★과 같습니다. 같은 색깔로 표시된 두 수의 합이 50이므로 ★+★=50임을 알 수 있습니다. 50=25+25이므로 ★에 들어갈 수는 25입니다.

---

## 3 쌓은 모양에서 규칙 찾기, 생활에서 규칙 찾기　129쪽

**1** 7개

**2** 예 쌓기나무의 수가 3개씩 늘어납니다.

**3** ㉢ 6　　　　**4** 예 4부터 6씩 커집니다.

**5**

**6** 예 오른쪽으로 갈수록 1씩 커집니다.

---

**1** 쌓기나무의 수가 1개, 3개, 5개, ...로 2개씩 늘어납니다. 따라서 다음에 올 모양에는 쌓은 쌓기나무가 5+2=7(개)입니다.

**2** 다른 풀이
예 쌓기나무가 1층씩 늘어납니다.

**3** 아랫줄부터 ㉠, ㉡, ㉢ 순서로 기호가 적혀 있고, 왼쪽부터 1, 2, 3, ... 순서로 숫자가 적혀 있습니다. ★ 모양으로 표시한 칸은 ㉢줄에 있고 왼쪽부터 여섯째이므로 ★ 모양으로 표시한 칸의 기호와 번호는 ㉢ 6입니다.

**4** 4일, 10일, 16일, 22일, 28일
　　+6　+6　+6　+6

**5** 신호등의 불빛은 초록색, 노란색, 빨간색 순서로 반복되며, 초록색 등은 가장 아래에 있고, 노란색 등은 가운데에, 빨간색 등은 가장 위에 있습니다.
초록색 → 노란색 → 빨간색 → 초록색이므로 마지막 신호등은 가운데 등에 노란색을 칠해야 합니다.

**6** 다른 풀이
예 0을 제외하면 위로 갈수록 3씩 커집니다.

---

## MATH TOPIC　130~135쪽

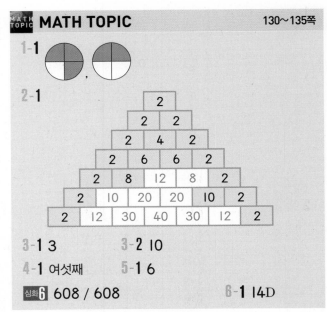

**1-1** ,

**2-1**

**3-1** 3　　　　**3-2** 10

**4-1** 여섯째　　**5-1** 6

심화**6** 608 / 608　　　　**6-1** 14D

---

**1-1** 보기 는 ▯ 모양에서 색칠된 칸이 왼쪽부터 1개, 2개, 3개, 4개, 3개, 2개, 1개로 한 칸씩 늘어났다 줄어드는 규칙입니다.

⊕ 모양에서도 색칠된 칸이 ⊕에서부터 한 칸씩 늘어났다 줄어들도록 칠합니다.

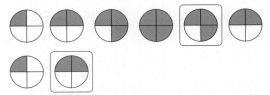

지도 가이드
하나의 규칙을 여러 가지 배열에 적용해 보는 것은 1:1 대응 개념을 익히는 기초 학습입니다. 1:1 대응은 이후 중고등 과정에서 배우는 집합, 함수, 기하 등 수학의 많은 영역에 적용될 뿐만 아니라 수학 이외의 영역에서 필요한 사고력의 근간이 되는 개념이므로 단순한 수준에서부터 1:1 대응의 개념을 접해 볼 수 있게 해 주세요.

**2-1** 둘째 줄의 2와 2의 합을 셋째 줄에 씁니다. 셋째 줄의 2와 4의 합을 넷째 줄에 씁니다. 넷째 줄의 2와 6의 합을 다섯째 줄에 씁니다. 따라서 위의 두 수를 더하여 아래에 써넣는 규칙입니다.
같은 방법으로 빈칸에 알맞은 수를 구하면
6+6=12, 6+2=8, 2+8=10,
8+12=20, 12+8=20, 2+10=12,
10+20=30, 20+20=40, 20+10=30,
10+2=12입니다.

**3-1** 똑같은 수 1을 기준으로 늘어놓은 수를 구분해 보면 1, / 1, 3, / 1, 3, 5, / 1, 3, 5, 7, / ...입니다.
즉 홀수가 순서대로 1개씩 더 늘어나는 규칙입니다.
규칙에 따라 다음에 올 수들을 계속 써 보면

1, / 1, 3, / 1, 3, 5, / 1, 3, 5, 7, / 1, 3, 5, 7,
① ② ③ ④ ⑤ ⑥ ⑦ ⑧ ⑨ ⑩ ⑪ ⑫ ⑬ ⑭

9, / 1, 3, 5, 7, 9, 11, / ...
⑮ ⑯ ⑰

이므로 17째에 놓이는 수는 3입니다.

**3-2** 똑같은 수 2를 기준으로 늘어놓은 수를 구분해 보면 2, / 2, 4, / 2, 4, 6, / 2, 4, 6, 8, / ...입니다.
즉 짝수가 순서대로 1개씩 더 늘어나는 규칙입니다.
규칙에 따라 다음에 올 수들을 계속 써 보면

2, / 2, 4, / 2, 4, 6, / 2, 4, 6, 8, / 2, 4, 6, 8,
① ② ③ ④ ⑤ ⑥ ⑦ ⑧ ⑨ ⑩ ⑪ ⑫ ⑬ ⑭

10, / 2, 4, 6, 8, 10, 12, / ...
⑮ ⑯ ⑰ ⑱ ⑲ ⑳

이므로 20째에 놓이는 수는 10입니다.

**4-1** 층수는 1층, 2층, 3층, 4층, ...으로 늘어나고, 개 수는 1개, 4개, 9개, 16개, ...로 늘어납니다. 즉

$$\underset{+3 \quad +5 \quad +7}{}$$

한 층 늘어날 때마다 쌓기나무가 3개, 5개, 7개, ... 늘어납니다.
규칙에 따라 쌓기나무의 수를 알아보면

① ② ③ ④ ⑤ ⑥
1개, 4개, 9개, 16개, 25개, 36개, ...이므로
$$+3 \quad +5 \quad +7 \quad +9 \quad +11$$

쌓기나무 36개를 쌓아 만든 모양은 여섯째에 놓입니다.

---

**다른 풀이**
가로에 놓인 쌓기나무의 수와 세로에 놓인 쌓기나무의 수가 서로 같고, 각각 1개씩 늘어납니다. 이때 가로와 세로에 놓인 쌓기나무의 수의 곱이 모양에 사용된 쌓기나무의 수가 됩니다.

①               ②            ③
1×1=1(개), 2×2=4(개), 3×3=9(개),
④               ⑤              ⑥
4×4=16(개), 5×5=25(개), 6×6=36(개), ...
따라서 쌓기나무 36개를 쌓아 만든 모양은 여섯째에 놓입니다.

**5-1**

| × | ㉠ | ㉡ | ㉢ | ㉣ | ㉤ | ㉥ |
|---|---|---|---|---|---|---|
| ㉠ | 1 |  |  |  |  | ★ |
| ㉡ | 2 |  |  |  |  |  |
| ㉢ | 3 | 6 | 9 | 12 | 15 | 18 |
| ㉣ | 4 |  |  |  |  |  |
| ㉤ | 5 |  |  |  |  |  |
| ㉥ | ★ |  |  |  |  |  |

곱셈표에서 ㉠, ㉡, ㉢, ㉣, ㉤, ㉥의 값은 차례로 1, 2, 3, 4, 5, 6이 되고, ★은 1×6=6×1=6 입니다.
⌐ 안에 있는 수들의 합은 ⌐ 안에 있는 수 중 가장 작은 수를 세 번 곱한 것과 같으므로 파란색 선 안에 있는 수들의 합은 6을 세 번 곱한 것과 같습니다.

**6-1** 좌석 번호는 앞줄부터 수가 ..., 9, 10, 11, ... 순서로 1씩 늘어나고, 한쪽 끝부터 알파벳이 A, B, C, D, E, F 순서로 정해져 있습니다. 규칙에 따라 좌석을 찾아보면 12D의 위치를 찾을 수 있습니다.
이때 12D에서 두 줄 뒤에 있는 좌석의 번호는 수가 2만큼 늘어난 14D입니다.

---

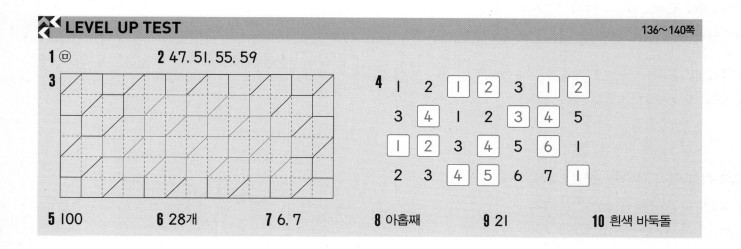

**LEVEL UP TEST** 136~140쪽

**1** ㉤   **2** 47, 51, 55, 59

**3**

**4**

| 1 | 2 | 1 | 2 | 3 | 1 | 2 |
|---|---|---|---|---|---|---|
| 3 | 4 | 1 | 2 | 3 | 4 | 5 |
| 1 | 2 | 3 | 4 | 5 | 6 | 1 |
| 2 | 3 | 4 | 5 | 6 | 7 | 1 |

**5** 100   **6** 28개   **7** 6, 7   **8** 아홉째   **9** 21   **10** 흰색 바둑돌

## 1

130쪽 1번의 변형 심화 유형

**접근 ≫ 자두를 옮긴 위치를 살펴봅니다.**

자두를 놓은 칸이 시계 방향으로 I칸, 2칸, 3칸, ... 이동하는 규칙입니다.

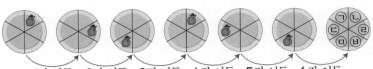

I칸 이동　2칸 이동　3칸 이동　4칸 이동　5칸 이동　6칸 이동

> **보충 개념**
> 이동하는 칸의 수가 I칸씩 늘어나요.

따라서 마지막 접시에는 여섯째 접시에 놓인 칸에서 시계 방향으로 6칸 이동한 ㉤에 자두를 놓아야 합니다.

## 2

**접근 ≫ 먼저 화살표 위에 있는 수들의 규칙을 알아봅니다.**

| + | 2 | 4 | 6 | 8 | 10 |
|---|---|---|---|---|----|
| 2 | 4 | 6 | 8 | 10 | 12 |
| 4 | 6 | 8 | 10 | 12 | 14 |
| 6 | 8 | 10 | 12 | 14 | 16 |
| 8 | 10 | 12 | 14 | 16 | 18 |
| 10 | 12 | 14 | 16 | 18 | 20 |

덧셈표의 빈칸을 채워 보면 화살표 위의 수들은

6, 10, 14, 18로 4씩 커집니다.
+4 +4 +4

따라서 같은 규칙으로 수를 뛰어 세려면 43부터 4씩 커지도록 뛰어 세어야 합니다.

➡ 43, 47, 51, 55, 59
+4 +4 +4 +4

> **지도 가이드**
> 규칙이 있는 수의 배열은 고등 과정에서 배우는 여러 가지 형태의 수열 개념과 연결됩니다. 수열은 수학뿐만 아니라 과학, 음악 등으로도 확장되는 수학의 중요한 개념이고 고등에서는 이러한 수 배열의 규칙을 공식화하여 나타내는 학습을 하게 되므로 다양한 규칙의 수 배열을 접하고 규칙을 찾아볼 수 있도록 해 주세요.

## 3

**접근 ≫ 반복되는 모양을 먼저 찾습니다.**

지워지지 않은 부분을 보면 　 모양이 빈틈없이 반복되는 것을 알 수 있습니다. 빈틈없이 　 모양을 짜맞추어 그리면 쪽매맞춤을 완성할 수 있습니다.

> **주의**
> 모눈을 이용하여 주어진 모양과 같은 길이로 그려야 해요.
>

## 4

**접근 ≫ 보기 의 글자들이 놓인 규칙을 살펴봅니다.**

똑같은 한글 ㄱ을 기준으로 늘어놓은 글자를 구분해 보면 다음과 같습니다.

> ㄱ ㄴ / ㄱ ㄴ ㄷ / ㄱ ㄴ
> ㄷ ㄹ / ㄱ ㄴ ㄷ ㄹ ㅁ /
> ㄱ ㄴ ㄷ ㄹ ㅁ ㅂ / ㄱ
> ㄴ ㄷ ㄹ ㅁ ㅂ ㅅ / ㄱ

즉 글자가 ㄱ, ㄴ, ㄷ, ... 순서로 1개씩 더 늘어나는 규칙입니다. 오른쪽에 놓인 수를 보면 ㄱ을 1로, ㄴ을 2로, ㄷ을 3으로, ... 나타냈습니다. 따라서 같은 규칙에 따라 글자 ㄱ, ㄴ, ㄷ, ...을 숫자 1, 2, 3, ...으로 바꾸어 나타냅니다.

> **지도 가이드**
> 하나의 규칙을 여러 가지 배열에 적용해 보는 것은 1:1 대응 개념을 익히는 기초 학습입니다. 1:1 대응은 이후 중고등 과정에서 배우는 집합, 함수, 기하 등 수학의 많은 영역에 적용될 뿐만 아니라 수학 이외의 영역에서 필요한 사고력의 근간이 되는 개념이므로 단순한 수준에서부터 1:1 대응의 개념을 접해 볼 수 있게 해 주세요.

**서술형**

**5** 132쪽 3번의 변형 심화 유형

접근 ≫ 늘어놓은 수 중 반복되는 부분을 찾아봅니다.

예 늘어놓은 수에서 반복되는 부분을 찾아 묶어 보면 3, 0, 1, 2, 4, / 3, 0, 1, 2, 4, / 3, 0, 1, 2, 4, / ...입니다. 다섯 개의 수 3, 0, 1, 2, 4가 반복되므로 첫째 수부터 50째 수까지는 3, 0, 1, 2, 4가 10번 반복됩니다. 반복되는 다섯 개의 수의 합은 $3+0+1+2+4=10$이므로 첫째 수부터 50째 수까지의 합은 $10+10+10+10+10+10+10+10+10+10=100$입니다.

| 채점 기준 | 배점 |
|---|---|
| 늘어놓은 수에서 반복되는 규칙을 찾았나요? | 2점 |
| 첫째부터 50째 수까지의 합을 구했나요? | 3점 |

**6** 133쪽 4번의 변형 심화 유형

접근 ≫ 층수와 개수가 늘어나는 규칙을 찾아봅니다.

층수는 1층, 2층, 3층, 4층, ...으로 늘어나고, 종이컵의 수는 1개, 3개, 6개, 10개,

> **보충 개념**
> 늘어나는 종이컵의 수가 1씩 커져요.

...로 늘어납니다. 즉 한 층 늘어날 때마다 종이컵이 2개, 3개, 4개, ... 늘어납니다.
규칙에 따라 종이컵의 수를 알아보면 다음과 같습니다.

① ② ③ ④ ⑤ ⑥ ⑦
1개, 3개, 6개, 10개, 15개, 21개, 28개, ...
　 +2　+3　+4　+5　+6　+7

따라서 7층으로 쌓으려면 종이컵이 28개 필요합니다.

**7** 접근 ≫ 연결 모형을 옮겨서 연결 모형의 수를 모두 같게 만들어 봅니다.

보기 에서 한가운데에 있는 연결 모형의 수인 4개를 기준으로 생각하여, 5개와 3개에서 1개씩 주고받고, 6개와 2개에서 2개씩 주고받으면 모든 연결 모형의 수가 4개로 같아집니다. 즉 한가운데에 있는 수인 4를 기준으로 하여 모든 수를 4로 만든 다음, 4가 몇 번 더해지는지 세어 곱셈식으로 나타낸 규칙입니다.

> **해결 전략**
> 1씩 늘어나는 수들의 합을 같은 수끼리의 덧셈식으로 나타낸 다음, 곱셈식으로 나타내요.

➡ $2+3+4+5+6=\underline{4+4+4+4+4}=4×5$
　　　　　　　　　　 5번

주어진 덧셈식에서는 한가운데에 있는 수인 6을 기준으로 하여 생각합니다. 7과 5에서 1씩 주고받고, 8과 4에서 2씩 주고받고, 9와 3에서 3씩 주고받으면 모든 수가 6으로 같아집니다. 6이 7번 더해지므로 이를 곱셈식으로 나타내면

$$3+4+5+6+7+8+9=\underbrace{6+6+6+6+6+6+6}_{7번}=6\times7이\ 됩니다.$$

**8** 133쪽 4번의 변형 심화 유형

**접근 ≫** 쌓기나무가 몇 개씩 늘어나는지 알아봅니다.

쌓기나무의 수는 5개, 9개, 13개, ...로 4개씩 늘어납니다.
　　　　　　　　　＋4　＋4

규칙에 따라 쌓기나무의 수를 알아보면 다음과 같습니다.

① ② ③ ④ ⑤ ⑥ ⑦ ⑧ ⑨
5개, 9개, 13개, 17개, 21개, 25개, 29개, 33개, 37개, ...
　＋4　＋4　＋4　＋4　＋4　＋4　＋4　＋4

따라서 쌓기나무 37개를 쌓아 만든 모양은 아홉째에 놓입니다.

**보충 개념**
쌓은 모양에서 앞, 위, 왼쪽, 오른쪽의 쌓기나무가 하나씩 늘어나요.

**9** **접근 ≫** 늘어놓은 수 사이의 관계를 살펴봅니다.

$1+1=2$, $1+2=3$, $2+3=5$, $3+5=8$, $5+8=13$이므로 앞의 두 수를 더해서 그 다음 수를 쓰는 규칙입니다. 따라서 $\square$ 안에는 $8+13=21$이 들어가야 합니다.

**다른 풀이**

수가 몇씩 늘어나는지 알아봅니다.

1, 1, 2, 3, 5, 8, 13, $\square$
　＋1　＋1　＋2　＋3　＋5

앞에서부터 연달아 놓인 세 수를 묶어서 생각하면 ②에 ①을 더한 수가 ③이 됩니다.

　① ② ③　　　① ② ③　　　① ② ③　　　① ② ③
예 1, 1, 2　예 1, 2, 3　예 2, 3, 5　예 3, 5, 8
　　　＋1　　　　　＋1　　　　　＋2　　　　　＋3

① ② ③
따라서 $\square$ 안에 들어갈 수는 8, 13, $\square$이므로 $13+8=21$입니다.
　　　　　　　　　　　　　＋8

**10** **접근 ≫** 흰색 바둑돌과 검은색 바둑돌이 각각 몇 개씩 늘어나는지 알아봅니다.

둘째 모양에는 검은색 바둑돌이 3개 늘어났고, 셋째 모양에는 흰색 바둑돌이 5개 늘어났고, 넷째 모양에는 검은색 바둑돌이 7개 늘어났습니다. 즉 검은색 바둑돌과 흰색 바둑돌이 번갈아가며 3개, 5개, 7개, ... 늘어나는 규칙입니다.
　　　　　　　　　　　　　　　＋2　＋2

규칙에 따라 다음에 올 모양에는 흰색 바둑돌이 9개 늘어납니다. 따라서 다음에 올 모양에는 흰색 바둑돌이 $1+5+9=15$(개) 놓이고, 검은색 바둑돌이 $3+7=10$(개) 놓이므로 흰색 바둑돌이 더 많이 놓입니다.

**보충 개념**
넷째 모양에서 검은색 바둑돌이 7개 늘어났으므로 다섯째 모양에서는 흰색 바둑돌이 $7+2=9$(개) 늘어나요.

**주의**
다섯째 모양에는 검은색 바둑돌이 더 놓이지 않아요.

| **1** 10장 | **2** 6줄 |
|---|---|

**1** <sup></sup> 140쪽 9번의 변형 심화 유형

**접근 ≫ 수가 늘어나는 규칙을 살펴봅니다.**

수가 1, 3, 7, 13, 21, 31, ...로 2, 4, 6, 8, 10, ... 늘어납니다.
　　　+2 +4 +6 +8 +10

> **보충 개념**
> 늘어나는 수가 2씩 커져요.

규칙에 따라 다음에 올 수들을 계속 구해 보면 31, 43, 57, 73, 91, 111, ...
　　　　　　　　　　　　　　+12 +14 +16 +18 +20

입니다. 수 카드는 1부터 100까지 있으므로 바닥에 놓을 수 있는 수 카드는 1, 3, 7, 13, 21, 31, 43, 57, 73, 91로 모두 10장입니다.

**2** **접근 ≫** 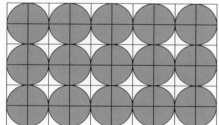 모양 몇 개가 원 모양 하나가 되는지 알아봅니다.

원 모양 ⊕ 은 ◥ 모양을 시계 방향으로 돌려가면서 4개씩 놓아 만든 무늬이므로 원 모양 하나를 만들려면 ◥ 모양 4개를 2개씩 2줄로 놓아야 합니다.

◥ 모양을 10개씩 2줄로 놓으면 원 모양이 5개 만들어집니다. 15는 5씩 3줄이므로 원 모양이 15개가 되려면 ◥ 모양을 10개씩 적어도 $2 \times 3 = 6$(줄) 놓아야 합니다.

➡ 10개씩 6줄

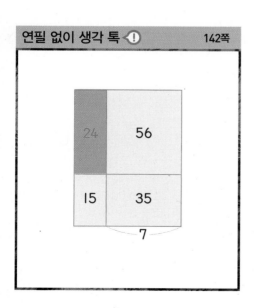

| 교내 경시 1단원 | 네 자리 수 | | | | |
|---|---|---|---|---|---|
| **01** 3번 | **02** 8808 | **03** 8000원 | **04** 4000개 | **05** 60개 | **06** 2017년 |
| **07** 2841, 3141, 3341 | | **08** 8286, 팔천이백팔십육 | | **09** 2084 | **10** 4번, 3번 |
| **11** | | | **12** 5335 | **13** 7500원 | **14** 6601 |

3170

┼┼┼┼┼┼┼┼┼┼┼┼┼┼┼┼┼┼┼┼┼┼┼┼┼┼┼┼┼┼┼┼┼┼┼┼┼┼┼┼┼┼
2800　2900　3000　3100　3200

| **15** 4799 | **16** 5912 | **17** 0, 1, 2 | **18** 11개 | **19** 10개 | **20** 4개 |
|---|---|---|---|---|---|

## 01 접근 ≫ 각각 수로 써 봅니다.

사천팔 ➡ 4008, 구천사백이 ➡ 9402
따라서 0을 모두 **3번** 써야 합니다.

## 02 접근 ≫ 각 수에서 8이 나타내는 수를 알아봅니다.

2378에서 8은 일의 자리 숫자이므로 8을 나타내고, 4819에서 8은 백의 자리 숫자이므로 800을 나타내고, 8060에서 8은 천의 자리 숫자이므로 8000을 나타냅니다.
➡ 8+800+8000=**8808**

> **보충 개념**
> 같은 숫자라도 자리에 따라 나타내는 수가 달라져요.

## 03 접근 ≫ 1000이 몇 개인 수인지 알아봅니다.

5000원짜리 1장은 1000원짜리 5장과 같습니다.
따라서 물감의 가격은 1000원짜리 5+3=8(장)과 같으므로 **8000원**입니다.

## 04 접근 ≫ 100이 10개인 수는 1000입니다.

100이 10개이면 1000이므로 100이 40개이면 4000입니다.
따라서 100개씩 40상자에 들어 있는 배는 모두 **4000개**입니다.

## 05 접근 ≫ 먼저 100원짜리 동전으로 바꾼다고 생각해 봅니다.

10이 300개이면 3000이므로 10원짜리 동전 300개는 3000원입니다. 3000은 100이 30개인 수이므로 3000원을 모두 100원짜리 동전으로 바꾸면 30개가 됩니다. 100은 50이 2개인 수이므로 100원짜리 동전 30개를 모두 50원짜리 동전으로 바꾸면 30+30=**60(개)**가 됩니다.

> **해결 전략**
> (10이 300개인 수)
> =(100이 30개인 수)
> =(50이 60개인 수)

# 06 접근 » 사과 수확량을 천, 백, 십, 일의 자리 순으로 비교해 봅니다.

9483, 8769, 9437의 천의 자리 숫자를 비교하면 8<9이므로 8769가 가장 작습니다. 9483과 9437은 백의 자리 숫자도 같으므로 십의 자리 숫자를 비교하면 8>3으로 가장 큰 수는 9483입니다.

따라서 사과를 가장 많이 수확한 연도는 9483개를 수확한 2017년입니다.

# 07 접근 » 어떤 자리 수가 몇씩 커지는지 알아봅니다.

2941에서 3041로 100만큼 더 커졌으므로 100씩 뛰어 세는 규칙입니다.

2741보다 100만큼 더 큰 수는 2841이고, 3041보다 100만큼 더 큰 수는 3141이고, 3241보다 100만큼 더 큰 수는 3341입니다.

> **보충 개념**
> 900보다 100만큼 더 큰 수는 1000이므로 천의 자리 수가 1만큼 더 커지고 백의 자리 수는 0이 돼요.

# 08 접근 » 100이 ■▲개인 수는 1000이 ■개, 100이 ▲개인 수입니다.

```
1000이  7개 ➡ 7000
 100이 12개 ➡ 1200
  10이  5개 ➡   50
   1이 36개 ➡   36
             8286 ➡ 8286은 팔천이백팔십육이라고 읽습니다.
```

> **주의**
> 자리에 따라 나타내는 수가 다르므로 같은 자리 수끼리 더해야 해요.

# 09 접근 » 먼저 가장 작은 네 자리 수를 만들어 봅니다.

수의 크기를 비교하면 0<2<4<8입니다. 가장 작은 수 0은 천의 자리에 올 수 없으므로 둘째로 작은 수 2를 천의 자리에 두고, 가장 작은 수 0을 백의 자리에, 셋째로 작은 수 4를 십의 자리에, 넷째로 작은 수 8을 일의 자리에 두면 가장 작은 네 자리 수는 2048이 됩니다.

이때 만들 수 있는 둘째로 작은 수는 일의 자리 숫자와 십의 자리 숫자를 바꾼 2084입니다.

> **보충 개념**
> 높은 자리 수일수록 큰 수를 나타내므로 천, 백, 십, 일의 자리에 작은 수부터 차례로 놓으면 가장 작은 네 자리 수가 돼요.

> **해결 전략**
> 가장 작은 네 자리 수를 만든 후 일의 자리 숫자와 십의 자리 숫자를 바꿔요.

# 10 접근 » 같은 수가 나올 때까지 뛰어 세어 봅니다.

윤서가 2890에서 400씩 뛰어 세면 2890, 3290, 3690, 4090, 4490, ...입니다. 현기가 1790에서 900씩 뛰어 세면 1790, 2690, 3590, 4490, ...이므로 처음으로 나온 같은 수는 4490입니다. 윤서는 4490이 나올 때까지 2890에서 400씩 4번 뛰어 세었고, 현기는 4490이 나올 때까지 1790에서 900씩 3번 뛰어 세었습니다.

## 11 접근 ≫ 수직선의 큰 눈금을 보고 작은 눈금 한 칸의 크기를 알아봅니다.

큰 눈금의 수가 2800, 2900, 3000, ...으로 100씩 늘어나므로 수직선의 큰 눈금 한 칸은 100을 나타냅니다. 큰 눈금 한 칸이 100이고 큰 눈금이 작은 눈금 10개로 나누어져 있으므로 작은 눈금 한 칸은 10을 나타냅니다. 3170은 3100보다 70만큼 더 큰 수이므로 3100에서 작은 눈금 7칸만큼 오른쪽에 있습니다.

[ 다른 풀이 ]
수직선에서 작은 눈금 한 칸은 10을 나타냅니다. 3170은 3200보다 30만큼 더 작은 수이므로 3200에서 작은 눈금 3칸만큼 왼쪽에 있습니다.

## 12 접근 ≫ 조건을 하나씩 따져 봅니다.

- 네 자리 수입니다. ➡ □□□□
- 백의 자리 숫자는 3입니다. ➡ □3□□
- 일의 자리 숫자는 3+2=5입니다. ➡ □3□5
- 수를 일의 자리부터 거꾸로 읽어도 같은 수가 됩니다. ➡ □3□5=5□3□

따라서 천의 자리 숫자는 5, 백의 자리 숫자는 3, 십의 자리 숫자는 3, 일의 자리 숫자는 5입니다. ➡ 5335

## 13 접근 ≫ 한 자루의 가격씩 뛰어 세어 봅니다.

연필은 한 자루에 600원이므로 연필 5자루의 가격은 600씩 5번 뛰어 센 수와 같습니다. 600, 1200, 1800, 2400, 3000 ➡ 3000원

사인펜은 한 자루에 1500원이므로 혜은이가 내야 할 돈은 3000에서 1500씩 3번 뛰어 센 수와 같습니다. 3000, 4500, 6000, 7500 ➡ 7500원

따라서 혜은이가 내야 할 돈은 모두 7500원입니다.

[ 다른 풀이 ]
연필은 한 자루에 600원이므로 연필 5자루의 가격은 600씩 5번 뛰어 센 수와 같습니다.
600, 1200, 1800, 2400, 3000 ➡ 3000원
사인펜은 한 자루에 1500원이므로 사인펜 3자루의 가격은 1500씩 3번 뛰어 센 수와 같습니다. 1500, 3000, 4500 ➡ 4500원
혜은이는 3000원을 내고 4500원을 더 내야 하므로 내야 할 돈은 모두 7500원입니다.

## 14 접근 ≫ 먼저 눈금 한 칸의 크기를 알아봅니다.

6751에서 눈금 두 칸만큼 뛰어 세면 6851이므로 눈금 두 칸의 크기는 100입니다. 100은 50이 2개이므로 눈금 한 칸의 크기는 50입니다. ㉠은 6751에서 50씩 거꾸로 3번 뛰어 센 수이므로 6751, 6701, 6651, 6601입니다.

# 15 접근 » 어떤 수를 먼저 구합니다.

어떤 수에서 20씩 3번 뛰어 세어 4259가 되었으므로 어떤 수는 4259에서 20씩 거꾸로 3번 뛰어 센 4259, 4239, 4219, 4199입니다.

따라서 4199에서 200씩 3번 뛰어 세면 4199, 4399, 4599, 4799입니다.

**해결 전략**
잘못 뛰어 센 수에서 거꾸로 뛰어 세어 어떤 수를 구한 다음, 어떤 수에서 바르게 뛰어 세요.

# 16 접근 » 몇씩 뛰어 세었는지 알아봅니다.

3512, 3912, 4312, ...로 400씩 커지므로 400씩 뛰어 센 것입니다. 6000에 가까운 수가 나올 때까지 4712부터 이어서 400씩 뛰어 세어 보면 4712, 5112, 5512, 5912, 6312, ...이므로 5912와 6312 중 6000에 더 가까운 수를 찾습니다. 5912는 6000보다 대략 100만큼 더 작은 수이고, 6312는 6000보다 대략 300만큼 더 큰 수이므로 뛰어 센 수 중 6000에 가장 가까운 수는 5912입니다.

**지도 가이드**
수의 순서를 이해해야 5912와 6312 중 어떤 수가 6000에 더 가까운지 알 수 있습니다. 아직 네 자리 수끼리의 뺄셈을 배우지 않았으므로 두 수를 비교하여 대략 얼마 정도 차이 나는지 어림해 보는 것이 좋습니다. 5912가 6000보다 몇백쯤 더 작은지, 6312가 6000보다 몇백쯤 더 큰지 생각해 보도록 도와주세요.

# 17 접근 » 천, 백, 십, 일의 자리 순서로 비교합니다.

34□1과 3600의 천의 자리 수가 같으므로 백의 자리 수를 비교하면 34□1<3600입니다. 따라서 십의 자리에는 어떤 수가 들어가도 상관 없습니다.

➡ 0, 1, 2, 3, 4, 5, 6, 7, 8, 9

7121과 71□0의 천의 자리 수와 백의 자리 수는 같으므로 십의 자리 수를 비교하여 7121>71□0이 되려면 2>□이어야 합니다. □ 안에 2를 넣으면 7121>7120이므로 □ 안에 2도 들어갈 수 있습니다. ➡ 0, 1, 2

따라서 □ 안에 공통으로 들어갈 수 있는 수를 모두 구하면 0, 1, 2입니다.

**보충 개념**
만약 십의 자리 수도 같다면 일의 자리 수를 비교해 보아야 하기 때문에 □ 안에 2도 들어갈 수 있는지 꼭 확인해요.

# 18 접근 » 8899보다 큰 네 자리 수는 8900부터 9999까지의 수입니다.

8899보다 큰 네 자리 수는 8900, 8901, 8902, ..., 9999입니다. 이 중에서 백, 십, 일의 자리 숫자가 서로 같은 수를 써 보면 다음과 같습니다.

➡ 8999, 9000, 9111, 9222, 9333, 9444, 9555, 9666, 9777, 9888, 9999

**보충 개념**
네 자리 수의 백, 십, 일의 자리에는 0부터 9까지의 수가 들어갈 수 있어요.

따라서 8899보다 큰 네 자리 수 중 백, 십, 일의 자리 숫자가 서로 같은 수는 모두 11개입니다.

<sup>서술형</sup> **19** 접근 ≫ 1000은 500이 2개인 수입니다.

㉠ 1000은 500이 2개이므로 상자 한 개에 탁구공을 500개씩 넣으면 상자 두 개에 탁구공을 1000개 넣을 수 있습니다.

6000은 1000이 6개이므로 탁구공 6000개를 상자 한 개에 500개씩 넣으려면 상자가 2+2+2+2+2+2=12(개) 필요합니다.

따라서 상자가 2개 있으므로 상자는 12−2=10(개) 더 필요합니다.

| 채점 기준 | 배점 |
| --- | --- |
| 상자 한 개에 탁구공을 500개씩 넣으려면 상자가 몇 개 필요한지 구했나요? | 4점 |
| 더 필요한 상자의 수를 구했나요? | 1점 |

| 보충 개념 |
| --- |
| 탁구공 1000개 ➡ 상자 2개 |
| 탁구공 2000개 ➡ 상자 4개 |
| 탁구공 3000개 ➡ 상자 6개 |
| 탁구공 4000개 ➡ 상자 8개 |
| 탁구공 5000개 ➡ 상자 10개 |
| 탁구공 6000개 ➡ 상자 12개 |

<sup>서술형</sup> **20** 접근 ≫ 아이스크림 한 개의 가격씩 뛰어 세어 봅니다.

㉠ 아이스크림 한 개가 900원이므로 4000을 넘지 않을 때까지 900씩 뛰어 센 횟수를 알아봅니다. 900, 1800, 2700, 3600, 4500이므로 아이스크림을 4개까지 살 수 있습니다.
　　　　　　　1개　　2개　　3개　　4개

| 채점 기준 | 배점 |
| --- | --- |
| 아이스크림 한 개의 가격씩 뛰어 세었나요? | 2점 |
| 아이스크림을 몇 개까지 살 수 있는지 구했나요? | 3점 |

| 주의 |
| --- |
| 아이스크림을 5개 사면 4000원이 넘어요. |

| 01 24 | 02 2배 | 03 ⓒ | 04 1, 1, 1 | 05 ② | 06 54개 |
|---|---|---|---|---|---|
| 07 16개 | 08 4×7=28, 7×4=28 | | 09 30살 | 10 0 | 11 13개 |
| 12 18 | 13 20점 | 14 36 | 15 77, 99 | 16 1, 2, 3 | 17 45개 |
| 18 3 | 19 4개 | 20 48 | | | |

## 01
접근 》 9단 곱셈구구를 떠올립니다.

· 9×㉠=36이고 9×4=36이므로 ㉠=4입니다.
· 9×㉡=54이고 9×6=54이므로 ㉡=6입니다.
➡ ㉠×㉡=4×6=24

## 02
접근 》 4씩 묶을 때와 8씩 묶을 때, 묶음의 수를 비교해 봅니다.

4개씩 묶어 세면 6묶음이므로 조개는 모두 4×6=24(개)입니다. ➡ ■=6
8개씩 묶어 세면 3묶음이므로 조개는 모두 8×3=24(개)입니다. ➡ ▲=3
따라서 6은 3의 2배이므로 ■는 ▲의 2배입니다.

해결 전략
한 묶음 안의 수가 2배가 되면 묶음의 수는 반으로 줄어들어요.

┌─2배─┐
4×6=24  8×3=24
└───반───┘

## 03
접근 》 7단 곱셈구구의 곱은 7씩 커집니다.

㉠ 7×6은 7을 6번 더한 수와 같습니다.
  ➡ 7+7+7+7+7+7=7×6=42
㉡ 7단 곱셈구구의 곱은 7씩 커지므로 7×6은 7×5에 7을 더한 수와 같습니다.
  ➡ 7×5+7=7×6=42
㉢ 7×6은 7을 6번 더한 수이므로 <u>7×4</u>와 <u>7×2</u>의 합과 같습니다.
     7을 4번 더한 수        7을 2번 더한 수
  ➡ 7×4+7×2=7×6=42
㉣ 7×6은 7을 6번 더한 수이므로 <u>7×3</u>을 두 번 더한 것과 같습니다.
     7을 3번 더한 수
  ➡ 7×3+7×3=7×6=42
따라서 옳지 않은 것은 ㉡입니다.

## 04
접근 》 곱한 수와 곱을 살펴봅니다.

어떤 수와 □를 곱해서 어떤 수 자신이 되었으므로 □ 안에 알맞은 수는 1입니다.
3×1=3, 7×1=7, 9×1=9

보충 개념
(어떤 수)×1=(어떤 수)

## 05 접근 ≫ 5단 곱셈구구의 곱은 5씩 묶을 수 있습니다.

5씩 묶어 남는 수가 없어야 하므로 경수네 반 학생 수는 5단 곱셈구구의 곱입니다.
주어진 수 중 5단 곱셈구구의 곱은 $5 \times 4 = 20$이므로 경수네 반 학생 수가 될 수 있는 것은 20명입니다.

보충 개념
$5 \times 4 = 20$이므로 20명이 5명씩 한 모둠을 만들면 4개의 모둠이 만들어져요.

## 06 접근 ≫ 집 모양 한 개를 만드는 데 필요한 수수깡의 수를 세어 봅니다.

집 모양 한 개를 만드는 데 필요한 수수깡은 6개입니다.
따라서 집 모양 9개를 만드는 데 필요한 수수깡은 모두 $6 \times 9 = 54$(개)입니다.

## 07 접근 ≫ 뱀은 다리가 0개이고 악어는 다리가 4개입니다.

뱀 한 마리의 다리는 0개이므로 뱀 3마리의 다리는 $0 \times 3 = 0$(개)입니다.
악어 한 마리의 다리는 4개이므로 악어 4마리의 다리는 $4 \times 4 = 16$(개)입니다.
따라서 뱀과 악어의 다리는 모두 $0 + 16 = 16$(개)입니다.

보충 개념
$0 \times$ (어떤 수) $= 0$

## 08 접근 ≫ 두 수씩 골라 곱을 구해 봅니다.

수 카드를 두 장씩 골라 두 수의 곱을 각각 구해 봅니다.
$2 \times 4 = 8$, $2 \times 8 = 16$, $2 \times 7 = 14$, $4 \times 8 = 32$, $\underline{4 \times 7 = 28}$, $8 \times 7 = 56$
주어진 수 카드는 2, 4, 8, 7이므로 수 카드를 한 번씩만 사용하여 만들 수 있는 곱셈식은 $4 \times 7 = 28$입니다.
곱하는 두 수의 순서를 바꾸어도 곱은 그대로이므로 곱셈식을 두 개 만들면
$4 \times 7 = 28$, $7 \times 4 = 28$이 됩니다.

## 09 접근 ≫ ■의 ▲배 ➡ ■×▲

9의 3배는 $9 \times 3 = 27$이므로 삼촌의 나이는 $27 + 3 = 30$(살)입니다.

## 10 접근 ≫ 등호(=)의 양쪽 값은 같습니다.

0과 어떤 수의 곱은 항상 0이 됩니다.
따라서 ★$= 0$일 때 $0 \times 6 = 0$, $7 \times 0 = 0$으로 같습니다.

주의
$\underset{42}{\underline{7 \times 6}} = \underset{42}{\underline{6 \times 7}}$이지만 ★에
같은 수가 들어가는 경우는
$\underset{0}{\underline{0 \times 6}} = \underset{0}{\underline{7 \times 0}}$밖에 없어요.

## 11 접근 ≫ 먼저 귤이 모두 몇 개인지 알아봅니다.

아진이가 산 귤은 5개씩 8묶음이므로 $5 \times 8 = 40$(개)입니다. 산 귤을 한 접시에
3개씩 9개의 접시에 담았으므로 접시에 담은 귤은 $3 \times 9 = 27$(개)입니다.
따라서 접시에 담지 않은 귤은 $40 - 27 = 13$(개)입니다.

## 12 접근 ≫ 먼저 어떤 수를 구합니다.

(어떤 수) $\times 7 = 21$이고 $3 \times 7 = 21$이므로 어떤 수는 3입니다.
따라서 어떤 수에 6을 곱하면 $3 \times 6 = 18$입니다.

> **보충 개념**
> (어떤 수) $\times 7 = 21$에서 어떤
> 수를 구할 때, 곱하는 순서를
> 바꾸어 $7 \times$ (어떤 수) $= 21$로
> 생각하면 더 편해요.

## 13 접근 ≫ 숫의 점수에 따라 얻은 점수를 각각 구합니다.

2점짜리 숫을 넣어 얻은 점수는 $2 \times 7 = 14$(점)이고
3점짜리 숫을 넣어 얻은 점수는 $3 \times 2 = 6$(점)입니다.
따라서 성호가 얻은 점수는 모두 $14 + 6 = 20$(점)입니다.

## 14 접근 ≫ 큰 수를 곱할수록 곱셈의 결과가 커집니다.

수의 크기를 비교하면 $2 < 3 < 5 < 6 < 7$이므로 가장 큰 곱은 7과 6의 곱이고, 가장
작은 곱은 2와 3의 곱입니다.
• 가장 큰 곱: $7 \times 6 = 42$ 또는 $6 \times 7 = 42$
• 가장 작은 곱: $2 \times 3 = 6$ 또는 $3 \times 2 = 6$
따라서 가장 큰 곱과 가장 작은 곱의 차는 $42 - 6 = 36$입니다.

> **보충 개념**
> 큰 수를 곱할수록 곱이 커지
> 고, 작은 수를 곱할수록 곱이
> 작아져요.

## 15 접근 ≫ 곱셈표에서 오른쪽으로 갈수록 몇씩 커지는지 알아봅니다.

첫째 줄은 7단 곱셈구구의 곱이므로 곱하는 수가 1씩 커질수록 7씩 커집니다. 63부
터 7씩 커지도록 빈칸에 수를 채워 넣으면 63의 오른쪽 칸에는 63보다 7만큼 더
큰 수인 70이 들어가고, ㉠에는 70보다 7만큼 더 큰 수인 77이 들어갑니다.
둘째 줄은 9단 곱셈구구의 곱이므로 곱하는 수가 1씩 커질수록 9씩 커집니다. 81부
터 9씩 커지도록 빈칸에 수를 채워 넣으면 81의 오른쪽 칸에는 81보다 9만큼 더 큰
수인 90이 들어가고, ㉡에는 90보다 9만큼 더 큰 수인 99가 들어갑니다.

## 16 접근 ≫ 두 수가 모두 주어진 왼쪽의 곱을 먼저 구합니다.

$7 \times 5 = 35$이므로 $7 \times 5 > 9 \times \square$를 $35 > 9 \times \square$로 나타낼 수 있습니다.
$35 > 9 \times \square$의 $\square$ 안에 1부터 9까지의 수를 넣어 $9 \times \square$의 곱이 35보다 작은 경우를 찾습니다.
➡ $9 \times 1 = 9$, $9 \times 2 = 18$, $9 \times 3 = 27$
따라서 $\square$ 안에 들어갈 수 있는 수는 1, 2, 3입니다.

해결 전략
구할 수 있는 쪽의 곱을 구한 다음, 9단 곱셈구구를 이용해 곱의 크기를 비교해요.

## 17 접근 ≫ 먼저 상자가 한 층에 몇 개씩 있는지 알아봅니다.

상자가 한 층에 3개씩 3줄로 놓여 있으므로 한 층에 있는 상자는 $3 \times 3 = 9$(개)입니다. 상자가 한 층에 9개씩 5층으로 쌓여 있으므로 쌓여 있는 상자는 모두
$9 \times 5 = 45$(개)입니다.

## 18 접근 ≫ 곱해서 18이 되는 두 수를 찾아봅니다.

곱셈구구를 떠올려 곱이 18이 되는 곱셈식을 찾아봅니다.
➡ $2 \times 9 = 18$, $3 \times 6 = 18$, $6 \times 3 = 18$, $9 \times 2 = 18$
어떤 두 수가 2와 9이면 두 수의 합이 $2 + 9 = 11$이 되고, 어떤 두 수가 3과 6이면 두 수의 합이 $3 + 6 = 9$가 됩니다. 즉 어떤 두 수는 3과 6입니다. 따라서 두 수의 차는 $6 - 3 = 3$입니다.

해결 전략
곱해서 18이 되는 두 수를 찾고, 그중 더해서 9가 되는 두 수를 찾아요.

주의
차를 구할 때는 큰 수에서 작은 수를 빼요.

다른 풀이
합이 9가 되는 덧셈식을 생각해 봅니다.
➡ $1 + 8 = 9$, $2 + 7 = 9$, $3 + 6 = 9$, $4 + 5 = 9$, $5 + 4 = 9$, $6 + 3 = 9$, $7 + 2 = 9$, $8 + 1 = 9$
각각의 경우 두 수의 곱을 구해 보면 $1 \times 8 = 8$, $2 \times 7 = 14$, $3 \times 6 = 18$, $4 \times 5 = 20$이므로 곱이 18이 되는 어떤 두 수는 3과 6입니다. 따라서 두 수의 차는 $6 - 3 = 3$입니다.

지도 가이드
더해서 9가 되는 두 수를 먼저 찾으면 따져 봐야 할 경우가 더 많아지므로 곱해서 18이 되는 두 수를 먼저 찾는 것이 좋습니다.

## 서술형 19 접근 ≫ 산 연필은 모두 몇 자루인지 알아봅니다.

예 산 연필은 모두 $8 \times 2 = 16$(자루)입니다. $4 \times 4 = 16$이므로 연필을 필통에 4자루씩 넣는다면 필통은 4개 필요합니다.

해결 전략
산 연필의 수를 구한 다음 4단 곱셈구구의 곱이 산 연필의 수가 되는 경우를 찾아요.

| 채점 기준 | 배점 |
| --- | --- |
| 산 연필은 모두 몇 자루인지 구했나요? | 2점 |
| 필통은 몇 개 필요한지 구했나요? | 3점 |

## 서술형 20 접근 ≫ 조건을 만족하는 수는 몇보다 크고 몇보다 작은지 알아봅니다.

예 $6 \times 9 = 54$이므로 조건을 만족하는 수는 40보다 크고 54보다 작습니다. 40보다 크고 54보다 작은 수 중 8단 곱셈구구의 곱은 $8 \times 6 = 48$입니다.

| 채점 기준 | 배점 |
|---|---|
| 조건을 만족하는 수가 몇보다 크고 몇보다 작은 수인지 구했나요? | 2점 |
| 조건을 만족하는 수를 구했나요? | 3점 |

**주의**
40보다 큰 수는 41부터이므로 $8 \times 5 = 40$은 조건에 맞지 않아요.

---

### 교내 경시 3단원 길이 재기

| | | | | |
|---|---|---|---|---|
| **01** 약 3 m | **02** 9개 | **03** 진아 | **04** 강희, 현우 | **05** 6번 |
| **06** (위에서부터) 75, 2 | **07** 2 m 11 cm | **08** 2 m 70 cm | **09** 5 | **10** 하진 |
| **11** 95 m 4 cm | **12** 7 m 50 cm | **13** 4 m 88 cm | **14** 3 m 81 cm | **15** 5 m 50 cm |
| **17** 11 m 5 cm | **18** 2번 | **19** 200 cm | **20** 3 m 16 cm | **16** 40걸음 |

---

## 01 접근 ≫ 나무의 높이는 희준이의 키로 몇 번인지 어림해 봅니다.

나무의 높이는 희준이의 키로 약 두 번입니다. 희준이의 키가 1 m 50 cm이므로 나무의 높이는 희준이의 키를 두 번 더한 길이와 같습니다.

따라서 나무의 높이는 약 1 m 50 cm + 1 m 50 cm = 2 m 100 cm = 3 m입니다.

---

## 02 접근 ≫ '몇 m 몇 cm'를 '몇 cm'로 나타내 비교해 봅니다.

1 m = 100 cm이므로 5 m 8 cm = 508 cm입니다. 508 cm < 5□1 cm가 되려면 0 < □이어야 합니다. □ 안에 0을 넣으면 508 cm > 501 cm이므로 □ 안에 0은 들어갈 수 없습니다. 따라서 □ 안에 들어갈 수 있는 수는 1, 2, 3, 4, 5, 6, 7, 8, 9로 모두 9개입니다.

**보충 개념**
만약 십의 자리 수도 같다면 일의 자리 수를 비교해 보아야 하기 때문에 □ 안에 0도 들어갈 수 있는지 꼭 확인해요.

---

## 03 접근 ≫ 단위의 길이가 짧을수록 여러 번 재어야 합니다.

같은 길이를 잴 때 잰 횟수가 많을수록 단위의 길이가 짧습니다. 잰 횟수를 비교해 보면 27 > 25 > 22 > 19로 진아가 가장 많습니다.

따라서 양팔 사이의 길이가 가장 짧은 사람은 진아입니다.

## 04 접근 ≫ 키가 1m 20cm보다 큰 사람을 찾습니다.

주어진 길이의 단위를 '몇 m 몇 cm'로 같게 하여 비교해 봅니다.

- 강희: 1m 22cm
- 시윤: 109cm=1m 9cm
- 현우: 131cm=1m 31cm
- 은빈: 1m 16cm

따라서 청룡열차를 탈 수 있는 학생은 키가 1m 20cm보다 큰 강희, 현우입니다.

> **지도 가이드**
> 주어진 길이의 단위를 '몇 cm'로 같게 하여 비교할 수도 있습니다. 하지만 이 문제에서는 기준이 되는 높이가 '몇 m 몇 cm'로 제시되었으므로 '몇 m 몇 cm'로 같게 하여 비교하는 것이 편리합니다.

**보충 개념**
1m 20cm를 기준으로 짧은 길이부터 차례로 써 보면
109cm<1m 16cm
<1m 20cm<1m 22cm
<131cm예요.

## 05 접근 ≫ 단위의 길이를 잰 횟수만큼 더하면 잰 길이가 됩니다.

잰 길이가 1m=100cm를 넘을 때까지 한 뼘의 길이를 여러 번 더해 봅니다.
2번 잰 길이: 17+17=34(cm)
3번 잰 길이: 17+17+17=51(cm)
4번 잰 길이: 17+17+17+17=68(cm)
5번 잰 길이: 17+17+17+17+17=85(cm)
6번 잰 길이: 17+17+17+17+17+17=102(cm) ➡ 1m 2cm

따라서 지안이가 뼘으로 적어도 6번을 재어야 1m를 넘습니다.

**보충 개념**
한 뼘을 단위로 생각해요.

## 06 접근 ≫ m는 m끼리, cm는 cm끼리 계산합니다.

- cm 단위: □+26=101 ➡ □=101-26=75
- m 단위: 1+4+□=7, 5+□=7 ➡ □=7-5=2

**해결 전략**
□+26=1이 되는 □는 없으므로 □+26=101이 되어야 합니다.

## 07 접근 ≫ 먼저 리본의 길이를 비교합니다.

3m 49cm > 2m 37cm > 1m 38cm이므로 가장 긴 리본의 길이는
=349cm

349cm=3m 49cm이고 가장 짧은 리본의 길이는 1m 38cm입니다.

➡ 3m 49cm-1m 38cm=2m 11cm

## 08 접근 ≫ 두 사람이 던진 거리의 차이만큼 더 멀리 던졌습니다.

(유정이가 던진 거리)-(찬우가 던진 거리)
=12m 15cm-9m 45cm=11m 115cm-9m 45cm=2m 70cm

**보충 개념**
cm끼리 뺄 수 없으면 1m를 100cm로 바꾸어 계산해요.

## 09 접근 » 주어진 뺄셈식을 먼저 계산합니다.

9 m 51 cm − 3 m 94 cm = 8 m 151 cm − 3 m 94 cm = 5 m 57 cm이므로

9 m 51 cm − 3 m 94 cm > □ m ➡ 5 m 57 cm > □ m입니다.

따라서 □ 안에 들어갈 수 있는 가장 큰 수는 5입니다.


## 10 접근 » 실제 길이와 어림한 길이의 차가 작을수록 가깝게 어림한 것입니다.

어림한 길이를 모두 '몇 m 몇 cm'로 나타내 봅니다.
- 가영: 4 m 50 cm   · 하진: 620 cm = 6 m 20 cm
- 주원: 515 cm = 5 m 15 cm

축구 골대의 실제 길이(5 m 70 cm)와 어림한 길이의 차를 각각 구해 봅니다.

주의
차를 구할 때는 큰 수에서 작은 수를 빼요.

- 가영: 5 m 70 cm − 4 m 50 cm = 1 m 20 cm
- 하진: 6 m 20 cm − 5 m 70 cm = 5 m 120 cm − 5 m 70 cm = 50 cm
- 주원: 5 m 70 cm − 5 m 15 cm = 55 cm

차가 가장 작은 경우는 50 cm이므로 실제 길이에 가장 가깝게 어림한 사람은 하진
입니다.


## 11 접근 » 가는 거리와 오는 거리를 모두 생각합니다.

간 거리도 47 m 52 cm이고, 온 거리도 47 m 52 cm이므로 정호가 움직인 거리는
모두 47 m 52 cm + 47 m 52 cm = 94 m + 104 cm = 95 m 4 cm입니다.

보충 개념
(집에서 놀이터까지의 거리)
=(놀이터에서 집까지의 거리)


## 12 접근 » 단위의 길이를 잰 횟수만큼 더하면 전체 길이가 됩니다.

나무막대의 한쪽 끝이 줄자의 눈금 0에 맞춰져 있으므로 다른 쪽 끝에 있는 줄자의
눈금을 읽으면 나무막대의 길이는 250 cm = 2 m 50 cm입니다. 거실 긴 쪽의 길
이는 2 m 50 cm짜리 나무막대로 3번 잰 길이와 같으므로 2 m 50 cm를 3번 더한
것과 같습니다.

➡ 2 m 50 cm + 2 m 50 cm + 2 m 50 cm = 6 m 150 cm = 7 m 50 cm

따라서 거실 긴 쪽의 길이는 7 m 50 cm입니다.


## 13 접근 » 양팔 사이의 길이와 뼘의 길이를 각각 단위로 생각합니다.

양팔 사이의 길이는 1 m 15 cm이므로 양팔 사이의 길이로 4번 잰 길이는
1 m 15 cm + 1 m 15 cm + 1 m 15 cm + 1 m 15 cm = 4 m 60 cm입니다. 한 뼘
의 길이는 14 cm이므로 뼘으로 2번 잰 길이는 14 cm + 14 cm = 28 cm입니다.

따라서 잰 길이는 4 m 60 cm + 28 cm = 4 m 88 cm입니다.

해결 전략
양팔 사이의 길이로 재고, 뼘
으로 더 쟀으므로 잰 길이를
각각 구해서 더해요.

## 14 접근 ≫ 전체 길이에서 사용한 길이를 뺀 만큼 남습니다.

(남은 색 테이프의 길이)=(처음 색 테이프의 길이)−(사용한 색 테이프의 길이)
$$=6\,m\,33\,cm-1\,m\,26\,cm-1\,m\,26\,cm$$
$$=5\,m\,7\,cm-1\,m\,26\,cm$$
$$=4\,m\,107\,cm-1\,m\,26\,cm$$
$$=3\,m\,81\,cm$$

> **주의**
> 상자를 두 개 포장했으므로 1 m 26 cm를 두 번 빼야 해요.

## 15 접근 ≫ 두 리본의 전체 길이는 같습니다.

(위에 있는 리본의 전체 길이)$=4\,m\,17\,cm+2\,m\,83\,cm$
$$=6\,m\,100\,cm=7\,m$$

위에 있는 리본의 전체 길이와 아래에 있는 리본의 전체 길이는 같으므로 아래에 있는 리본의 전체 길이도 7 m입니다.
➡ (분홍색 리본의 길이)$=7\,m-1\,m\,50\,cm$
$$=6\,m\,100\,cm-1\,m\,50\,cm$$
$$=5\,m\,50\,cm$$

## 16 접근 ≫ 20 m는 2 m로 몇 번 잰 것과 같은지 알아봅니다.

20 m는 2 m로 10번 잰 거리입니다. 2 m는 주현이의 4걸음과 같으므로 주현이의 걸음으로 20 m를 어림하려면 4걸음씩 10번 ➡ 40걸음을 걸어야 합니다.

> **보충 개념**
> 4걸음 ➡ 2 m
> 8걸음 ➡ 4 m
> 12걸음 ➡ 6 m
> 16걸음 ➡ 8 m
> 20걸음 ➡ 10 m
> ⋮

> **다른 풀이**
> 20 m는 1 m로 20번 잰 거리입니다. 주현이의 4걸음이 2 m이므로 1 m는 주현이의 두 걸음과 같습니다. 따라서 주현이의 걸음으로 20 m를 어림하려면 두 걸음씩 20번 ➡ 40걸음을 걸어야 합니다.

## 17 접근 ≫ 먼저 두 경우의 거리를 각각 구해 봅니다.

집에서 약국을 지나 학교까지 가는 거리는
(집 ➡ 약국)+(약국 ➡ 학교)$=23\,m\,75\,cm+37\,m\,60\,cm$
$$=60\,m+135\,cm$$
$$=61\,m\,35\,cm$$

이고 집에서 학교로 바로 가는 거리는 50 m 30 cm입니다.
따라서 집에서 약국을 지나 학교로 가는 거리는 집에서 학교로 바로 가는 거리보다
$61\,m\,35\,cm-50\,m\,30\,cm=11\,m\,5\,cm$ 더 멉니다.

## 18 접근 ≫ 줄넘기와 우산의 길이를 각각 단위로 하여 길이를 비교합니다.

달리기 트랙의 길이, 줄넘기의 길이, 우산의 길이를 그림으로 나타내 봅니다.

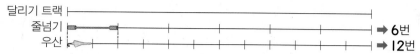

따라서 줄넘기의 길이는 우산으로 2번 잰 길이와 같습니다.

**지도 가이드**
잰 횟수를 이용하여 줄넘기와 우산의 길이를 간단한 그림으로 그려서 이해하도록 도와주세요.

**서술형**
## 19 접근 ≫ 철사의 길이를 단위로 생각합니다.

예 버스 긴 쪽의 길이(8 m)는 철사로 4번 잰 길이와 같고 $2 \times 4 = 8$이므로 철사의 길이는 2 m입니다. 2 m = 200 cm이므로 철사의 길이는 200 cm입니다.

**보충 개념**
철사로 한 번 잰 길이가 ■ m 이면 철사로 4번 잰 길이는 (■ × 4) m가 돼요.

| 채점 기준 | 배점 |
|---|---|
| 철사의 길이가 몇 m인지 구했나요? | 4점 |
| 철사의 길이가 몇 cm인지 구했나요? | 1점 |

**다른 풀이**
버스 긴 쪽의 길이(8 m = 800 cm)는 철사로 4번 잰 길이와 같습니다. 4번 더하여 800이 되는 경우를 찾아보면 200 + 200 + 200 + 200 = 800이므로 철사의 길이는 200 cm입니다.

**지도 가이드**
단위의 길이를 잰 횟수만큼 더하면 잰 길이를 구할 수 있습니다. 이 문제는 잰 길이와 잰 횟수를 이용하여 거꾸로 단위의 길이를 구하는 문제입니다. 아직 '나눗셈'을 배우지 않았으므로 여러 번 더한 수를 한 번에 구하기는 어렵습니다. 곱셈이나 덧셈을 이용하여 더한 수를 찾도록 지도해 주세요.

**서술형**
## 20 접근 ≫ 겹치게 이어 붙이면 전체 길이에서 겹쳐진 길이만큼 줄어듭니다.

예 (대나무 2개의 길이의 합) = 1 m 72 cm + 1 m 72 cm
　　　　　　　　　　　　　 = 2 m 144 cm = 3 m 44 cm

➡ (이어 붙인 대나무의 전체 길이)
　 = (대나무 2개의 길이의 합) − (겹쳐진 부분의 길이)
　 = 3 m 44 cm − 28 cm = 3 m 16 cm

| 채점 기준 | 배점 |
|---|---|
| 대나무 2개의 길이의 합을 구했나요? | 2점 |
| 이어 붙인 대나무의 전체 길이를 구했나요? | 3점 |

| 교내 경시 4단원 | 시각과 시간 | | | |
|---|---|---|---|---|
| **01** ( ○ ) ( ) | **02** 7시 17분 | **03** 5일, 12일, 19일, 26일 | **04** 금요일 | |
| **05** 목요일 | **06** 3시간 10분 | **07** 2시 5분 | **08** ③ | **09** 3시 50분 | **10** 경서 |
| **11** 진영 | **12** 2시간 40분 | **13** | **14** 8월 10일 | **15** 9월 24일 일요일 |
| **16** 오전 9시 40분 | **17** 오전 2시 48분 | **18** 4시 54분 | **19** 1시간 20분 | **20** 46일 |

## 01 접근 ≫ '몇 시간 몇 분'을 '몇 분'으로 바꾸어 비교합니다.

1시간=60분이므로 3시간 17분=60분+60분+60분+17분=197분입니다.
따라서 3시간 17분과 200분 중 더 짧은 시간은 3시간 17분입니다.

**다른 풀이**
'몇 분'을 '몇 시간 몇 분'으로 바꾸어 비교합니다.
60분=1시간이므로 200분=60분+60분+60분+20분=3시간 20분입니다.
따라서 3시간 17분과 200분 중 더 짧은 시간은 3시간 17분입니다.

## 02 접근 ≫ 기찬이가 일어난 시각을 기준으로 생각해 봅니다.

짧은바늘이 숫자 7과 8 사이를 가리키고 긴바늘이 숫자 11에서 작은 눈금 2칸 더 간 곳을 가리키므로 기찬이가 일어난 시각은 7시 57분입니다.
기찬이는 동생이 일어난 지 40분 후에 일어났으므로 동생은 기찬이가 일어나기 40분 전에 일어났습니다. 따라서 동생이 일어난 시각은 7시 57분이 되기 40분 전인 7시 17분입니다.

**해결 전략**
7시 17분 ←40분 전─40분 후→ 7시 57분

## 03 접근 ≫ 5일 이후 토요일인 날을 찾아봅니다.

달력에서 토요일은 5일입니다. 7일마다 같은 요일이 반복되므로
5일, 5+7=12(일), 12+7=19(일), 19+7=26(일)은 모두 토요일입니다.
따라서 재민이가 8월에 수영을 배우러 가는 날짜는 5일, 12일, 19일, 26일입니다.

## 04 접근 ≫ 8월 1일의 하루 전날은 7월의 마지막 날입니다.

8월 1일의 하루 전날은 7월의 마지막 날이고 7월은 31일까지 있습니다. 8월 1일이 화요일이므로 8월 1일의 하루 전인 7월 31일은 월요일입니다. 7월 31일이 월요일이므로 7월 30일은 일요일, 7월 29일은 토요일, 7월 28일은 금요일입니다.

## 05 접근 ≫ 8월의 마지막 날과 같은 요일인 날을 찾아봅니다.

8월은 31일까지 있고 31일, 24일, 17일, 10일, 3일은 모두 같은 요일입니다.

$$-7 \quad -7 \quad -7 \quad -7$$

8월 3일이 목요일이므로 8월 31일도 목요일입니다.

## 06 접근 ≫ 오전과 오후의 시간을 연결해서 생각합니다.

들어간 시각                                   나온 시각

오전 11시 20분 $\xrightarrow{40분 후}$ 낮 12시 $\xrightarrow{2시간 30분 후}$ 오후 2시 30분

따라서 서윤이는 박물관에 3시간 10분 동안 있었습니다.

> **보충 개념**
> 밤 12시부터 낮 12시까지는 오전이고, 낮 12시부터 밤 12시까지는 오후입니다.

## 07 접근 ≫ 걸린 시간을 순서대로 생각해 봅니다.

주문 시각                배달 시작 시각           도착 시각

1시 30분 $\xrightarrow{25분 후}$ 1시 55분 $\xrightarrow{10분 후}$ 2시 5분

따라서 재희네 집에 피자가 도착하는 시각은 2시 5분입니다.

## 08 접근 ≫ 각각을 단위에 맞게 바꾸어 나타내 봅니다.

① 2주일 6일＝7일＋7일＋6일＝20일
② 30일＝7일＋7일＋7일＋7일＋2일＝4주일 2일
③ 1년 4개월＝12개월＋4개월＝16개월
④ 20개월＝12개월＋8개월＝1년 8개월
⑤ 50시간＝24시간＋24시간＋2시간＝2일 2시간

> **보충 개념**
> 1일＝24시간
> 1주일＝7일
> 1년＝12개월

## 09 접근 ≫ 걸린 시간을 순서대로 생각해 봅니다.

전반전            전반전            후반전            후반전
시작 시각        끝난 시각        시작 시각        끝난 시각

2시 40분 $\xrightarrow{30분 후}$ 3시 10분 $\xrightarrow{10분 후}$ 3시 20분 $\xrightarrow{30분 후}$ 3시 50분

따라서 경기가 끝난 시각은 3시 50분입니다.

> **다른 풀이**
> 경기가 2시 40분에 시작되었고 (전반전 경기 시간)＋(휴식 시간)＋(후반전 경기 시간)＝30분＋10분＋30분＝70분＝1시간 10분이므로 후반전 경기가 끝난 시각은 2시 40분에서 1시간 10분 후인 3시 50분입니다.

**10** 접근 ≫ 주어진 기간을 '몇 개월'로 나타내 비교합니다.

1년=12개월이므로 1년 6개월=12개월+6개월=18개월입니다. 경서의 동생은 태어난 지 20개월 되었고 한나의 동생은 태어난 지 18개월 되었습니다. 따라서 경서의 동생이 먼저 태어났습니다.

다른 풀이
주어진 기간을 '몇 년 몇 개월'로 나타내 비교합니다. 12개월=1년이므로 20개월=12개월+8개월=1년 8개월입니다. 경서의 동생은 태어난 지 1년 8개월 되었고 한나의 동생은 태어난 지 1년 6개월 되었습니다. 따라서 경서의 동생이 먼저 태어났습니다.

**11** 접근 ≫ 두 사람이 그림을 그린 시간을 각각 구합니다.

- 상우: 4시 10분 전 $\xrightarrow{10분 후}$ 4시 $\xrightarrow{1시간 후}$ 5시 $\xrightarrow{20분 후}$ 5시 20분
  상우는 1시간 30분 동안 그림을 그렸습니다.

- 진영: 2시 20분 $\xrightarrow{40분 후}$ 3시 $\xrightarrow{1시간 후}$ 4시 $\xrightarrow{15분 후}$ 4시 15분
  진영이는 1시간 55분 동안 그림을 그렸습니다.

따라서 그림을 더 오랫동안 그린 사람은 진영이입니다.

주의
4시 10분 전을 4시 10분으로 생각하지 않도록 해요.

**12** 접근 ≫ 기타를 모두 몇 번 배웠는지 알아봅니다.

일주일에 두 번씩 2주 동안 배웠으므로 2주 동안 기타를 모두 4번 배웠습니다. 하루 수업 시간이 40분이므로 4번 수업한 시간은 모두 40+40+40+40=160(분)입니다. 60분=1시간이므로 기타를 배운 시간은 모두
160분=60분+60분+40분=2시간 40분입니다.

해결 전략
40분씩 4번 배운 시간을 구하여 몇 시간 몇 분으로 나타내요.

**13** 접근 ≫ 시계의 긴바늘은 한 시간에 한 바퀴 돕니다.

시계의 긴바늘이 한 바퀴 돌면 1시간이 지난 것이므로 3바퀴 돌면 3시간이 지난 것입니다. 따라서 7시 32분에서 시계의 긴바늘이 3바퀴를 돈 후의 시각은 3시간이 지난 10시 32분입니다.
짧은바늘은 숫자 10과 11 사이를 가리키도록 그리고, 긴바늘은 숫자 6에서 작은 눈금으로 2칸 더 간 곳을 가리키도록 그립니다.

**14** 접근 ≫ 6월, 7월이 각각 며칠까지 있는지 생각해 봅니다.

6월은 30일까지 있으므로 6월 2일부터 6월 30일까지는 29일입니다.
7월은 31일까지 있으므로 6월 2일부터 7월 31일까지는 29+31=60(일)입니다.

장난감을 산 지 **70**일 후까지 무료로 수리해 주므로 8월 1일부터 **70−60=10**(일) 동안 더 수리 받을 수 있습니다. 따라서 6월 1일에 장난감을 샀다면 8월 10일까지 무료로 수리 받을 수 있습니다.

## 15  접근 ≫ 10월 10일이 되기 16일 전은 9월 며칠입니다.

10월 1일의 하루 전날은 9월의 마지막 날이고 9월은 30일까지 있습니다.

10월 10일 $\xrightarrow{\text{10일 전}}$ 9월 30일 $\xrightarrow{\text{6일 전}}$ 9월 24일

이므로 아빠의 생신은 9월 24일입니다.

10월 10일이 화요일이므로 10월 10일, 10월 3일, 9월 26일도 화요일이고,

$\underbrace{\qquad}_{\text{7일 전}}$ $\underbrace{\qquad}_{\text{7일 전}}$

9월 25일은 월요일, 9월 24일은 일요일입니다. 따라서 아빠의 생신은 9월 24일 일요일입니다.

## 16  접근 ≫ 서울과 하노이의 시각이 몇 시간 차이나는지 알아봅니다.

하노이의 시각이 오후 5시 2분일 때 서울의 시각은 같은 날 오후 7시 2분이므로 서울의 시각이 하노이의 시각보다 **2시간 빠릅니다**.
따라서 서울의 시각이 오전 11시 40분일 때 하노이의 시각은 오전 11시 40분이 되기 2시간 전인 오전 9시 40분입니다.

## 17  접근 ≫ 한 시간에 1분씩 느려지는 시계는 ■시간 후에 ■분 느려집니다.

오늘 오후 3시부터 내일 오전 3시까지는 12시간입니다. 이 시계는 1시간에 1분씩 느려지므로 12시간 후에는 12분 느려집니다.
따라서 내일 오전 3시에 이 시계가 가리키는 시각은 3시가 되기 12분 전인 오전 2시 48분입니다.

## 18  접근 ≫ 시계의 긴바늘은 한 시간에 한 바퀴 돕니다.

시계의 긴바늘을 시계 반대 방향으로 한 바퀴 돌리면 시각이 1시간 앞으로 당겨지고, 반 바퀴 돌리면 30분 앞으로 당겨집니다.
긴바늘을 시계 반대 방향으로 두 바퀴 반 돌렸으므로 이 시계는 7시 24분이 되기 2시간 30분 전을 가리킵니다.

7시 24분 $\xrightarrow{\text{2시간 전}}$ 5시 24분 $\xrightarrow{\text{30분 전}}$ 4시 54분

**서술형 19** 접근 》 거울에 비추면 왼쪽과 오른쪽이 서로 바뀌어 보입니다.

㉠ 거울에 비친 시계는 6시 15분을 가리킵니다.

4시 55분 $\xrightarrow{\text{1시간 후}}$ 5시 55분 $\xrightarrow{\text{20분 후}}$ 6시 15분

4시 55분부터 6시 15분까지 숙제를 했으므로 영민이가 숙제를 한 시간은
모두 1시간 20분입니다.

| 채점 기준 | 배점 |
|---|---|
| 거울에 비친 시계의 시각을 읽었나요? | 2점 |
| 영민이가 숙제를 한 시간을 구했나요? | 3점 |

**서술형 20** 접근 》 9월, 10월이 각각 며칠까지 있는지 생각해 봅니다.

㉠ 9월은 30일까지 있으므로 9월 16일부터 9월 마지막 날까지는 15일입니다.

10월은 31일까지 있으므로 9월 16일부터 10월 마지막 날까지는 15+31=46(일)
입니다.

따라서 할인 기간은 모두 46일입니다.

주의
9월 16일부터 9월 30일까
지는 30-15=15(일)이에
요.

| 채점 기준 | 배점 |
|---|---|
| 9월, 10월의 날수를 알고 있나요? | 1점 |
| 9월 16일부터 9월 마지막 날까지의 날수를 구했나요? | 2점 |
| 9월 16일부터 10월 마지막 날까지의 날수를 구했나요? | 2점 |

**01** 2, 4, 1, 3, 10

**02**

학생별 건 고리의 수

| 개수(개)\이름 | 연주 | 지석 | 태은 | 희아 |
|---|---|---|---|---|
| 4 | | △ | | |
| 3 | | △ | | △ |
| 2 | △ | △ | | △ |
| 1 | △ | △ | △ | △ |

**03** 표

**04** 지석, 희아

**05** 30점

**06** 플라스틱, 종이, 캔, 유리

**07** 6개

**08** 18개

**09** 3, 3, 2 /

좋아하는 간식별 학생 수

| 학생 수(명)\간식 | 떡볶이 | 어묵 | 피자 | 치킨 | 과일 |
|---|---|---|---|---|---|
| 4 | ○ | | | | |
| 3 | ○ | ○ | | ○ | |
| 2 | ○ | ○ | ○ | ○ | ○ |
| 1 | ○ | ○ | ○ | ○ | ○ |

**10** 그래프

**11** 7월

**12** 8월, 9월

**13** 9월

**14** 10월

**15** 8명

**16** 13명, 12명

**17** 8, 8

**18** 69개

**19** 여름

**20** 7명

---

# 01 접근 ≫ 학생별로 ○의 수를 세어 봅니다.

학생별로 ○의 수를 세어 보면 연주는 2개, 지석이는 4개, 태은이는 1개, 희아는 3개이고 합계는 2+4+1+3=10(개)입니다.

# 02 접근 ≫ 학생별 건 고리의 수를 알아봅니다.

학생별 건 고리의 수는 연주 2개, 지석 4개, 태은 1개, 희아 3개입니다. 이를 그래프로 나타내려면 △를 아래에서부터 연주 칸에 2개, 지석 칸에 4개, 태은 칸에 1개, 희아 칸에 3개 그립니다.

보충 개념
△를 아래에서부터 빈칸없이 채워 그립니다.

# 03 접근 ≫ 전체 건 고리의 수가 나와 있는 것이 무엇인지 찾습니다.

표의 합계를 보면 조사한 자료의 전체 수를 알 수 있습니다.

**04** 접근 ≫ 어떤 사람이 대표를 하면 좋을지 생각해 봅니다.

고리 던지기를 가장 잘하는 사람을 대표로 뽑는 것이 좋습니다. 고리를 많이 건 사람부터 순서대로 쓰면 지석, 희아, 연주, 태은입니다. 따라서 넷 중 건 고리의 수가 가장 많은 지석이와 둘째로 많은 희아를 대표로 뽑는 것이 좋습니다.

**05** 접근 ≫ 고리를 가장 많이 건 사람과 가장 적게 건 사람을 찾습니다.

학생별 건 고리의 수를 비교해 보면 지석이가 **4**개로 가장 많고, 태은이가 **1**개로 가장 적습니다. 고리를 한 번 걸 때 10점씩 얻기로 했으므로 지석이가 얻은 점수는 **40**점이고, 태은이가 얻은 점수는 **10**점입니다.
따라서 두 학생의 점수 차는 $40-10=30$(점)입니다.

> **다른 풀이**
> 학생별 건 고리의 수를 비교해 보면 지석이가 **4**개로 가장 많고, 태은이가 **1**개로 가장 적습니다. 지석이는 태은이보다 고리를 $4-1=3$(개) 더 걸었고 고리를 한 번 걸 때 10점씩 얻기로 했으므로 두 학생의 점수 차는 $10+10+10=30$(점)입니다.

**06** 접근 ≫ ○의 수를 한눈에 비교해 봅니다.

그래프에서 ○의 수가 많은 것부터 차례로 쓰면 플라스틱, 종이, 캔, 유리입니다.

> **해결 전략**
> 그래프를 보고 한눈에 크기를 비교할 수 있으므로 굳이 재활용품별 수를 세지 않아도 돼요.

**07** 접근 ≫ 가로에 무엇을 나타내게 되는지 알아봅니다.

주어진 그래프의 가로와 세로의 항목을 서로 바꾸면 가로에 수를 나타내고 세로에 재활용품의 종류를 나타내야 합니다. 가장 많은 재활용품은 플라스틱으로 6개이므로 가로에 적어도 6개까지 나타낼 수 있어야 합니다.

> **보충 개념**
> 가장 많은 재활용품의 수까지 나타내야 해요.

**08** 접근 ≫ 종류별 재활용품의 수를 알아봅니다.

그래프에서 재활용품별로 ○의 수를 알아보면 종이 5개, 캔 4개, 플라스틱 6개, 유리 3개입니다. 따라서 오늘 수집한 재활용품은 모두 $5+4+6+3=18$(개)입니다.

**09** 접근 ≫ 그래프를 보고 표의 빈칸을 채웁니다.

그래프를 보면 어묵을 좋아하는 학생이 3명이고 과일을 좋아하는 학생이 2명입니다. ➡ 표의 어묵 칸에 3을 쓰고, 과일 칸에 2를 씁니다.

표를 보면 조사한 학생이 모두 14명이므로 치킨을 좋아하는 학생은
14−4−3−2−2=3(명)입니다. ➡ 표의 치킨 칸에 3을 씁니다.
피자를 좋아하는 학생은 2명, 치킨을 좋아하는 학생은 3명이므로 그래프를 완성하
려면 ○를 아래에서부터 피자 칸에 2개, 치킨 칸에 3개 그립니다.

**10** 접근 ≫ 굳이 숫자를 비교하지 않아도 많고 적음이 비교되는 것이 무엇인지 찾습니다.

그래프에서 ○의 수를 비교하면 가장 많은 항목을 한눈에 알 수 있습니다.

**11** 접근 ≫ 남학생의 그래프만 비교합니다.

월별 ○의 수를 세어 지각한 남학생 수를 알아봅니다. ⎤ 그래프에서 ○가 가장
7월: 5명, 8월: 4명, 9월: 1명, 10월: 3명입니다. ⎦→ 많은 월은 7월입니다.
따라서 가장 많은 남학생이 지각한 월은 7월입니다.

**12** 접근 ≫ 3명을 기준으로 여학생의 그래프만 비교합니다.

3명을 기준으로 가로로 선을 긋고 △의 수가 3개보다 많은 월을 찾으면 8월과 9월
입니다.
따라서 지각한 여학생이 3명보다 많은 월은 8월과 9월입니다.

**13** 접근 ≫ 남학생은 ○로, 여학생은 △로 나타냈습니다.

월별 ○와 △의 수가 각각 얼마씩 차이나는지 알아봅니다.
7월: 5−3=2(명), 8월: 4−4=0(명), 9월: 4−1=3(명), 10월: 3−1=2(명)
따라서 지각한 남학생 수와 여학생 수의 차가 가장 큰 월은 9월입니다.

**14** 접근 ≫ 남학생 수와 여학생 수를 모두 생각합니다.

지각한 남학생 수와 여학생 수를 더해 월별 지각한 학생 수를 알아봅니다.
7월: 5+3=8(명), 8월: 4+4=8(명), 9월: 1+4=5(명), 10월: 3+1=4(명)
따라서 지각한 학생이 가장 적은 월은 4명이 지각한 10월입니다.

**15** 접근 >> 지각한 학생이 가장 많은 월을 알아봅니다.

지각한 남학생 수와 여학생 수를 더해 월별 지각한 학생 수를 알아봅니다.
7월: 5+3=8(명), 8월: 4+4=8(명), 9월: 1+4=5(명), 10월: 3+1=4(명)
지각한 학생 수는 8명이 가장 많습니다. 따라서 세로에 학생 수를 나타내려면 적어도
8명까지 나타낼 수 있어야 합니다.

**16** 접근 >> 지각한 학생 수를 남녀별로 알아봅니다.

○를 세어 보면 월별 지각한 남학생 수는 7월: 5명, 8월: 4명, 9월: 1명, 10월: 3명
입니다. 따라서 지각한 남학생은 모두 5+4+1+3=13(명)입니다.
△를 세어 보면 월별 지각한 여학생 수는 7월: 3명, 8월: 4명, 9월: 4명, 10월: 1명
입니다. 따라서 지각한 여학생은 모두 3+4+4+1=12(명)입니다.

> **보충 개념**
> 남학생 수는 ○로, 여학생 수
> 는 △로 나타냈어요.

**17** 접근 >> 12개월의 공휴일 수의 합이 69일이 되어야 합니다.

공휴일 수는 69일이므로 (1월의 공휴일 수)+4+5+5+(5월의 공휴일 수)
+5+5+5+4+10+4+6=69가 되어야 합니다.
(1월의 공휴일 수)+(5월의 공휴일 수)+53=69,
(1월의 공휴일 수)+(5월의 공휴일 수)=16이고, 1월과 5월의 공휴일 수는 같습니다.
16=8+8이므로 1월과 5월의 공휴일 수는 각각 8일입니다.
따라서 1월 칸과 5월 칸에 각각 8을 씁니다.

**18** 접근 >> △ 한 개가 며칠을 나타내는지 알아봅니다.

세로에 공휴일 수를 나타내고 세로를 10칸으로 정해 10일까지 나타내므로 세로 한
칸에 그리는 △ 한 개는 1일을 나타냅니다. 이 해의 공휴일이 모두 69일이므로 그래
프를 완성하면 모두 69개의 △를 그리게 됩니다.

서술형 **19** 접근 >> 월별 공휴일 수를 계절별로 분류해 봅니다.

예 월별 공휴일 수를 계절별로 분류하여 계절별 공휴일 수의 합을 구합니다.
봄: 5+5+8=18(일), 여름: 5+5+5=15(일), 가을: 4+10+4=18(일),
겨울: 6+8+4=18(일)
따라서 공휴일이 가장 적은 계절은 여름입니다.

| 채점 기준 | 배점 |
|---|---|
| 월별 공휴일 수를 계절별로 분류하여 세었나요? | 3점 |
| 공휴일이 가장 적은 계절을 찾았나요? | 2점 |

**20** 접근 ≫ 장미를 좋아하는 학생 수를 □명으로 생각합니다.

㉠ 장미를 좋아하는 학생 수를 □명이라고 하면 튤립을 좋아하는 학생 수는 (□+3)명입니다. 좋아하는 꽃별 학생 수를 모두 더해서 26명이 되어야 하므로
□+□+3+4+5=26입니다. □+□+12=26, □+□=26-12=14이고
14=7+7이므로 □는 7입니다.
따라서 장미를 좋아하는 학생은 7명입니다.

**보충 개념**
튤립을 좋아하는 학생은 장미를 좋아하는 학생보다 3명 더 많아요.

| 채점 기준 | 배점 |
|---|---|
| 좋아하는 꽃별 학생 수의 합이 합계가 되도록 식을 만들었나요? | 2점 |
| 장미를 좋아하는 학생 수를 구했나요? | 3점 |

## 교내 경시 6단원 규칙 찾기

**01**

**02** (위에서부터) 4 / 7 / 8 / 8, 10, 11

**03**

| + | 1 | 3 | 5 | 7 | 9 |
|---|---|---|---|---|---|
| 1 | 2 | 4 | 6 | 8 | 10 |
| 3 | 4 | 6 | 8 | 10 | 12 |
| 5 | 6 | 8 | 10 | 12 | 14 |
| 7 | 8 | 10 | 12 | 14 | 16 |
| 9 | 10 | 12 | 14 | 16 | 18 |

/ ㉠ 6부터 2씩 커집니다.

**04** 84, 88, 92, 96

**05**

**06** ㉠

**07**

| × | 3 | 4 | 5 | 6 | 7 |
|---|---|---|---|---|---|
| 4 | 12 | 16 | 20 | 24 | 28 |
| 5 | 15 | 20 | 25 | 30 | 35 |
| 6 | 18 | 24 | 30 | 36 | 42 |
| 7 | 21 | 28 | 35 | 42 | 49 |
| 8 | 24 | 32 | 40 | 48 | 56 |

**08** 1시

**09**

**12**

| + | 4 | 5 | 6 | 7 | 8 |
|---|---|---|---|---|---|
| 4 | 8 | 9 | 10 | 11 | 12 |
| 5 | 9 | 10 | 11 | 12 | 13 |
| 6 | 10 | 11 | 12 | 13 | 14 |
| 7 | 11 | 12 | 13 | 14 | 15 |
| 8 | 12 | 13 | 14 | 15 | 16 |

**10** 32

**11** 일요일

**13** 초록색

**14** ㉠ 9, 21

**15** 24

**16** 일곱째

**17** 55개

**18** 121

**19** 7장

**20** 36개

## 01 접근 ≫ 색칠한 칸의 위치를 살펴봅니다.

색칠한 칸이 시계 방향으로 1칸씩 움직이는 규칙입니다. 따라서 빈칸에는 둘째 모양과 같게 색칠합니다.

## 02 접근 ≫ 가로와 세로 방향으로 수가 커지는 규칙을 찾습니다.

수가 가로로 1씩, 세로로 1씩 커지는 규칙입니다.

## 03 접근 ≫ 덧셈표의 가로와 세로에 주어진 수를 살펴봅니다.

덧셈표의 가로와 세로에 주어진 수가 같으므로 세로로 셋째 줄의 수들과 가로로 셋째 줄의 수들은 같습니다.

➡ 파란색 화살표 위에 있는 수들과 같은 수가 순서대로 있는 칸은 가로로 셋째 줄이므로 가로로 셋째 줄에 있는 수들에 빗금을 칩니다.

빗금 친 수들은 6, 8, 10, 12, 14로 6부터 2씩 커집니다.

> **해결 전략**
> 덧셈표나 곱셈표에서 가로와 세로에 주어진 수가 같으면 가로로 ■째 줄과 세로로 ■째 줄에 있는 수들이 같아요.

## 04 접근 ≫ 먼저 분홍색 화살표 위에 있는 수들의 규칙을 알아봅니다.

분홍색 화살표 위에 있는 수들은 4, 8, 12, 16으로 4씩 커지는 규칙입니다.
따라서 80에서 4씩 뛰어 세면 80, 84, 88, 92, 96입니다.

> **보충 개념**
> 4씩 커지므로 4씩 뛰어 센 것과 같아요.

## 05 접근 ≫ 반복되는 부분을 찾습니다.

모양이 반복되는 규칙입니다.

## 06 접근 ≫ 수가 놓인 규칙을 찾습니다.

오른쪽 수가 왼쪽 수보다 1만큼 더 크고, 아래에서부터 위로 2씩 커지는 규칙입니다.
규칙에 따라 수를 채워 보면 ⑩=8, ⑭=9, ⓒ=10, ②=11, ①=12, ⓑ=13이므로 12층에 올라가려면 ①을 눌러야 합니다.

> **다른 풀이**
> 1은 맨 아래에 있고, 아래에서부터 위로 수가 커집니다. 2부터 짝수는 왼쪽 줄에, 1부터 홀수는 오른쪽 줄에 있는 규칙입니다. 12는 2보다 큰 짝수이고 2, 4, 6, 8, 10, 12이므로 12층을 가려면 왼쪽 줄에서 가장 위에 있는 ①을 눌러야 합니다.

## 07 접근 » 먼저 곱셈표를 채워 봅니다.

곱셈표의 빈칸을 채워 보면 가로로 첫째, 셋째, 다섯째 줄의 수는 모두 짝수가 됩니다. 4, 6, 8이 짝수이고 (짝수)×(홀수)=(짝수), (짝수)×(짝수)=(짝수)가 되기 때문입니다.

또한 가로로 둘째, 넷째 줄의 수는 홀수와 짝수가 반복됩니다. 5, 7이 홀수이고 (홀수)×(홀수)=(홀수), (홀수)×(짝수)=(짝수)가 되기 때문입니다.

## 08 접근 » 시간이 얼마씩 흐르는지 알아봅니다.

시각이 3시, 5시 30분, 8시, 10시 30분으로 2시간 30분씩 흐릅니다. 따라서 다음에 올 시계에 알맞은 시각은 10시 30분에서 2시간 30분 후인 1시입니다.

## 09 접근 » 모양의 규칙과 색깔의 규칙을 각각 알아봅니다.

모양은 □△△○가 반복되고, 색깔은 빨간색, 파란색, 노란색이 반복되는 규칙입니다. 빈칸에 알맞은 모양은 □△△○ / □△△○ / □△△ [ ]이므로 ○이고, 빈칸에 알맞은 색깔은 빨 파 노 / 빨 파 노 / 빨 파 노 / 빨 파 [ ]이므로 노란색입니다.

## 10 접근 » 번호가 매겨지는 규칙을 알아봅니다.

신발장 번호는 아래쪽으로 갈수록 1씩 커지고, 왼쪽으로 갈수록 6씩 커지는 규칙입니다.

따라서 2에서부터 6씩 커지도록 왼쪽으로 수를 쓰면

2-8-14-20-26-32이므로 ★ 모양으로 표시한 칸의 번호는 32입니다.

## 11 접근 » 26일과 같은 요일인 날을 찾아봅니다.

26일, 19일, 12일, 5일은 모두 같은 요일입니다.

-7  -7  -7

5일이 일요일이므로 26일도 일요일입니다.

## 12 접근 》 두 수의 합을 보고 더한 두 수를 생각합니다.

색칠된 가로줄과 세로줄의 수가 같으므로 같은 수를 두 번 더하여 주어진 합이 나오는 경우를 생각해 봅니다.

| + | ㉠4 | ㉡5 | ㉢6 | ㉣7 | ㉤8 |
|---|---|---|---|---|---|
| ㉠4 | 8 | 9 | 10 | 11 | 12 |
| ㉡5 | 9 | 10 | 11 | 12 | 13 |
| ㉢6 | 10 | 11 | 12 | 13 | 14 |
| ㉣7 | 11 | 12 | 13 | 14 | 15 |
| ㉤8 | 12 | 13 | 14 | 15 | 16 |

㉠+㉠=8이고 4+4=8이므로 ㉠=4,
㉡+㉡=10이고 5+5=10이므로 ㉡=5,
㉢+㉢=12이고 6+6=12이므로 ㉢=6,
㉣+㉣=14이고 7+7=14이므로 ㉣=7,
㉤+㉤=16이고 8+8=16이므로 ㉤=8입니다.
따라서 덧셈표의 색칠된 부분에 순서대로 4, 5, 6, 7, 8을 써넣고 빈칸을 모두 채웁니다.

## 13 접근 》 구슬의 색깔과 개수가 어떻게 변하는지 알아봅니다.

빨간색, 파란색, 초록색 구슬이 반복되며, 색깔별 구슬의 수는 1, 1, 1, 2, 2, 2, 3, 3, 3, ...으로 늘어납니다. 차례로 구슬의 수를 더해 보면
1+1+1+2+2+2+3+3+3+4+4+4=30(개)이므로 30째로 꿰어야
빨 파 초 빨 파 초 빨 파 초 빨 파 초
할 구슬은 초록색입니다.

## 14 접근 》 두 날짜 사이에 가장 중간에 있는 날을 생각해 봅니다.

동그라미로 표시한 날짜는 15일이 되기 일주일 전인 8일과, 15일에서 일주일 후인 22일입니다. 즉 두 수의 합은 15보다 7만큼 더 작은 수(=15−7)와 15보다 7만큼 더 큰 수(=15+7)의 합과 같습니다. ➡ 15−7+15+7=15+15=30
같은 방법으로 15일에서 앞뒤로 같은 기간만큼 떨어져 있는 두 날짜를 골라 더하면 그 합은 언제나 30이 됩니다.
따라서 15보다 ■만큼 더 작은 수(=15−■)와 15보다 ■만큼 더 큰 수(=15+■)를 더하면 합이 30이 됩니다. ➡ 15−■+15+■=15+15=30
예 7, 23  예 9, 21  예 14, 16  예 13, 17, ...

## 15 접근 》 수가 늘어나는 규칙을 찾아봅니다.

수가 3, 4, 6, 9, 13, 18, ...로 1, 2, 3, 4, 5, ... 늘어나는 규칙입니다.
+1  +2  +3  +4  +5

따라서 □=18+6=24입니다.

# 16 접근 ≫ 수수깡의 수가 늘어나는 규칙을 찾아봅니다.

수수깡의 수는 **4개, 7개, 10개, ...** 로 3개씩 늘어납니다.

$$\underset{+3\ \ \ \ +3}{4,\ \ \ 7,\ \ \ 10}$$

규칙에 따라 수수깡의 수를 알아보면

| ① | ② | ③ | ④ | ⑤ | ⑥ | ⑦ |
|---|---|---|---|---|---|---|
| 4, | 7, | 10, | 13, | 16, | 19, | 22, |

... 이므로 수수깡 **22**개를 사용하여 만든

$$+3\quad +3\quad +3\quad +3\quad +3\quad +3$$

모양은 **일곱째**에 놓입니다.

해결 전략
규칙에 따라 놓았을 때 22개의 수수깡이 놓이는 순서를 찾아요.

# 17 접근 ≫ 쌓기나무의 층수와 개수가 늘어나는 규칙을 찾아봅니다.

층수는 **1층, 2층, 3층, ...** 으로 한 층씩 늘어나므로 5층으로 쌓은 모양은 **다섯째**
모양입니다. 쌓기나무의 수는 모양이 한 층씩 늘어날 때마다 $2 \times 2 = 4$(개),
$3 \times 3 = 9$(개), $4 \times 4 = 16$(개), $5 \times 5 = 25$(개), ... 늘어납니다.

규칙에 따라 쌓기나무의 수를 알아보면 다음과 같습니다.

| ① | ② | ③ | ④ | ⑤ |
|---|---|---|---|---|
| 1, | 5, | 14, | 30, | 55, |

$$+4\quad +9\quad +16\quad +25$$

따라서 5층으로 쌓은 모양에는 쌓기나무를 **55**개 쌓았습니다.

# 18 접근 ≫ 화살표 위에 있는 수들은 같은 수끼리의 곱입니다.

화살표 위에 있는 수들은 $5 \times 5 = 25$, $6 \times 6 = 36$, $7 \times 7 = 49$, $8 \times 8 = 64$,
$9 \times 9 = 81$로 같은 수끼리의 곱이고,

$$25,\quad 36,\quad 49,\quad 64,\quad 81, ...$$
$$+11\ \ +13\ \ +15\ \ +17$$

로 11, 13, 15, 17, ... 늘어납니다.

규칙에 따라 다음에 올 수를 계속 알아보면

| $9 \times 9$ | $10 \times 10$ | $11 \times 11$ |
|---|---|---|
| 81, | 100, | 121, |

... 이므로 $11 \times 11$은 **121**입니다.

$$+19\qquad +21$$

보충 개념
늘어나는 수가 2씩 커져요.

**서술형 19** 접근 >> **무늬를 하나 만드는 데 색종이가 각각 몇 장 필요한지 알아봅니다.**

⑩ 주어진 무늬를 만드는 데 빨간색 색종이는 5장, 노란색 색종이는 4장 필요하므로 무늬를 7개 만들려면 빨간색 색종이는 $5 \times 7 = 35$(장), 노란색 색종이는 $4 \times 7 = 28$(장) 필요합니다.

따라서 빨간색 색종이는 노란색 색종이보다 $35 - 28 = 7$(장) 더 필요합니다.

| 채점 기준 | 배점 |
|---|---|
| 주어진 무늬를 하나 만드는 데 필요한 빨간색 색종이와 노란색 색종이의 수를 각각 세었나요? | 1점 |
| 주어진 무늬를 7개 만들 때, 빨간색 색종이는 노란색 색종이보다 몇 장 더 필요한지 구했나요? | 4점 |

**다른 풀이**
주어진 무늬를 하나 만드는 데 빨간색 색종이는 5장, 노란색 색종이는 4장 필요하므로 빨간색 색종이가 노란색 색종이보다 $5 - 4 = 1$(장) 더 필요합니다. 따라서 무늬를 7개 만들려면 빨간색 색종이가 노란색 색종이보다 $1 \times 7 = 7$(장) 더 필요합니다.

**서술형 20** 접근 >> **바둑돌의 수가 늘어나는 규칙을 찾아봅니다.**

⑩ 바둑돌의 수는 3개, 6개, 10개, ...로 3개, 4개, ... 늘어납니다. 규칙에 따라 바

둑돌의 수를 알아보면 다음과 같습니다.

① ② ③ ④ ⑤ ⑥ ⑦
3개, 6개, 10개, 15개, 21개, 28개, 36개
+3 +4 +5 +6 +7 +8

**보충 개념**
늘어나는 수가 1씩 커져요.

따라서 일곱째 모양에는 바둑돌이 36개 놓입니다.

| 채점 기준 | 배점 |
|---|---|
| 바둑돌의 수가 늘어나는 규칙을 찾았나요? | 2점 |
| 일곱째 모양에는 바둑돌이 몇 개 놓이는지 구했나요? | 3점 |

| 01 3648 | 02 | 좋아하는 꽃별 학생 수 | | 03 4명 | 04 6번 |
|---|---|---|---|---|---|

**02** 좋아하는 꽃별 학생 수

| 학생 수(명) \ 꽃 | 장미 | 백합 | 개나리 | 진달래 | 해바라기 |
|---|---|---|---|---|---|
| 6 | | | ○ | | |
| 5 | | ○ | ○ | | |
| 4 | ○ | ○ | ○ | | |
| 3 | ○ | ○ | ○ | | ○ |
| 2 | ○ | ○ | ○ | ○ | ○ |
| 1 | ○ | ○ | ○ | ○ | ○ |

**05** 5개
**06** 48바퀴
**07** 52일
**08** 26개
**09** 6개
**10** 6번
**11** 토요일
**12** 21개  **13** 오후 10시 10분  **14** 약 1000 m  **15** 40 m
**16** 1시, 5시, 7시, 11시  **17** 3일  **18** 주하, 17 m 60 cm  **19** 2 m 60 cm
**20** 14개

---

## 01 [1단원]

**접근 ≫ 네 자리 수는 왼쪽에서부터 천, 백, 십, 일의 자리입니다.**

천의 자리 숫자는 3이고 백의 자리 숫자는 3×2=6입니다. 일의 자리 숫자는 8이고 십의 자리 숫자는 4+4=8이므로 4입니다. 따라서 천의 자리 숫자가 3, 백의 자리 숫자가 6, 십의 자리 숫자가 4, 일의 자리 숫자가 8인 네 자리 수는 **3648**입니다.

## 02 [5단원]

**접근 ≫ 좋아하는 꽃별로 학생 수를 알아봅니다.**

좋아하는 꽃별 ○의 수를 세어 봅니다.
➡ 장미: 4명, 백합: 5명, 개나리: 6명, 해바라기: 3명
유라네 반 학생은 20명이므로 진달래를 좋아하는 학생은
20−4−5−6−3=2(명)입니다.
따라서 진달래 칸에 아래에서부터 ○를 2개 채워 그립니다.

> **해결 전략**
> 유라네 반 학생은 20명이므로 (장미)+(백합)+(개나리)+(진달래)+(해바라기)=20이 돼요.

## 03 [5단원]

**접근 ≫ 그래프에서 ○의 수가 가장 많은 것과 가장 적은 것을 찾습니다.**

가장 많은 학생들이 좋아하는 꽃은 ○의 수가 가장 많은 <u>개나리</u>이고,
　　　　　　　　　　　　　　　　　　　　　　　　6개
가장 적은 학생들이 좋아하는 꽃은 ○의 수가 가장 적은 <u>진달래</u>입니다.
　　　　　　　　　　　　　　　　　　　　　　　　2개
따라서 개나리를 진달래보다 6−2=4(명)이 더 좋아합니다.

> **보충 개념**
> 그래프에서 ○의 수가 많을수록 많은 학생이 좋아하는 꽃이에요.

## 04 [1단원] 접근 ≫ 3890에서 500씩 뛰어 세어 봅니다.

3890에서 6700이 넘을 때까지 500씩 뛰어 센 횟수를 알아봅니다.
3890, 4390, 4890, 5390, 5890, 6390, 6890이므로
   ①   ②   ③   ④   ⑤   ⑥
적어도 6번 뛰어 세어야 6700보다 큰 수가 됩니다.

## 05 [2단원] 접근 ≫ 4단 곱셈구구의 곱을 알아봅니다.

| × | 1 | 2 | 3 | 4 | 5 | 6 | 7 | 8 | 9 |
|---|---|---|---|---|---|---|---|---|---|
| 4 | 4 | 8 | 12 | 16 | 20 | 24 | 28 | 32 | 36 |

4단 곱셈구구의 곱의 일의 자리 숫자는 4, 8, 2, 6, 0, 4, 8,
2, 6입니다. 그림에서 4, 8, 2, 6, 0, 4, 8, 2, 6을 찾아 순서
대로 곧은 선으로 이으면 오른쪽과 같은 모양이 됩니다.
따라서 만들어진 도형을 선을 따라 모두 자르면 삼각형 5개가 생깁니다.

## 06 [4단원] 접근 ≫ 긴바늘은 한 시간에 몇 바퀴 도는지 알아봅니다.

긴바늘은 한 시간에 한 바퀴 돌고 하루는 24시간이므로 긴바늘은 하루에 24바퀴 돕
니다. 따라서 긴바늘은 이틀 동안 24+24=48(바퀴)를 돕니다.

> **해결 전략**
> 긴바늘이 하루에 도는 바퀴
> 수를 구하여 두 번 더해요.

## 07 [2단원] + [4단원] 접근 ≫ 일주일이 며칠인지 생각합니다.

일주일은 7일이므로 7주의 날수는 7×7=49(일)입니다.
연습을 7주 동안 하고 3일 더 했으므로 피아노 연습을 한 기간은 모두
49+3=52(일)입니다.

## 08 [2단원] 접근 ≫ 각 도형마다 변의 수를 생각합니다.

원은 변이 0개이므로 원 4개의 변은 0×4=0(개)이고, 삼각형은 변이 3개이므로
삼각형 2개의 변은 3×2=6(개)이고, 사각형은 변이 4개이므로 사각형 5개의 변
은 4×5=20(개)입니다.
따라서 도형들의 변의 수의 합은 모두 0+6+20=26(개)입니다.

> **보충 개념**
> 변의 수에 따라 도형의 이름
> 이 정해져요.

> **주의**
> 원은 변이 없어요.

## 09 [1단원] 접근 ≫ 천, 백, 십, 일의 자리 순서로 비교합니다.

천의 자리 수가 같으므로 백의 자리 수를 비교하여 7484<7□91이 되려면
4<□이어야 합니다. ➡ 5, 6, 7, 8, 9

만약 백의 자리 수가 4로 같다면 십의 자리 수를 비교해 보아야 하므로 □ 안에 4도
들어갈 수 있는지 확인합니다. □ 안에 4를 넣으면 7484<7491이므로 □ 안에 4
도 들어갈 수 있습니다.

따라서 □ 안에 들어갈 수 있는 숫자는 4, 5, 6, 7, 8, 9로 모두 6개입니다.

> **지도 가이드**
> 문제의 □ 안에 1부터 9까지 차례로 넣어 보아도 답을 구할 수 있습니다. 하지만 십진법의 원
> 리를 바탕으로 수의 크기를 비교하는 문제이므로, 높은 자리부터 각 자리 수의 크기를 비교하
> 여 답을 구할 수 있도록 지도해 주세요.

## 10 [3단원] 접근 ≫ 먼저 대나무의 길이를 이용해 화단 긴 쪽의 길이를 구합니다.

대나무의 길이는 3m이고 화단 긴 쪽의 길이는 대나무의 길이로 3번이므로 화단 긴
쪽의 길이는 3+3+3=9에서 9m입니다.

빗자루의 길이는 150cm=1m 50cm이고

9m=1m 50cm+1m 50cm+1m 50cm+1m 50cm+1m 50cm+1m
          └─────────────────── 6번 ───────────────────┘
50cm입니다. 따라서 빗자루의 길이로 9m를 재면 6번입니다.

> **보충 개념**
> 같은 길이를 재어도 단위의
> 길이에 따라 잰 횟수가 달라
> 요.

## 11 [4단원] 접근 ≫ 11월의 날수를 알아봅니다.

11월은 30일까지 있고 30일, 23일, 16일, 9일, 2일은 모두 같은 요일입니다.
             └─ -7 ─┘ └─ -7 ─┘ └─ -7 ─┘ └─ -7 ─┘

11월 2일이 화요일이므로 11월 30일도 화요일입니다.

성탄절은 12월 25일이고 11월 30일에서 25일 후입니다. 11월 30일은 화요일이고
25=7+7+7+4이므로 11월 30일에서 25일 후는 11월 30일에서 4일 후와
같은 요일인 토요일입니다.

    수─목─금─토

> **보충 개념**
> 같은 요일은 1주일(7일)마다
> 반복돼요.

> **지도 가이드**
> 각 월의 날수를 외우는 것을 어려워하는 경우에는 주먹을 이용해 각 월
> 의 날수를 알 수 있도록 지도해 주세요.
> • 1월, 3월, 5월, 7월, 8월, 10월, 12월(튀어나온 부분): 31일
> • 2월(들어간 부분): 28일 또는 29일
> • 4월, 6월, 9월, 11월(들어간 부분): 30일

## 12 [6단원] 접근 ≫ 바둑돌이 몇 개씩 늘어나는지 살펴봅니다.

바둑돌의 수는 3개, 6개, 9개, ...로 3개씩 늘어납니다.

$$+3 \quad +3$$

규칙에 따라 바둑돌의 수를 알아보면 다음과 같습니다.

① ② ③ ④ ⑤ ⑥ ⑦
3개, 6개, 9개, 12개, 15개, 18개, 21개

$$+3 \quad +3 \quad +3 \quad +3 \quad +3 \quad +3$$

따라서 일곱째 모양에는 21개의 바둑돌을 놓아야 합니다.

> **다른 풀이**
> 첫째 모양부터 차례로 바둑돌의 수를 세어 보면 3개, 6개, 9개, ...로 바둑돌의 수가 3단 곱셈구구의 곱으로 늘어납니다. 따라서 일곱째 모양에는 $3 \times 7 = 21$(개)의 바둑돌을 놓아야 합니다.

## 13 [4단원] + [5단원] 접근 ≫ 서준이가 잠자는 시간을 알아봅니다.

그래프를 보면 서준이가 잠자는 시간은 9시간입니다. 서준이가 오전 7시 10분에 일어나므로 잠자리에 드는 시각은 오전 7시 10분이 되기 9시간 전인 오후 10시 10분입니다.

> **보충 개념**
> 오전은 밤 12시부터 낮 12까지이고, 오후는 낮 12시부터 밤 12시까지예요.

## 14 [1단원] + [3단원] 접근 ≫ 상자 100개를 쌓은 높이부터 알아봅니다.

크기가 같은 상자 10개를 쌓은 높이는 약 2m이고 100은 10이 10개이므로 이 상자 100개를 쌓은 높이는 약 $2+2+2+2+2+2+2+2+2+2=20$(m)가 됩니다. 이 상자 100개를 쌓은 높이는 약 20m이고 1000은 100이 10개이므로 이 상자 1000개를 쌓은 높이는 약 $20+20+20+20+20+20+20+20+20+20=200$(m)가 됩니다.

이 상자 1000개를 쌓은 높이는 약 200m이고 5000은 1000이 5개이므로 이 상자 5000개를 쌓은 높이는 약 $200+200+200+200+200=1000$(m)가 됩니다.

> **해결 전략**
> 상자 100개를 쌓은 높이를 이용하여 상자 1000개를 쌓은 높이를 구해요.

## 15 [3단원] 접근 ≫ 나무 사이의 간격은 몇 군데인지 생각합니다.

9그루의 나무가 처음부터 끝까지 나란히 심어져 있으므로 나무 사이의 간격 수는 $9-1=8$(군데)입니다. 나무 사이의 간격이 일정하게 5m이므로 도로의 길이는 $5 \times 8 = 40$(m)입니다.

> **해결 전략**
> 도로의 처음과 끝에도 나무를 심어야 하므로
> (나무와 나무 사이의 간격 수)
> =(나무의 수)-1이에요.

## 16 4단원 접근 » 거울에 비추면 왼쪽과 오른쪽이 바뀌어 보입니다.

실제 시각과 거울에 비친 시계의 시각이 2시간 차이가 나려면 긴바늘은 숫자 12를 가리켜야 합니다. 또한 짧은바늘은 숫자 6이나 12를 기준으로 숫자 눈금 한 칸만큼 떨어진 곳을 가리켜야 합니다. 눈금 없는 시계에서 실제 시각과 거울에 비친 시계의 시각이 2시간 차이 나는 경우는 오른쪽과 같습니다.

따라서 실제 시각과 거울에 비친 시계의 시각이 2시간 차이 나는 경우를 모두 찾아보면 1시, 5시, 7시, 11시입니다.

| 실제 시각 | 거울에 비친 시각 |
| --- | --- |
| 1시 | 11시 |
| 5시 | 7시 |
| 7시 | 5시 |
| 11시 | 1시 |

## 17 2단원 접근 » 일의 전체 양을 곱셈식을 이용해 나타냅니다.

일의 전체 양을 사람 수와 일한 날수의 곱으로 나타내 보면 3명이 5일 동안 한 일의 양은 $3 \times 5 = 15$입니다. 일의 양은 변하지 않으므로 5명이 □일 동안 한 일의 양도 15가 되어야 합니다. $5 \times □ = 15$이고 $5 \times 3 = 15$이므로 □=3입니다.
따라서 같은 일을 다섯 사람이 함께 한다면 3일 만에 끝낼 수 있습니다.

> **해결 전략**
> (일의 전체 양)
> =(사람 수)×(일한 날수)로 생각해 보아요.

## 18 3단원 접근 » 두 사람이 2분 동안 걷는 거리를 각각 구합니다.

주하는 1분에 37 m 30 cm씩 걸으므로 2분 동안
37 m 30 cm+37 m 30 cm=74 m 60 cm만큼 걷습니다.
석희는 1분에 28 m 50 cm씩 걸으므로 2분 동안
28 m 50 cm+28 m 50 cm=56 m 100 cm=57 m만큼 걷습니다.
따라서 두 사람이 똑같이 2분 동안 걷는다면 주하가
74 m 60 cm−57 m=17 m 60 cm만큼 더 많이 걷습니다.

> **다른 풀이**
> 주하는 1분에 37 m 30 cm씩 걷고, 석희는 1분에 28 m 50 cm씩 걸으므로 1분 동안 주하가
> 37 m 30 cm−28 m 50 cm=36 m 130 cm−28 m 50 cm=8 m 80 cm만큼 더 많이 걷습니다. 따라서 두 사람이 똑같이 2분 동안 걷는다면 주하가
> 8 m 80 cm+8 m 80 cm=16 m 160 cm=17 m 60 cm만큼 더 많이 걷습니다.

## 19 3단원 접근 » 리본으로 감싸진 부분을 찾아봅니다.

리본으로 감싸진 부분은 20 cm인 부분이 4군데, 45 cm인 부분이 4군데입니다.
따라서 필요한 리본의 길이는
20 cm+20 cm+20 cm+20 cm+45 cm+45 cm+45 cm+45 cm
=260 cm=2 m 60 cm입니다.

> **해결 전략**
> 마주 보는 곳에 감싸진 리본의 길이는 같아요.

> **주의**
> 보이지 않는 곳에 있는 리본의 길이도 생각해야 해요.

## 20 6단원 접근 ≫ 누름 못이 몇 개씩 늘어나는지 살펴봅니다.

그림이 한 장씩 늘어날 때마다 누름 못의 수는 4개, 6개, 8개, ...로 2개씩 늘어납니다.
$$+2 \quad +2$$

규칙에 따라 누름 못의 수를 알아보면 다음과 같습니다.

① ② ③ ④ ⑤ ⑥
4개, 6개, 8개, 10개, 12개, 14개
$$+2 \quad +2 \quad +2 \quad +2 \quad +2$$

따라서 같은 크기의 그림 6장을 한 줄로 이어 붙이려면 누름 못은 14개 필요합니다.

---

### ─ 수능형 사고력을 기르는 2학기 TEST ─ 2회

**01** 3047  **02** 48  **03** 6250  **04** 7시 40분  **05** 4송이  **06** 16일

**07**

얻은 점수

| 이름 \ 점수(점) | 2 | 4 | 6 | 8 | 10 | 12 |
|---|---|---|---|---|---|---|
| 성재 | ○ | ○ | ○ | ○ | ○ | ○ |
| 은서 | ○ | ○ | ○ | ○ | | |

**08** 5일 오전 11시  **09** ⑩

**10** 14점  **11** 6  **12** 15명  **13** 3반, 5반  **14** 6대  **15** 15바퀴

**16** 약 65 m  **17** 4개  **18** 70 m 80 cm  **19** 36 m  **20** 5시 15분

---

## 01 1단원 접근 ≫ 천의 자리 숫자가 3인 네 자리 수를 만듭니다.

천의 자리 숫자가 3이므로 만들어야 하는 네 자리 수는 3□□□입니다. 3을 뺀 나머지 수의 크기를 비교하면 0<4<7이므로 가장 작은 수 0을 백의 자리에 두고, 둘째로 작은 수 4를 십의 자리에, 셋째로 작은 수 7을 일의 자리에 둡니다.

따라서 천의 자리 숫자가 3인 가장 작은 네 자리 수는 3047입니다.

> **해결 전략**
> 천의 자리 숫자에 3을 놓고 나머지 수들을 작은 수부터 백, 십, 일의 자리에 차례로 놓아요.

## 02 2단원 접근 ≫ 곱해진 수를 살펴봅니다.

곱하는 두 수의 순서를 바꾸어도 곱은 같으므로 6×7=7×6에서 ㉠=6이고, 3×8=8×3에서 ㉡=8입니다.

따라서 ㉠과 ㉡의 곱은 6×8=48입니다.

> **해결 전략**
> ●×▲=▲×●

> **지도 가이드**
> 곱셈의 교환법칙을 이해하는지 확인하는 문제입니다. 6과 7의 곱을 구하여 42=7×㉠에서 ㉠의 값을 구하는 방법은 권하지 않습니다.

## 03 1단원 접근 ≫ 눈금 한 칸의 크기를 알아봅니다.

5000에서 눈금 두 칸만큼 뛰어 세면 5500이므로 눈금 두 칸의 크기는 500을 나타냅니다. 500은 250이 2개이므로 눈금 한 칸의 크기는 250입니다. ㉠은 5500에서 250씩 3번 뛰어 센 수이므로 5500, 5750, 6000, 6250에서 6250입니다.

보충 개념
500 ➡ 100이 4개, 50이 2개
500 < 100이 2개, 50이 1개
100이 2개, 50이 1개

해결 전략
눈금 한 칸의 크기씩 뛰어 세요.

## 04 4단원 접근 ≫ 먼저 정류장에 도착한 시각을 알아봅니다.

버스가 출발하기 5분 전에 정류장에 도착하였으므로 정류장에 도착한 시각은 8시가 되기 5분 전인 7시 55분입니다. 집에서부터 15분을 걸어서 7시 55분에 정류장에 도착하였으므로 집에서 나온 시각은 7시 55분이 되기 15분 전인 7시 40분입니다.

## 05 2단원 접근 ≫ 먼저 꽃병 5개에 꽂는 튤립 수를 구합니다.

튤립을 9송이씩 5개의 꽃병에 꽂으면 꽃병 5개에 꽂는 튤립은 모두 $9 \times 5 = 45$(송이)입니다. 따라서 꽃병 5개에 꽂고 남는 튤립은 $49 - 45 = 4$(송이)입니다.

## 06 4단원 + 5단원 접근 ≫ 9월의 날수를 생각합니다.

9월은 30일까지 있으므로 9월 중에 맑은 날은 $30 - 8 - 3 = 19$(일)입니다.
따라서 맑은 날은 19일이고 비 온 날은 3일이므로 맑은 날은 비 온 날보다 $19 - 3 = 16$(일) 더 많습니다.

> **지도 가이드**
> 각 월의 날수는 다음과 같습니다.
>
> | 월 | 1 | 2 | 3 | 4 | 5 | 6 | 7 | 8 | 9 | 10 | 11 | 12 |
> |---|---|---|---|---|---|---|---|---|---|---|---|---|
> | 날수(일) | 31 | 28 (29) | 31 | 30 | 31 | 30 | 31 | 31 | 30 | 31 | 30 | 31 |

## 07 2단원 + 5단원 접근 ≫ 두 사람의 점수를 각각 구해 봅니다.

은서가 1점짜리 다트를 맞혀 얻은 점수는 $1 \times 5 = 5$(점), 2점짜리 다트를 맞혀 얻은 점수는 $2 \times 0 = 0$(점), 3점짜리 다트를 맞혀 얻은 점수는 $3 \times 1 = 3$(점)입니다.
따라서 은서가 얻은 점수는 모두 $5 + 0 + 3 = 8$(점)입니다.
성재가 1점짜리 다트를 맞혀 얻은 점수는 $1 \times 2 = 2$(점), 2점짜리 다트를 맞혀 얻은 점수는 $2 \times 2 = 4$(점), 3점짜리 다트를 맞혀 얻은 점수는 $3 \times 2 = 6$(점)입니다.
따라서 성재가 얻은 점수는 모두 $2 + 4 + 6 = 12$(점)입니다.
그래프의 가로 한 칸은 2점을 나타내므로 은서 칸에 왼쪽부터 8이 써 있는 곳까지 ○를 4개 그리고, 성재 칸에 왼쪽부터 12가 써 있는 곳까지 ○를 6개 그립니다.

보충 개념
(점수) × (맞힌 횟수)
= (점수별 얻은 점수)

## 08 4단원 ≫ 짧은바늘은 하루에 몇 바퀴 도는지 알아봅니다.

시계의 짧은바늘이 두 바퀴 돌면 하루가 지난 것이므로 시계의 짧은바늘이 네 바퀴 돌면 이틀이 지난 것입니다. 따라서 3일 오전 11시에서 짧은바늘이 네 바퀴 돈 후의 시각은 이틀 뒤인 5일 오전 11시가 됩니다.

보충 개념
오전 ■시에서 시계의 짧은 바늘이 두 바퀴 돌면 그 다음 날 오전 ■시가 돼요.

## 09 6단원 ≫ 색칠된 부분이 어느 방향으로 몇 칸씩 이동하는지 살펴봅니다.

색칠된 부분이 시계 반대 방향으로 1칸, 3칸, 5칸, ... 이동하는 규칙입니다.

1칸 이동  3칸 이동  5칸 이동  7칸 이동

따라서 마지막 모양에는 넷째 모양의 색칠된 부분에서 시계 반대 방향으로 7칸 이동한 ㉤에 색칠해야 합니다.

## 10 2단원 ≫ 한 명이 이기면 한 명은 집니다.

비긴 경우는 없으므로 나린이가 이길 때 찬우는 집니다. 나린이가 10번 중에 4번 이겼으므로 찬우는 10번 중에 4번 지고, 10−4=6(번) 이겼습니다.
이기면 3점을 얻고 지면 1점을 잃기로 했으므로 찬우는 3×6=18(점)을 얻고, 1×4=4(점)을 잃었습니다. 따라서 찬우의 점수는 18−4=14(점)입니다.

## 11 6단원 ≫ 배열된 수를 같은 수끼리 구분합니다.

배열된 수를 같은 수끼리 구분해 보면 1, / 2, 2, / 3, 3, 3, / 4, 4, 4, 4, / ...입니다. 즉 1은 한 번, 2는 두 번, 3은 세 번, 4는 네 번, ...으로 수만큼 같은 수가 반복되는 규칙입니다.
규칙에 따라 11째부터 수를 계속 써 보면 5, 5, 5, 5, 5, / 6, 6, 6, 6, 6, 6, / ...
⑪ ⑫ ⑬ ⑭ ⑮　⑯ ⑰ ⑱ ⑲ ⑳ ㉑
이므로 21째에 놓이는 수는 6입니다.

해결 전략
이어서 5를 다섯 번, 6을 여섯 번, 7을 일곱 번, ... 써야 해요.

## 12 5단원 ≫ 먼저 3반의 남학생 수를 구합니다.

(3반의 남학생 수)=(2반의 남학생 수)−2=16−2=14(명)
전체 남학생 수가 74명이므로
(5반의 남학생 수)=74−14−16−14−15=15(명)입니다.

## 13 5단원
**접근 ≫ 표에서 남학생 수와 여학생 수를 각각 살펴봅니다.**

전체 여학생 수가 69명이므로

(2반의 여학생 수)=69−13−15−12−15=14(명)입니다.

남학생이 항상 여학생과 짝이 되려면 남학생 수가 여학생 수와 같거나 여학생 수보다 적어야 합니다. 남학생 수가 여학생 수와 같은 반은 5반이고, 남학생 수가 여학생 수보다 적은 반은 3반입니다.

따라서 남학생이 항상 여학생과 짝이 될 수 있는 반은 3반, 5반입니다.

주의
2반의 여학생 수를 구해 남학생 수와 비교하는 것을 잊지 마세요.

## 14 4단원
**접근 ≫ 첫차부터 25분 간격으로 버스의 출발 시각을 알아봅니다.**

첫차가 오전 9시 40분에 출발하고, 25분 간격으로 다음 버스가 출발하므로 첫째, 둘째, 셋째, ... 차의 출발 시각을 순서대로 알아보면 다음과 같습니다.

➡ 오전 9시 40분, 오전 10시 5분, 오전 10시 30분, 오전 10시 55분,
오전 11시 20분, 오전 11시 45분, 오후 12시 10분, ...

따라서 오전에 출발하는 버스는 모두 6대입니다.

보충 개념
오전은 밤 12시부터 낮 12시까지예요.

## 15 1단원 + 3단원
**접근 ≫ 트랙 한 바퀴는 몇 m인지 알아봅니다.**

3000은 300이 10개인 수이므로 트랙 한 바퀴의 길이는 300m입니다.

트랙을 10바퀴 돌면 3000m이므로 4500m가 될 때까지 3000에서

300씩 뛰어 세면 3000, 3300, 3600, 3900, 4200, 4500입니다.
　　　　　　　　10바퀴　11바퀴　12바퀴　13바퀴　14바퀴　15바퀴

따라서 선수는 15바퀴를 돌고 넘어졌습니다.

보충 개념
10바퀴의 길이가 3000m이므로 한 바퀴의 길이는 10번 더해서 3000m가 되는 수예요.

## 16 3단원
**접근 ≫ 먼저 아버지의 10걸음이 몇 m인지 알아봅니다.**

아버지의 한 걸음의 길이가 약 65cm이므로 아버지의 10걸음의 길이는

약 650cm=6m 50cm입니다. 아버지의 10걸음의 길이는 6m 50cm이고

100은 10이 10개이므로 아버지의 100걸음의 길이는

약 60m 500cm=60m+5m=65m입니다.

따라서 학교 정문에서 철봉까지의 거리는 약 65m입니다.

해결 전략
아버지의 10걸음의 길이를 구한 다음 100걸음의 길이를 구해요.

**17** [1단원] 접근 ≫ 먼저 사과 5개의 가격을 구합니다.

사과 한 개의 가격이 700원이고 700씩 5번 뛰어 세면
700, 1400, 2100, 2800, 3500이므로 사과 5개의 가격은 3500원입니다.
배 한 개의 가격이 1100원이므로 3500에서 1100씩 뛰어 세면
3500, 4600, 5700, 6800, 7900, 9000입니다.
　　　　 1개　 2개　 3개　 4개
따라서 배는 최대 4개까지 살 수 있습니다.

**18** [3단원] 접근 ≫ 전망대에서 정상까지의 거리를 알아봅니다.

(전망대에서 정상까지의 거리)
＝(산 입구에서 정상까지의 거리)－(산 입구에서 전망대까지의 거리)
＝47 m 90 cm－25 m＝22 m 90 cm
(전망대에서 정상까지 올라갔다가 다시 산 입구로 돌아오는 거리)
＝(전망대에서 정상까지의 거리)＋(정상에서 산 입구까지의 거리)
＝22 m 90 cm＋47 m 90 cm＝69 m 180 cm＝70 m 80 cm

> **보충 개념**
> (산 입구에서 정상까지의 거리)
> ＝(정상에서 산 입구까지의 거리)

**19** [3단원] 접근 ≫ 짧은 리본 조각의 길이를 이용해 긴 리본 조각의 길이를 나타냅니다.

자르기 전의 길이가 60 m이므로 두 리본 조각의 길이의 합은 60 m가 되어야 합니
다. 두 리본 조각 중 한 쪽이 다른 한 쪽보다 12 m 더 길므로 짧은 쪽의 길이를 □m
라고 하면 긴 쪽의 길이는 □m＋12 m입니다. □m＋□m＋12 m＝60 m,
□m＋□m＝48 m이고 24＋24＝48이므로 □＝24입니다.
따라서 더 긴 리본 조각의 길이는 24 m＋12 m＝36 m입니다.

**20** [3단원] ＋ [4단원] 접근 ≫ 4 m인 나무막대로 40 cm짜리 나무도막을 몇 개까지 만들 수 있는지 생각합니다.

40이 10개이면 400이므로 길이가 4 m＝400 cm인 나무막대로 40 cm짜리 나
무도막을 최대 10개까지 만들 수 있습니다.
나무막대를 한 번 자르는 데는 10분이 걸리고, 10개의 나무도막을 만들기 위해서는
나무막대를 9번 잘라야 합니다. 나무막대를 9번 자르는 데는
10분＋10분＋10분＋10분＋10분＋10분＋10분＋10분＋10분＝90분
＝1시간 30분이 걸립니다.
따라서 나무막대를 다 자른 시각은 3시 45분에서 1시간 30분 후인 5시 15분입니다.

> **보충 개념**
> 나무막대를 잘라서 나무도막
> ■개를 만들려면 (■－1)번
> 잘라야 해요.